职业技术教育水利类专业创新型特色教材

水利概论

主　编　陈道信
副主编　陈钦柱　贾水欣　黄湘今
　　　　谢秀帆　安书全

黄河水利出版社
·郑州·

内 容 提 要

本书是职业技术教育水利类专业创新型特色教材，是根据教育部、中国水利教育协会有关专业教学标准和职业教育教材建设要求，结合区域水利特点编写完成的。本书共分 12 个项目，主要内容包括：水资源管理、水法律法规、水利工程基础知识、水利枢纽与水工建筑物、水利工程基本建设管理、水利工程施工、现代农田水利、水土流失与防治、水旱灾害防御、智慧水利管理、河道生态健康、水文化与水利科技等。本书采用了最新标准和规范，内容新颖，层次清晰，结构合理，注重理论与实际相结合，注重持续与发展相适应，注重专业课程思政融入，注重突出实用性、可操作性和时代特征。

本书可供高职高专院校水利工程、水利水电工程技术、水利水电工程管理、水利水电建筑工程专业及水利大类其他专业教学使用，也可作为岗位培训教材，同时可供水利行业建设管理人员参考使用。

图书在版编目（CIP）数据

水利概论 / 陈道信主编. -- 郑州 : 黄河水利出版社, 2024. 9. -- (职业技术教育水利类专业创新型特色教材). -- ISBN 978-7-5509-3985-1

Ⅰ. TV

中国国家版本馆 CIP 数据核字第 2024GF4568 号

出版顾问：王路平　电话：13623813888　E-mail：hhslwlp@163.com

组稿编辑：田丽萍　0371-66025553　912810592@qq.com

责任编辑：韩莹莹　责任校对：兰文峡　封面设计：张心怡　责任监制：常红昕

出版发行：黄河水利出版社

地址：河南省郑州市顺河路 49 号　邮政编码：450003

网址：www.yrcp.com　E-mail：hhslcbs@126.com

发行部电话：0371-66020550、66028024

承印单位：河南承创印务有限公司

开本：787 mm×1 092 mm　1/16

印张：14

字数：340 千字

版次：2024 年 9 月第 1 版　　印次：2024 年 9 月第 1 次印刷

定价：49.00 元

前 言

在21世纪的今天,水利工程作为国家基础设施建设的重要组成部分,对贯彻落实党的二十大精神,推动高质量发展、保障和改善民生、推进生态文明建设具有不可替代的作用。随着科技的进步和社会的发展,水利工程领域的知识体系日益丰富,技术手段不断创新,对水利专业人才的需求也日益增长。为了适应这一发展趋势,培养具有现代水利工程知识和技能的专业人才,我们编写了本书。本书以教育部关于高等职业学校水利工程、水利水电建筑工程等相关专业的教育标准,中国水利教育协会关于水利职业教育教材建设的要求,以及我国水利工程发展现状、相关理论和标准规范为依据,系统地介绍了水资源管理、水法律法规、水利工程基础知识、水利枢纽与水工建筑物、水利工程基本建设管理、水利工程施工、现代农田水利、水土流失与防治、水旱灾害防御、智慧水利管理、河道生态健康、水文化与水利科技等方面的内容。全书共分为12个项目,每个项目下设有若干任务,旨在帮助学生全面了解水利工程的各个方面,掌握必要的专业知识和技能。

在本书的编写过程中,我们深刻领会了党的二十大精神,注重理论与实践相结合,力求使内容既具有科学性、先进性,又具有针对性和实用性。同时,我们还特别按照推动高质量发展、保障和改善民生、推进生态文明建设以及全面从严治党等方面的要求,将智慧水网建设、水文化、可持续发展等相关内容融入课程,构建科学合理的专业课程思政体系,以培养具有创新意识和实践能力的水利专业人才,为实现国家的可持续发展和生态文明建设贡献力量。

本书由温州科技职业学院主持编写,编写单位及编写人员如下:温州科技职业学院陈道信、陈钦柱、贾水欣、黄湘今、谢秀帆、安书全、戴士岚,温州市瓯江口城市建设发展有限公司陈双玉,温州市瓯飞开发建设投资集团有限公司金锦强,温州长江工程项目管理有限公司叶素策,温州市水利电力勘测设计院有限公司陈剑,温州市水利学会金小麟。本书由陈道信担任主编,并负责全书统稿;由陈钦柱、贾水欣、黄湘今、谢秀帆、安书全担任副主编;其他作者参加了本书的编写工作。

在本书的编写过程中,得到了编写单位各位领导、专家、老师的大力支持,在此表示衷心的感谢!本书还参考引用了部分国内专家学者有关水利工程专业的文献等,在此向有关文献的作者表示由衷的感谢!

由于编写时间仓促,编者水平有限,书中难免存在不足之处,敬请广大读者批评指正。

编 者

2024年6月

目　录

项目一　水资源管理

任务一　水循环与水资源

地球约有四分之三的面积覆盖着水,常被人们称为蓝色星球。地球上的生命体无一例外离不开水,水是一切生命赖以生存的物质基础,也是最重要的自然资源之一,可用以灌溉、发电、给水、通航、养殖等,为社会兴利。但是,通常水在时间和空间上分布不均匀,来水与用水不相适应,因此需要修建水利工程,除害兴利,造福人类。

一、水循环

(一)水循环的基本过程

地球上的水并非静止不动的。在太阳辐射、地球重力等作用下,通过蒸腾蒸发、水汽输送、降水、下渗和径流等过程,分布在地球各个层次各种形态的水被联系起来,进行着周而复始的、跨越四大圈层的水分循环,称为水循环。水循环扩及整个水圈,并深入大气圈、岩石圈及生物圈,同时通过无数条路线实现循环更替。

蒸发的水汽(大部分来自海洋)升入空中,在大气环流的控制下,进行着海洋与陆地、低纬与高纬之间的交换。水汽遇冷凝结成降水(包括雪等固态水),海洋表面的降水直接回归海洋,陆地表面的降水可分为多种途径:一部分水(地表水体、湿润的植被和土壤等中的水)重新蒸发返回空中;另一部分水在土壤、岩石中不断下渗,直至饱和,形成壤中水和地下径流。进入土壤的水又有部分被植被吸收,通过蒸腾作用重回空中。经过截留、下渗、吸收、地面蓄积等过程后,剩余的水才形成地表径流。在这些过程中,又包含动物和人类对水的攫取和排泄。地下和地表径流在地形地势的制约下不断汇集,最终归入海洋。重返空中的水汽又重复着输送、降水、蒸发、下渗、径流的全过程(见图1-1)。降水、蒸发和径流是水循环过程的三个最主要环节,这三者构成的水循环途径决定着全球的水量平衡,也决定着一个地区的水资源总量。

水循环更替时间长短、水量、水质、水资源时空分布、水旱灾害频率与强度等不仅与气候条件密切相关,还受到大规模人类活动影响。人类构筑水库,开凿运河、渠道、河网,以及大量开发利用地下水等,改变了水原来的径流路线,引起水的分布和水的运动状态的变化。农业的发展、森林的破坏,引起蒸发、径流、下渗等过程的变化。城市和工矿区的大气污染和热岛效应也可改变本地区的水循环状况。随着社会的发展,人对生态环境的负面影响也通过水循环的途径得以放大。水循环过程能够在一定程度上降低有害物质浓度,进而实现无害化,这是水的自净作用。然而当水体中有害物质浓度远大于水的自净能力

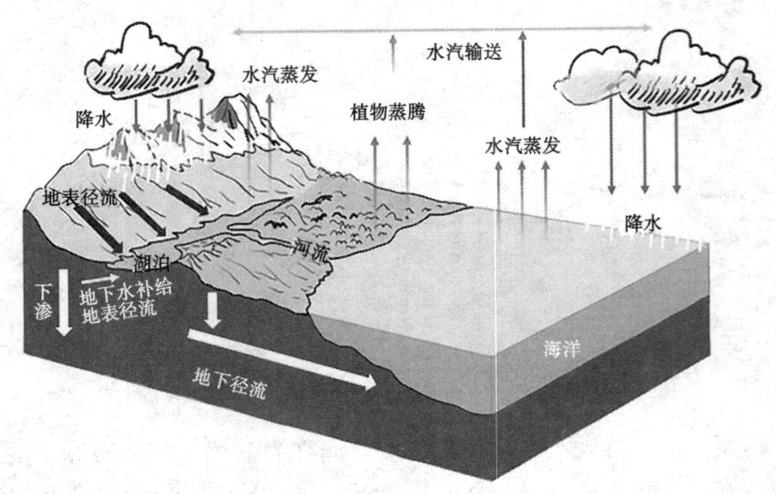

图 1-1　地球水循环示意图

时,非但无法实现自净,还会造成更大范围的污染。

(二)形式多样的降水

整个水循环基本上由降水驱动,因此降水是水循环的主要环节。没有降水的地方也就基本不存在水循环过程。

降水可以多种形式降落到地面,它分为两类:一类是由空中降落到地面上的水汽凝结物,如雨、雪、霰、雹等,又称为垂直降水;另一类是大气中水汽直接在地面或地物表面及低空的凝结物,如露、霜、雾等,又称为水平降水。

雨:空气中水汽在上升过程中遇冷凝聚成小水滴,通过凝结、凝华或依靠云滴的碰撞,不断增大为直径在 100 μm 以上的雨滴,当空气再也托不住它时,便从云中直落到地面,成为我们常见的雨。

雪:天空中的水汽,冷却到 0 ℃以下时,就有部分通过冰核作用凝华成冰晶,冰晶经过聚合就形成了雪,因此也将雪叫作冰晶聚合体。雪的形状比较复杂,多为六角形,在研究的时候,一般都将其简化为平板枝状。

霰:由白色不透明的球形或锥形(直径 2~5 mm)颗粒组成的固态降水叫作霰,又被称为雪丸、软雹,落到坚硬的地面会反跳,松脆而且易碎。霰一般是冰晶或者雪碰撞过冷水滴最终形成的一种冰相粒子,也可能是冻结的小水滴,多呈球形。

雹:从积雨云中降落,直径在 5 mm 以上的固态降水物叫作冰雹,也叫雹,俗称雹子,春夏之交或夏季最为常见。冰雹的形成比较复杂,它的形状也多变,有球形、椭球形、扁球形、锥形,还有不规则形。

露:空气中水汽凝结在地物上的液态水。傍晚或夜间,地面或地物由于辐射冷却,贴近地表面的空气层随之降温,当其温度降到露点以下,即空气中水汽含量过饱和时,在地面或地物的表面就会有水汽的凝结。如果此时的露点温度在 0 ℃以上,在地面或地物上就出现微小的水滴,称为露。

霜:空气中的水汽直接凝华在物体表面形成的针状或绒状固冰。霜具有多种类型,不同类型霜的形成依赖于周围的气温、露点及物体表面温度。在暴露于空气中的物体上,如树枝、植物的茎和叶的边缘、电(金属)线、柱体等,由空气中水汽的直接凝华作用所形成的连续的冰晶称为白霜,形成于陆地物体迎风面和飞机由冷气层飞到暖气层时在机体上形成的白霜称为冰羽。

雾:大量悬浮在近地面空气中的微小水滴或冰晶组成的气溶胶系统,是近地面层空气中水汽凝结(或凝华)的产物,常呈乳白色。雾的存在会降低空气透明度,使能见度恶化,当水平能见度降低到 1 km 以内时,称为雾;当水平能见度在 1~10 km 时,称为轻雾或霜。

二、水资源

(一)地表水

地表水,是指陆地表面上动态水和静态水的总称,亦称"陆地水",包括各种液态的和固态的水体,主要有河流、湖泊、沼泽、冰川、冰盖等。它是人类生活用水的重要来源之一,也是各国水资源的主要组成部分。

地表水的动态水量为河流径流和冰川径流,静态水量则用各种水体的储水量表示。全世界地表水储量为 24 254 万亿 m^3,只占全球水总储量的 1.75%;但地表水体不断得到大气降水的补给,经过产流、汇流,每年有 43.5 万亿 m^3 河流径流和 2.3 万亿 m^3 冰川径流流入海洋,占入海总量 47 万亿 m^3 的 97.4%,在全球水循环中起着相当重要的作用。另外,内流区域每年产生河流径流 1.0 万亿 m^3,汇入内陆湖泊而消耗于蒸发。地表水的形态与气候有着密切的关系。全世界 14 900 万 km^2 陆地,约有 62%的面积有河流、湖泊和沼泽,约有 12%的面积被冰川所覆盖,其余 26%的面积为沙漠和半沙漠。

地表水由经年累月的自然降水和下雪累积而成,并且自然地流失到海洋或者经由蒸发消失,以及渗流至地下。

虽然任何地表水系统的自然水仅来自该集水区的降水,但仍有其他许多因素影响此系统中的总水量多寡。这些因素包括湖泊、湿地、水库的蓄水量,土壤的渗流性,以及此集水区中地表径流之特性。人类活动对这些特性有着重大的影响。人类为了增加存水量而兴建水库,为了减少存水量而放光湿地的水分。人类的开垦活动及兴建沟渠则增加径流的水量与强度。

(1)河流。河流是陆地山川中分布较广且水量更新快的水资源,其便于取用。一个地区的地表水资源条件,通常以河流径流量表示。河流径流量除了直接受降水的影响外,还受到地质、土壤地形、植被等下垫面因素的影响。雨水、冰雪融水通过地表或地下补给河流。地下水补给河流的部分叫作基流,水量较为稳定,水质一般良好,对供水有重要价值。我国大小河流的总长度约为 42 万 km,径流总量达 27 115 亿 m^3,占全世界径流量的 5.8%。我国的河流数量虽多,但地区分布却很不均匀:全国径流总量的 96%都集中在外流流域,面积占全国国土总面积的 64%;全国径流总量的 4%在内陆流域,面积占全国国土总面积的 36%。冬季是我国河川径流枯水季节,夏季则是丰水季节。汛期洪水难以直接利用,需要修建水库调节。

(2)冰川。由于地理位置和气候的影响,极地冰川和冰盖难以大量开采利用,但中低纬度的高山冰川则是比较重要的水资源。高山冰川是水的固体形态,储存固态降水,泄放冰雪融水,对河流有补给调节作用。我国的冰川都是山岳冰川,可分为大陆性冰川与海洋性冰川两大类，其中大陆性冰川占全国冰川面积的80%以上。我国冰川分布于西北、西南地区河流的源头，总面积约56 500 km^2，总储量约5万亿 m^3，多年平均冰川融水量550亿 m^3。冰川融水是我国西北内陆河的水源之一，具有干旱年多水、湿润年少水的特点，对农业生产十分有利。

(3)湖泊。湖泊是蓄存、调节径流的水体。大部分内陆湖是咸水湖，对农业供水意义不大，但蕴藏有矿物资源。外流湖和人工水库有调节径流、净化河水和养殖水产的作用，能提高河流径流的综合利用程度。我国湖泊分布很不均匀，总面积约74 280 km^2(1 km^2以上的湖泊有2 800余个)，主要分布在青藏高原、长江中下游和淮河下游，其中淡水湖泊的面积为3.6万 km^2，占总面积的48%左右。此外，为了有效储水，我国通过人工改造和修建的方式形成了各种类型水库，共计8.6万余座。我国湖泊总储水量约7 330亿 m^3，其中淡水储量占30%。

(4)沼泽。沼泽是一种独特的与植物共生的水资源，是一些生长喜湿植物的过湿地区。我国沼泽的分布很广，仅泥炭沼泽和潜育沼泽两类面积即达11.3万余 km^2，主要分布在东北三江平原、嫩江平原的低洼处以及黄河上游和沿海的一些地带。我国大部分沼泽分布于低平而丰水的地段，土壤潜在肥力高，是进一步扩大耕地面积的重要对象。

(二)地下水

地下水，是指赋存于地面以下岩石空隙中的水，狭义上是指地下水面以下饱和含水层中的水。在国家标准《水文地质术语》(GB/T 14157—2023)中，地下水是指埋藏在地表以下各种形式的重力水。

水资源还可按照含水层性质分类，分为孔隙水、裂隙水、岩溶水。

(1)孔隙水：疏松岩石孔隙中的水。孔隙水是储存于第四系松散沉积物及第三系少数胶结不良的沉积物孔隙中的地下水。沉积物形成时期的沉积环境对沉积物的特征影响很大，使其空间几何形态、物质成分、粒度及分散程度等均具有不同的特点。

(2)裂隙水：赋存于坚硬、半坚硬基岩裂隙中的重力水。裂隙水的埋藏和分布具有不均一性和一定的方向性；含水层的形态多种多样，明显受地质构造因素的控制，水动力条件比较复杂。

(3)岩溶水：赋存于岩溶空隙中的水。水量丰富而分布不均一，在不均一之中又有相对均一的地段；含水系统中多重含水介质并存，既具有统一水位面的含水网络，又具有相对孤立的管道流；既有向排泄区的运动，又有导水通道与蓄水网络之间的互相补排运动；水质水量动态受岩溶发育程度的控制，在强烈发育区，动态变化大，对大气降水或地表水的补给响应快；岩溶水既是赋存于溶孔、溶隙、溶洞中的水，又是改造其赋存环境的动力，不断促进含水空间的演化。

水资源是地球资源的重要组成部分，也是人类赖以生存的重要资源，每个人都应该把保护和节约水资源作为责任和义务来看待和行动。

三、我国水资源及其特点

(一)我国的水资源现状

根据2022年《中国水资源公报》中涉及的全国性数据，2022年全国平均降水量为

631.5 mm,比多年平均值减少 2.0%,比 2021 年减少 8.7%。全国水资源总量为 27 088.1 亿 m^3,比多年平均值偏少 1.9%,比 2021 年减少 8.6%。其中,地表水资源量 25 984.4 亿 m^3,折合年径流深为 274.7 mm,比多年平均值偏少 2.2%,比 2021 年减少 8.2%;地下水资源量 7 924.4 亿 m^3,比多年平均值偏少 1.1%,比 2021 年减少 3.3%;地下水与地表水资源不重复量为 1 103.7 亿 m^3。2022 年水资源一级区水资源总量见表 1-1。

表 1-1　2022 年水资源一级区水资源总量

水资源一级区	平均降水量/mm	地表水资源量/亿 m^3	地下水资源量/亿 m^3	地下水与地表水资源不重复量/亿 m^3	水资源总量/亿 m^3
全国	631.5	25 984.4	7 924.4	1 103.7	27 088.1
北方 6 区	340.6	4 988.3	2 647.4	967.2	5 955.5
南方 4 区	1 145.8	20 996.1	5 277.0	136.5	21 132.6
松花江区	560.0	1 565.6	550.4	241.9	1 807.6
辽河区	688.0	690.3	240.5	108.2	798.4
海河区	554.4	202.6	283.5	180.8	383.5
黄河区	465.8	577.6	391.3	123.1	700.7
淮河区	783.1	614.6	400.4	217.2	831.8
长江区	969.6	8 485.6	2 310.2	105.0	8 590.5
其中:太湖流域	1 098.8	141.6	42.0	15.6	157.1
东南诸河区	1 649.8	1 940.5	465.1	12.5	1 953.0
珠江区	1 729.3	5 404.0	1 245.3	19.0	5 423.0
西南诸河区	994.2	5 166.0	1 256.4	0.0	5 166.0
西北诸河区	154.5	1 337.6	781.3	96.0	1 433.6

(二)我国水资源特点

(1)人均水资源低。按照国际公认标准,人均水资源低于 3 000 m^3 为轻度缺水,人均水资源低于 2 000 m^3 为中度缺水,人均水资源低于 1 000 m^3 为严重缺水,人均水资源低于 500 m^3 为极度缺水。根据水资源总量与人口计算比值,2022 年我国人均水资源量为 1 919 m^3 左右,可判断当前我国属于中度缺水国家。

(2)水资源时空分布不均匀。就空间分布来看,我国长江流域及其以南地区,储备的水资源占全国水资源总量的 80%左右,但耕地面积只占全国耕地总面积的 36%左右;黄河、淮河等流域,水资源仅占全国水资源总量的 8%左右,而耕地面积却占全国耕地面积的 40%左右。由此可见,我国水资源分布与农业生产的匹配性不均衡。从水资源的时间分配来说,我国大部分地区冬季与春季雨水较少,夏季与秋季雨量充沛,降水时间基本集中在每年的 5—9 月,占全年降水量的 70%以上。降水时间的时段集中,造就了我国农业生产现状,全国作物生产分配分散,部分地区耕作时间相对集中,影响农作物产量。

(3)水质污染与水土流失严重。随着全国基础设施的大规模建设,工业、农业生产方式的变化,我国水资源的产业水权分配发生了很大的变化,加之前些年过度追求工业生产和经济效益,水资源有效利用和保护没有得到充分认识,导致我国水质污染和水土流失严重。近年来,以习近平同志为核心的党中央提出的"绿水青山就是金山银山"的绿色发展理念,逐步对我国水资源保护起到了重要的作用。

任务二 水资源规划与管理

一、水资源规划

(一)水资源规划的概念

水资源规划是指根据综合利用水资源和整体效益最佳原则,在统一的方针、任务和目标的约束下,对有关水资源的评价、分配和供需平衡分析及对策,以及方案实施后可能对经济、社会和环境的影响方面而制定的总体安排。

(二)基本任务

根据国家或地区的经济发展计划、生态环境保护要求,以及各行业对水资源的需求,结合区域内或区域间水资源条件和特点,选定规划目标,拟订开发治理方案,提出工程规模和开发次序方案,并对生态环境保护、社会发展规模、经济发展速度与经济结构调整提出建议。这些规划成果将作为区域内各项水利工程设计的基础和编制国家水利建设长远计划的依据。

(三)主要内容

水资源量与质的计算与评估、水资源功能的划分与协调、水资源的供需平衡分析与水量科学分配、水资源保护与灾害防治规划以及相应的水利工程规划方案设计和论证等。

(四)规划目的

合理评价、分配和调度水资源,支持社会经济发展,提高生态环境质量,以做到有计划地开发利用水资源,并达到水资源开发、社会经济发展及生态环境保护相互协调的目标。

(五)规划原则

(1)全局统筹、兼顾局部的原则。

(2)系统分析与综合利用的原则。

(3)因时因地制订规划方案的原则。

(4)实施的可行性原则。

二、水资源管理

(一)水资源管理的概念

水资源管理是指水资源开发利用和保护中的组织、协调、监督和调度等方面的实施,包括运用行政、法律、经济、技术和教育等手段,组织各种社会力量开发水利和防治水害;协调社会经济发展与水资源开发利用之间的关系,处理各地区、各部门之间的用水矛盾;

监督、限制不合理地开发水资源和危害水源的行为；制订供水系统和水库工程的优化调度方案，科学分配水量。

(二)水资源管理的任务

1. 水资源数量管理和质量管理

水资源数量管理和质量管理包括水资源数量管理、水资源质量管理，以及水资源数量和质量综合管理。

2. 水资源法律管理

水资源法律管理是通过法律手段强制性管理水资源的行为。

3. 水资源权属管理

水资源权属管理是水资源管理的重要内容，包括水权的分配、交易、管理等。

4. 水资源行政管理

水资源行政管理是通过行政手段对水资源管理的行为，是以水资源管理行政体制为研究核心，重点研究中央和地方行政关系，以及涉水管理部门协调管理的问题，实现政府管理“到位”而不“越位”等。

5. 水资源规划

水资源规划是对未来水资源开发利用的科学描述。

6. 水资源配置管理

水资源配置管理是指以水资源承载力为基础平台的水的分配，在水资源配置过程中，由于长期挤占了生态用水，必须给予认真的考虑和回补。水资源优化配置的理论与方法能为水资源配置提供理论基础和指南。

7. 水资源经济管理

水资源经济管理就是通过经济手段对水资源利用进行调节和干预，包括水资源价值理论研究、水资源经济管理体系构建、节水效益分析、水资源折旧、排污收费等。

8. 水资源投资管理

水资源投资是维护水资源的重要保障，水资源投资管理内容主要包括与水资源投资有关的资金筹措、资金利用效率、资金回收、资金增(保)值、资金投入对国民经济的影响等。

9. 水资源风险管理

水资源开发利用与保护，既有自然风险，如干旱、洪水等，也有由于人为作用产生的人为风险，如设备出现故障导致供水中断等。水资源风险管理研究是对这些风险的产生、降低甚至消除，提出风险发生情况下应采取的应急对策措施。

10. 水资源利用技术管理

水资源利用技术管理主要包括城市节水技术管理(工业、城镇生活节水)、农业节水技术管理、污水处理技术管理以及水资源配置技术管理等。

11. 水资源工程管理

我国的水利工程遍布江河南北，这些工程布局是否合理缺乏全局性的分析和研究。水资源工程管理就是结合社会、经济、环境等特点，研究水资源工程如何布局的理论与方法。在水资源工程布局过程中，要将产业布局、产业结构、产业制度和产业规模等作为重

要因素加以考虑，谋划优化的水资源工程布局，取得较高的综合效益。

12. 水资源数字化管理

随着信息技术的飞速发展，水资源的管理必将由传统的管理走向数字化管理，“3S”技术在水资源管理中将日益普及。水资源数字化管理就是利用现代信息技术管理水资源，提高水资源管理的效率。数字河流（湖泊）、工程仿真模拟、遥感监测、决策支持系统等是水资源数字化管理的重要内容。

13. 行业水资源管理

水资源具有多种功能，不同行业由于水资源利用方式、利用技术、利用效益等诸多因素的差异，对水资源的管理方式和方法也不相同，水资源管理具有一定的行业特点。行业水资源管理就是分行业研究水资源管理，如农业水资源管理、水资源景观管理、工业水资源管理等。

三、用水管理制度

用水管理制度是关于用水的法律制度，是国家为贯彻用水政策和原则，保证用水管理任务的顺利完成，通过水立法而制定的、一切用水和用水管理活动都必须遵循的基本行为规程。它调整的是行政法律关系，即用水管理部门与一切用水地区、部门、单位及个人之间的权利和义务关系。

用水管理制度主要包括计划用水制度，取水许可制度和计收水费、水资源费制度。

（一）计划用水制度

计划用水，是根据国家或某一地区的水资源条件、经济社会发展的用水要求等客观情况，科学合理的制订用水计划，并在国家或地方的用水计划指导下使用水资源。计划用水制度包括用水计划编制、审批程序，计划用水主要内容要求，以及计划的执行和监督等方面系统的法律规定。

实行计划用水制度的目的是通过科学合理的分配使用水资源，有效控制用水，加强节约用水，提高用水效率，减少用水矛盾并切实保护水资源，使水资源得以循环再生，永续利用。

（二）取水许可制度

取水许可制度是国家通过立法确定的，取水单位和个人只有获得用水管理机关的取水许可，并遵守取水许可所规定的条件，才能使用水资源的一项用水管理制度。广义而言，取水许可制度是任何单位和个人都必须遵循的制度。

取水许可制度包括以下两个方面的内容：

（1）对直接从地下或江河、湖泊取水的，实行取水许可制度。

（2）其他用水实行不需要申请许可而直接用水的制度。

取水许可制度是国家现代水立法普遍采用的一种用水管理制度。虽然各国在具体形式上有所差异，但总体应当包括申请取得用水许可的程序和范围、许可用水条件和期限等。

任务三　最严格水资源管理制度

2011年1月,中央下发了当年的“一号文件”,提出了最严格水资源管理的“三条红线”,这“三条红线”分别为:水资源开发利用控制红线、用水效率控制红线、水功能区限制纳污红线。该文件出台后不久,国务院很快出台了《关于实行最严格水资源管理制度的意见》(简称《意见》),“一号文件”先明确“三条红线”,在后续推出的《意见》以及“十二五”规划中,提出“红线”的具体指标。实行最严格水资源管理制度,是应对我国严峻水资源形势、保障经济社会可持续发展的重大举措。根本目的是全面提升我国水资源管理能力和水平,提高水资源利用效率和效益,以水资源的可持续利用保障经济社会的可持续发展。

一、最严格水资源管理制度提出的背景

水资源是基础性的自然资源和战略性的经济资源,是生态与环境的控制性要素。人多水少、水资源时空分布不均、水土资源和生产力布局不相匹配是我国的基本水情,特别是在全球气候变化和大规模经济开发双重因素的交织作用下,我国水资源形势正在发生新的变化,北少南多的水资源分布格局进一步加剧。未来随着经济社会的快速发展以及对水资源保障要求的进一步提高,我国面临的水资源问题将更为复杂。客观基本水情和严峻的水资源形势,决定了必须切实加强水资源管理、实行最严格水资源管理制度。

(1)水资源总量短缺,供需矛盾突出。河流和湖泊是我国主要的淡水资源。我国水资源分布情况是南多北少。甘肃大部分地区天然降水少,并且时空分布不均,地表径流少,地下水匮乏,水资源总量明显不足,水资源短缺问题非常突出。河西内陆河流域现状缺水5.9亿m^3,尤以石羊河流域缺水最为严重。山东是我国水资源极度匮乏的省份,年缺水接近40亿m^3,部分地区水资源过度开发已经导致一系列生态环境问题,水资源问题已经成为山东经济社会发展的硬约束条件。

浙江省多年平均水资源量为955亿m^3,人均占有量约为1 500 m^3,低于全国平均水平,全省实际可用水资源为310亿m^3,人均可用水资源约为450 m^3,而且全部由降水补给。从浙江省的气候特点及全省历史平均降水量分布情况分析,浙江的降水主要集中在5月至7月上旬的梅汛期及7—9月(受台风影响),其间出现的降水往往是大到暴雨,雨水流失多,蓄储率不高。降水具有地域分布不均、旱涝明显、随机性大、年际年内分布不均、水资源的分布与经济区域需水地区不平衡的特点。同时,省内河流源短、流急,大量径流以洪水形式流入东海。

(2)用水结构不够合理,利用效率偏低。现状用水结构中,农业是用水大户,突出表现在农业灌溉技术比较落后,水的利用效率不高。目前,全国农业用水(含林业、湿地等)占总用水量的比重为65%,比例明显偏大。需要优化配置水资源,调整用水结构,使有限的水资源更好地为经济社会发展服务,以最小的水消耗取得最大的经济效益和社会效益。

(3)水土流失严重,生态环境脆弱。尤其是我国西北地区大部分区域位于黄土塬区和丘陵地区,黄土、沙土分布广,抗蚀性差,加上气候干燥、植被稀少、暴雨频繁,水土流失

十分严重。部分省份水土流失面积占总土地面积的85%。黄土塬区每年流失土壤总量5亿t,陇南山地几乎每年都发生滑坡、泥石流灾害。大量的水土流失,破坏了水土资源与生态环境,造成土地贫瘠、保水能力降低,同时造成众多水库及其他水利工程严重淤积,不仅削弱了工程效益的发挥,缩短了工程寿命,而且增加了工程维修投资。另外,东北平原、长江流域等区域都存在较为严重的水土流失现象。

实行最严格水资源管理制度,也是应对我国严峻水资源形势、促进经济社会可持续发展的迫切需要。

二、最严格水资源管理制度的主要内涵

近年来,国家层面相继颁布或修订了《中华人民共和国水法》《取水许可和水资源费征收管理条例》《黄河水量调度条例》《中华人民共和国水文条例》等法律法规,相继出台了《水资源费征收使用管理办法》《取水许可管理办法》《水量分配暂行办法》《入河排污口监督管理办法》《建设项目水资源论证管理办法》等规章,已经形成了水资源管理制度框架体系。各省也相继颁布了诸如《浙江省水资源条例》《甘肃省石羊河流域水资源管理条例》等地方性水资源管理配套法规。但是,现有水资源管理制度法规不够健全、基础薄弱、管理较为粗放、措施落实不够严格,投入机制、激励机制、参与机制不够健全等,已经不能适应当前严峻的水资源形势。最严格水资源管理制度的主要内容是围绕水资源配置、节约和保护,建立并实施水资源管理"三条红线"制度。

(1)建立水资源开发利用控制红线,严格实行用水总量控制。制订重要江河流域水量分配方案,建立流域和省、市、县三级行政区域的取用水总量控制指标体系,明确各流域、各区域地下水开采总量控制指标。严格规划管理和水资源论证,严格实施取水许可和水资源有偿使用制度,强化水资源统一调度等。开发利用控制红线指标主要是用水总量。

(2)建立用水效率控制红线,坚决遏制用水浪费现象。制定区域、行业和用水产品的用水效率指标体系,改变粗放用水模式,加快推进节水型社会建设。建立国家水权制度,推进水价改革,建立健全有利于节约用水的体制和机制。强化节水监督管理,严格控制高耗水项目建设,全面实行建设项目节水设施"三同时"管理,加快推进节水技术改造等。用水效率控制红线指标主要有万元工业增加值用水量和农业灌溉水有效利用系数。

(3)建立水功能区限制纳污红线,严格控制入河排污总量。基于水体纳污能力,提出入河湖限制排污总量,作为水污染防治和污染减排工作的依据。建立水功能区达标指标体系,严格水功能区监督管理,完善水功能区监测预警、监督管理制度,加强饮用水水源保护,推进水生态系统的保护与修复等。水功能区限制纳污红线指标主要有江河湖泊水功能区达标率。

三、最严格水资源管理制度的主要措施

建立水资源管理"三条红线",是对水资源配置、节约、保护工作的强化,在建立的过程中,要注重把握好六项原则,实现六大转变,做好八方面工作。

(一)六项原则

(1)强化水资源社会管理与公共服务职能,切实保障饮水安全、经济发展用水安全和

生态用水安全。

(2)牢固树立人与自然和谐的理念,正确处理水资源开发利用与生态保护的关系。

(3)把水资源管理的重心放在合理配置、全面节约和有效保护上,强化需水管理,建设节水防污型社会。

(4)注重发挥水资源的综合功能和效益,统筹水资源与经济社会发展,协调好生活、生产和生态用水。

(5)针对不同地区水资源条件、环境状况及经济发展阶段的差异,制定水资源分区管理的政策措施。

(6)树立先进管理理念,创新管理方式方法,加强管理科技支撑,改进管理手段措施,逐步建立体制健全、机制合理、法制完备的水资源管理制度。

(二)六大转变

(1)在管理理念上,加快从供水管理向需水管理转变。

(2)在规划思路上,把水资源开发利用优先转变为节约保护优先。

(3)在保护举措上,加快从事后治理向事前预防转变。

(4)在开发方式上,加快从过度开发、无序开发向合理开发、有序开发转变。

(5)在用水模式上,加快从粗放利用向高效利用转变。

(6)在管理手段上,加快从注重行政管理向综合管理转变。

(三)八方面工作

(1)以总量控制为核心,抓好水资源配置。进一步完善水资源规划体系,推进水权制度建设,做好水量分配和取水总量控制,强化水资源统一调度,切实加强水资源论证工作,实行严格的取用水管理,严格水资源费征收、使用和管理。

(2)以提高用水效率和效益为中心,大力推进节水型社会建设。强化节水考核管理,加大节水技术研发推广力度,大力推进节水型社会建设试点工作,完善公众参与机制,引导和动员社会各界积极参与节水型社会建设。

(3)以水功能区管理为载体,进一步加强水资源保护。加强饮用水水源地保护,强化水功能区监督管理,加强水生态系统保护与修复,切实加强地下水资源保护。

(4)以流域水资源统一管理和区域水务一体化管理为方向,推进水管理体制改革。继续完善流域管理与行政区域管理相结合的水资源管理体制,进一步推进城乡水务一体化,实现对水资源全方位、全领域、全过程的统一管理。

(5)以加强立法和执法监督为保障,规范水资源管理行为。加强水资源管理法规标准体系建设,强化监督管理,做到有法可依、执法必严和违法必究。

(6)以国家推进资源性产品价格改革为契机,建立健全合理的水价形成机制。综合考虑各地区水资源状况、产业结构与终端用户的承受能力,合理调整水资源费征收标准,扩大水资源费征收范围,稳步推进农业水价综合改革,合理调整非农业供水水价。

(7)以重大课题研究和技术研发为重点,夯实水资源管理科技支撑。围绕全球气候变化、经济社会发展、水资源可持续利用和生态系统保护,开展水资源重大专题研究。

(8)以强化基础工作为抓手,提高水资源管理水平。定期开展水资源科学考察和调查评价,为水资源管理决策提供科学依据。加快水资源监控体系建设,全面提高水资源监管能力。加强水资源统计及信息发布工作，及时向社会发布科学、准确和权威的水资源信息。

红线体现了可持续发展对水资源开发利用、用水效率、水功能区限制纳污能力的要求。超越红线，就意味着一些地区水资源开发利用要突破水资源承载能力，会引发一系列水资源、水生态或水环境问题，影响到这些地区经济社会的可持续发展。

红线体现了对水资源无序开发、过度开发和粗放利用的控制。对各流域和各行政区域水资源开发、对各行各业的用水效率、对各水功能区的限制排污总量，都要有明确的控制性指标和监控措施。

红线体现着责任的落实。超过红线的，就要追究责任，就要依法处罚。通过实行最严格水资源管理制度，对水资源进行合理开发、综合治理、优化配置、全面节约、有效保护，以水资源的可持续利用保障经济社会的可持续发展。

思考题

1. 描述地球上水循环的基本过程及其重要性。
2. 人类活动如何影响水循环？
3. 什么是垂直降水和水平降水？
4. 我国水资源的分布特点是什么？
5. 用水管理制度包括哪些内容？
6. 水资源规划的目的是什么？
7. 什么是最严格水资源管理制度？

思政园地

“节水优先、空间均衡、系统治理、两手发力”治水思路是习近平总书记关于治水系列重要讲话的思想主线，是逻辑严密的治水理论体系。坚持节水优先，“一股劲”抓好管水护水，严格落实最严格水资源管理制度。

水资源是工业、农业和服务业发展的基础，直接关系到人们的生活质量。合理的水资源管理有助于保护生物多样性，维护生态平衡。根据水资源总量与人口计算比值，我国当前人均水资源低于国际公认中度缺水标准。在气候变化带来的极端天气事件增多的今天，我们要自觉爱护水资源，做一个“节水、护水、爱水”的新时期水利人。

项目二　水法律法规

任务一　水利法律体系

法律体系也称法的体系，通常指由一个国家现行的各个部门法构成的有机联系的统一整体。水利法律具有水利行业的特点，虽然主要是经济法的组成部分，但还包括行政法、民法商法等的内容。建设工程法律又具有一定的独立性和完整性、有自己的完整体系。

一、基本概念

（一）法

法，从广义上说，指国家按照统治阶级的利益和意志制定或者认可，并由国家强制力保证实施的行为总和；从狭义上说，指具体的法律规范，如宪法、法律、行政法规、地方性法规、行政规章、习惯法等各种成文法和不成文法。

法律的基本特征是调节人民行为的规范，具有规范性和一般性。它是由国家制定或认可的社会规范，具有权威性、普遍性和统一性，它是以主体的权利和义务为基本内容的社会规范，具有现实性、国家强制性。

（二）法规

法规是法令、条例、规则、章程等法定文件的总称。法规指国家机关制定的规范性文件。如我国国务院及其部委制定和颁布的行政法规，省、自治区、直辖市的人大及其常委会制定和公布的地方性法规。根据2015年修正的《中华人民共和国立法法》，设区的市可制定地方性法规，报省、自治区的人民代表大会常务委员会批准后施行。法规也具有法律效力。

（三）法律体系

法律体系通常是指由一个国家现行的各个部门法构成的有机联系的统一整体。根据所调整的社会关系性质不同，可以划分不同的部门法。我国法律体系主要有宪法及宪法相关法、民法商法、行政法、经济法、社会法、刑法、诉讼与非诉讼程序法。

水利法律体系，是指把已经制定的和需要制定的水利工程建设及管理方面的法律、行政法规、部门规章和地方性法规、地方规章有机结合起来，形成的一个相互联系、相互补充、相互协调的完整统一的体系。

二、法律体系的基本框架

(一)宪法及宪法相关法

宪法是国家的根本大法,是特定社会政治经济和思想文化条件综合作用的产物,集中反映各种政治力量的实际对比关系,确认革命胜利成果和现实的民主政治,规定国家的根本任务和根本制度,即社会制度、国家制度的原则和国家政权的组织以及公民的基本权利义务等内容。

宪法相关法是指《全国人民代表大会组织法》《地方各级人民代表大会和地方各级人民政府组织法》《全国人民代表大会和地方各级人民代表大会选举法》《中华人民共和国国籍法》《中华人民共和国国务院组织法》《中华人民共和国民族区域自治法》等法律。

(二)民法商法

民法是规定并调整平等主体的公民间、法人间及公民与法人间的财产关系和人身关系的法律规范的总称。商法是调整市场经济关系中商人及其商事活动的法律规范的总称。

我国采用的是民商合一的立法模式。商法被认为是民法的特别法和组成部分。《中华人民共和国民法典》《中华人民共和国物权法》《中华人民共和国侵权责任法》《中华人民共和国公司法》《中华人民共和国招标投标法》等属于民法商法。

(三)行政法

行政法是调整行政主体在行使行政职权和接受行政法制监督过程中与行政相对人行政法制监督主体之间发生的各种关系,以及行政主体内部发生的各种关系的法律规范的总称。

作为行政法调整对象的行政关系,主要包括行政管理关系、行政法制监督关系、行政救济关系、内部行政关系。《中华人民共和国行政处罚法》《中华人民共和国行政复议法》《中华人民共和国行政许可法》《中华人民共和国环境影响评价法》《中华人民共和国城市房地产管理法》《中华人民共和国城乡规划法》《中华人民共和国建筑法》《中华人民共和国水法》《中华人民共和国防洪法》《中华人民共和国水土保持法》等属于行政法。

(四)经济法

经济法是调整在国家协调、干预经济运行的过程中发生的经济关系的法律规范的总称。《中华人民共和国统计法》《中华人民共和国土地管理法》《中华人民共和国标准化法》《中华人民共和国税收征收管理法》《中华人民共和国预算法》《中华人民共和国审计法》《中华人民共和国节约能源法》《中华人民共和国政府采购法》《中华人民共和国反垄断法》等属于经济法。

(五)社会法

社会法是调整劳动关系、社会保障和社会福利关系的法律规范的总称。社会法是在国家干预社会生活过程中逐渐发展起来的一个法律门类,所调整的是政府与社会之间、社会不同部门之间的法律关系。《中华人民共和国残疾人保障法》《中华人民共和国矿山安全法》《中华人民共和国劳动法》《中华人民共和国职业病防治法》《中华人民共和国安全生产法》等属于社会法。

(六)刑法

刑法是关于犯罪和刑罚的法律规范的总称。《中华人民共和国刑法》是这一法律部门的主要内容。

(七)诉讼与非诉讼程序法

诉讼法指的是规范诉讼程序的法律的总称。我国有三大诉讼法,即《中华人民共和国民事诉讼法》《中华人民共和国刑事诉讼法》《中华人民共和国行政诉讼法》。非诉讼的程序法主要是《中华人民共和国仲裁法》。

三、法的形式

法的形式是指法律创制方式和外部表现形式。它包括以下4层含义:

(1)法律规范创制机关的性质及级别。

(2)法律规范的外部表现形式。

(3)法律规范的效力等级。

(4)法律规范的地域效力。

法的形式取决于法的本质。在世界历史上存在过的法律形式主要有习惯法、判例、规范性法律文件、国际惯例、国际条约等。在我国,习惯法、判例不是法的形式。

我国法的形式是制定法形式,具体可分为以下7类。

(一)宪法

宪法是由全国人民代表大会依照特别程序制定的具有最高效力的根本法。宪法是集中反映统治阶级的意志和利益,规定国家制度、社会制度的基本原则,具有最高法律效力的根本大法。其主要功能是制约和平衡国家权力,保障公民权利。宪法是我国的根本大法,在我国法律体系中具有最高的法律地位和法律效力,是我国最高的法律形式。

(二)法律

法律是指由全国人民代表大会和全国人民代表大会常务委员会制定颁布的规范性法律文件,即狭义的法律。法律分为基本法律和一般法律(又称非基本法律、专门法)两类。

基本法律是由全国人民代表大会制定的调整国家和社会生活中带有普遍性的社会关系的规范性法律文件的统称,如刑法、民法、诉讼法以及有关国家机构的组织法等法律。一般法律是由全国人民代表大会常务委员会制定的调整国家和社会生活中某种具体社会关系或其中某一方面内容的规范性文件的统称。

依照《中华人民共和国立法法》(简称《立法法》)的规定,下列事项只能制定法律:

(1)国家主权的事项。

(2)各级人民代表大会、人民政府、人民法院和人民检察院的产生、组织和职权。

(3)民族区域自治制度、特别行政区制度、基层群众自治制度。

(4)犯罪和刑罚。

(5)对公民政治权利的剥夺、限制人身自由的强制措施和处罚。

(6)对非国有财产的征收。

(7)民事基本制度。

(8)基本经济制度以及财政、税收、海关、金融和外贸的基本制度。

(9)诉讼和仲裁制度。

(10)必须由全国人民代表大会及其常务委员会制定法律的其他事项。

建设法律既包括专门的建设领域的法律,也包括与建设活动相关的其他法律。例如,前者有《中华人民共和国城乡规划法》《中华人民共和国建筑法》《中华人民共和国城市房地产管理法》等,后者有《中华人民共和国民法典》《中华人民共和国行政许可法》等。

(三)行政法规

行政法规是国务院根据宪法和法律就有关执行法律和履行行政管理职权的问题,以及依据全国人民代表大会及其常务委员会特别授权所制定的规范性文件的总称。

依照《立法法》的规定,国务院根据宪法和法律,制定行政法规。行政法规可以就下列事项作出规定:

(1)为执行法律的规定需要制定行政法规的事项。

(2)宪法规定的国务院行政管理职权的事项。应当由全国人民代表大会及其常务委员会制定法律的事项,国务院根据全国人民代表大会及其常务委员会的授权决定先制定的行政法规,经过实践检验,制定法律的条件成熟时,国务院应当及时提请全国人民代表大会及其常务委员会制定法律。

现行的建设行政法规主要有《建设工程质量管理条例》《建设工程安全生产管理条例》《建设工程勘察设计管理条例》《城市房地产开发经营管理条例》等。

(四)地方性法规、自治条例和单行条例

省、自治区、直辖市的人民代表大会及其常务委员会根据本行政区域的具体情况和实际需要,在不同宪法、法律、行政法规相抵触的前提下,可以制定地方性法规。较大的市的人民代表大会及其常务委员会根据本市的具体情况和实际需要,在不同宪法、法律、行政法规和本省、自治区的地方性法规相抵触的前提下,可以制定地方性法规,报省、自治区的人民代表大会常务委员会批准后施行。较大的市是指省、自治区的人民政府所在地的市,经济特区所在地的市和经国务院批准的较大的市。

地方性法规可以就下列事项作出规定:

(1)为执行法律、行政法规的规定,需要根据本行政区域的实际情况作具体规定的事项。

(2)属于地方性事务需要制定地方性法规的事项。

经济特区所在地的省、市的人民代表大会及其常务委员会根据全国人民代表大会的授权决定,制定法规,在经济特区范围内实施。民族自治地方的人民代表大会有权依照当地民族的政治、经济和文化的特点,制定自治条例和单行条例。自治区的自治条例和单行条例,报全国人民代表大会常务委员会批准后生效。自治州、自治县的自治条例和单行条例,报省、自治区、直辖市的人民代表大会常务委员会批准后生效。

目前,各地方都制定了大量的规范建设活动的地方性法规、自治条例和单行条例,如《新疆维吾尔自治区建筑市场管理条例》《浙江省水资源条例》《浙江省水利工程安全管理条例》等。

(五)部门规章

国务院各部、委员会、中国人民银行、审计署和具有行政管理职能的直属机构,可以根据法律和国务院的行政法规、决定、命令,在本部门的权限范围内,制定规章。

部门规章规定的事项应当属于执行法律或者国务院的行政法规、决定、命令的事项,其名称可以是"规定""办法""实施细则"等。目前,大量的建设法规是以部门规章的方式发布的,如住房和城乡建设部发布的《房屋建筑和市政基础设施工程质量监督管理规定》《房屋建筑和市政基础设施工程竣工验收备案管理办法》《市政公用设施抗灾设防管理规定》,国家发展和改革委员会发布的《招标公告发布暂行办法》《工程建设项目招标范围和规模标准规定》,水利部颁发的《水利工程建设项目管理规定(试行)》《水利工程质量管理规定》《水利工程建设安全生产管理规定》等。

涉及两个以上国务院部门职权范围的事项,应当提请国务院制定行政法规或者由国务院有关部门联合制定规章。目前,国务院有关部门已联合制定了一些规章,如2001年7月,国家计委、国家经贸委、建设部、铁道部、交通部、信息产业部、水利部联合发布《评标委员会和评标方法暂行规定》等。

(六)地方政府规章

省、自治区、直辖市和较大的市的人民政府,可以根据法律、行政法规和本省、自治区、直辖市的地方性法规,制定地方政府规章,可以就下列事项作出规定:

(1)为执行法律、行政法规、地方性法规的规定需要制定规章的事项。

(2)属于本行政区域的具体行政管理事项。

目前,省、自治区、直辖市和较大的市的人民政府都制定了大量地方规章,如《重庆市建设工程造价管理规定》《安徽省建设工程造价管理办法》《宁波市建设工程造价管理办法》等。

(七)国际条约

国际条约是指我国与外国缔结、参加、签订、加入、承认的双边、多边的条约、协定和其他具有条约性质的文件。国际条约的名称,除条约外,还有公约、协议、协定、议定书、宪章、盟约、换文和联合宣言等。除我国在缔结时宣布持保留意见不受其约束的外,这些条约的内容都与国内法具有一样的约束力,所以也是我国法的形式。例如,我国加入WTO后,WTO中与工程建设有关的协定也对我国的工程建设活动产生约束力。

四、法的效力层级

法的效力层级,是指法律体系中的各种法的形式,由于制定的主体、程序、时间、适用范围等的不同,具有不同的效力,形成法的效力等级体系。

(一)宪法至上

宪法是国家的根本大法,具有最高的法律效力。宪法作为根本法和母法,还是其他立法活动的最高法律依据。任何法律法规都必须遵循宪法而产生,无论是维护社会稳定、保障社会秩序,还是规范经济秩序,都不能违背宪法的基本准则。

(二)上位法优于下位法

在我国法律体系中,法律的效力是仅次于宪法而高于其他法的形式。行政法规的法律地位和法律效力仅次于宪法和法律,高于地方性法规和部门规章。地方性法规的效力,高于本级和下级地方政府规章。省、自治区人民政府制定的规章的效力,高于本行政区域

内的较大的市人民政府制定的规章。

自治条例和单行条例依法对法律、行政法规、地方性法规作变通规定的，在本自治地方适用自治条例和单行条例的规定。经济特区法规根据授权对法律、行政法规、地方性法规作变通规定的，在本经济特区适用经济特区法规的规定。部门规章之间、部门规章与地方政府规章之间具有同等效力，在各自的权限范围内施行。

(三)特别法优于一般法

特别法优于一般法，是指公法权力主体在实施公权力行为中，当一般规定与特别规定不一致时，优先适用特别规定。《立法法》规定，同一机关制定的法律、行政法规、地方性法规、自治条例和单行条例、规章，特别规定与一般规定不一致的，适用特别规定。

(四)新法优于旧法

新法、旧法对同一事项有不同规定时，新法的效力优于旧法。《立法法》规定，同一机关制定的法律、行政法规、地方性法规、自治条例和单行条例、规章，新的规定与旧的规定不一致的，适用新的规定。

(五)需要由有关机关裁决适用的特殊情况

法律之间对同一事项的新的一般规定与旧的特别规定不一致，不能确定如何适用时，由全国人民代表大会常务委员会裁决。

行政法规之间对同一事项的新的一般规定与旧的特别规定不一致，不能确定如何适用，由国务院裁决；地方性法规、规章之间不一致时，由有关机关依照下列规定的权限作出裁决：

(1)同一机关制定的新的一般规定与旧的特别规定不一致时，由制定机关裁决。

(2)地方性法规与部门规章之间对同一事项的规定不一致，不能确定如何适用时，由国务院提出意见，国务院认为应当适用地方性法规的，应当决定在该地方适用地方性法规的规定；认为应当适用部门规章的，应当提请全国人民代表大会常务委员会裁决。

(3)部门规章之间、部门规章与地方政府规章之间对同一事项的规定不一致时，由国务院裁决。

根据授权制定的法规与法律规定不一致，不能确定如何适用时，由全国人民代表大会常务委员会裁决。

(六)备案和审查

行政法规、地方性法规、自治条例和单行条例、规章应当在公布后的30日内，依照《立法法》的规定报有关机关备案。

国务院、中央军事委员会、最高人民法院、最高人民检察院和各省、自治区、直辖市的人民代表大会常务委员会认为行政法规、地方性法规、自治条例和单行条例同宪法或者法律相抵触的，可以向全国人民代表大会常务委员会书面提出进行审查的要求，由常务委员会工作机构分送有关的专门委员会进行审查、提出意见。其他国家机关和社会团体、企业事业组织以及公民认为行政法规、地方性法规、自治条例和单行条例同宪法或者法律相抵触的，可以向全国人民代表大会常务委员会书面提出进行审查的建议，由常务委员会工作机构进行研究，必要时，送有关的专门委员会进行审查、提出意见。全国人民代表大会专门委员会在审查中认为行政法规、地方性法规、自治条例和单行条例同宪法或者法律相抵触的,可以向制定机关提出书面审查意见;也可以由法律委员会与有关的专门委员会召开联合审查会议,要求制定机关到会说明情况,再向制定机关提出书面审查意见。制定机关应当在两个月内研究提出是否修改的意见,并向全国人民代表大会宪法和法律委员会与有关的专门委员会反馈。

全国人民代表大会宪法和法律委员会与有关的专门委员会审查认为行政法规、地方性法规、自治条例和单行条例同宪法或者法律相抵触而制定机关不予修改的,可以向委员长会议提出书面审查意见和予以撤销的议案,由委员长会议决定是否提请常务委员会会议审议决定。

任务二　水　法

一、水法的立法过程

(一)水法的概念

狭义的水法仅指《中华人民共和国水法》。它是水事基本法,其法律效力仅在宪法之下。

广义的水法又称水法规,是指规范水事活动的法律法规和规章以及其他规范性文件的总称,如《中华人民共和国防洪法》《中华人民共和国水土保持法》《中华人民共和国河道管理条例》《取水许可实施办法》《水行政处罚实施办法》等。

(二)水法的立法与修订过程

《中华人民共和国水法》(简称《水法》)于1988年1月21日第六届全国人民代表大会常务委员会第24次会议通过,1988年1月21日中华人民共和国主席令第61号公布。历经2002年一次修订,2009年、2016年两次修正,共八章八十二条。

2016年7月2日,全国人民代表大会常务委员会公布《全国人民代表大会常务委员会关于修改〈中华人民共和国节约能源法〉等六部法律的决定》,对《中华人民共和国节约能源法》《中华人民共和国水法》《中华人民共和国防洪法》《中华人民共和国职业病防治法》《中华人民共和国航道法》所作的修改,自公布之日起施行;对《中华人民共和国环境影响评价法》所作的修改,自2016年9月1日起施行。

二、水法的基本内容

(一)修订情况

原《水法》共七章五十三条。修订后的《水法》共八章八十二条,依次是:第一章总则,第二章水资源规划,第三章水资源开发利用,第四章水资源、水域和水工程的保护,第五章水资源配置和节约使用,第六章水事纠纷处理与执法监督检查,第七章法律责任,第八章附则。

与原《水法》比较,增加了一章"水资源规划";原《水法》中的"用水管理"改为"水资源配置和节约使用";鉴于国家已出台了《防洪法》,原《水法》中的"防汛与抗洪"一章不单立,其内容分解到其他各章节中,增加了一章"水事纠纷处理与执法监督检查"。可以

说,包括总则在内,第一章到第五章专门设定了水资源方面的法律规定。这样一改,新《水法》比原《水法》在内容上着重规定水资源的开发利用节约保护和配置,具有鲜明的时代性、针对性和科学性、操作性,而且比较全面,涵盖性较高。

(二)水法的调整对象与特点

1. 水法的调整对象

任何一部法律都有其自己的调整对象。水法的调整对象是水行政法律关系,即在我国领域内水资源的开发利用和防治水害等有关活动中,也就是水行政主体在行使水管理职权过程中产生的法律关系。

2. 水法的特点

水法是水行政主体行使水管理职权的基本法律依据,一方面具有法律规范的一般特点;另一方面更有其专业自身的特点,即科学性、技术性、社会性等。

在民事与刑事领域中,实体法与程序法是分别制定的,如民法与民事诉讼法、刑法与刑事诉讼法,并形成不同的法律部门。而作为部门行政法的水法则不同,它的实体性规定和程序性规定往往交织在一起,共存于一个法律文件中。原因有二:一是水事法律的程序性规范不仅限于诉讼领域,在水行政管理与行政决策活动中存在着大量的程序性规范,如《水行政处罚实施办法》,它是行政诉讼法所不能概括、包容的;二是水事法律的程序性规范中往往有实体性内容,二者密不可分,无法将其分别立法。

3. 水法的基本原则

(1)坚持国有制,保障水资源的开发和利用的原则。

(2)开发利用与保护相结合的原则。

(3)坚持利用水资源与防治水害并重,全面规划,统筹兼顾,标本兼治,综合利用,讲求效益的原则。

(4)保护水资源,维护生态平衡的原则。在干旱和半干旱地区开发、利用水资源,应当充分考虑生态环境用水需要,防止对生态环境造成破坏。

(5)实行计划用水,厉行节约用水的原则。

(6)国家对水资源实行流域管理与行政区域管理相结合原则。《水法》第十二条规定:国家对水资源实行流域管理与行政区域管理相结合的管理体制。国务院水行政主管部门负责全国水资源的统一管理和监督工作。

三、我国古近代的水法发展史

(一)我国古代水法发展

在我国,对水资源的开发利用和保护管理活动可以追溯到传说中的“三皇五帝”时期,尤其是大禹“三过家门而不入”的治水故事广为流传。最早的水管理文字记载见于西周的《伐崇令》。此后的唐、宋、明、清等都制定有水事管理法律,其中尤以唐代制定的水事管理法律较为完善,主要有《水部式》《营缮令》等。唐代水事管理法律的内容十分广泛,不但包括农田水利活动、水量管理的规定,而且包括水事纠纷的调处,水事管理活动的奖惩,运河、桥梁、船闸的管理与维护等。这些内容,一方面反映了我国古代人民在水事管理活动中的巨大成就;另一方面也反映了我国水利法律建设的历史发展与成就。当然,古代的水法毕竟受历史条件限制,水事管理活动在内容上主要表现为强化官府的权力,忽视相对方权利的保护;水行政与司法手段不分,强调刑罚的作用等。

(二)我国近代水法发展

到了近代,随着西方水利工程管理技术和西方法学传入中国,我国的水利法制建设开始有了新的发展。1929年,国民政府主管水利事务的建设委员会认识到水事管理活动中没有水法依据的困难,于是着手翻译西方国家的水事管理法律规范,同时着手起草《水利法》。于1942年颁布,该法是第一部将西方法学与我国的水利管理实践相结合的水事管理法律规范,从其内容来看,较为全面、实用,但是由于当时政局动荡不稳,这部法律没能得到贯彻实施。

(三)新中国成立后的水法发展史

1. 新中国成立以来我国水法的几个发展阶段

(1)恢复水利法制时期:1949—1966年。

(2)水利法制建设遭到践踏时期:1966—1978年。这一时期,整个国家的法制建设都遭到了践踏,水利法制建设也不例外。

(3)水利法制建设的恢复发展时期:1978年至1988年《水法》颁布实施前。这个时期,国家颁布了以《水土保持工作条例》等为代表的比较规范的水利法律法规和规章。

(4)水利法制建设的新发展时期:1988年1月,《中华人民共和国水法》颁布,同年7月1日实施。

2. 依法治水的新时期——2002年《水法》的颁布

随着国民经济的持续快速发展和城市化进程的加快,以及人民生活水平的不断提高,以水资源紧缺、洪涝灾害频发、生态环境恶化为特征的水问题已成为我国经济社会可持续发展的重要制约因素。因此,依法加强对水资源的管理,合理开发、利用和保护水资源,实现水资源的可持续利用,已成为我国经济和社会发展的战略问题。修改已经不能适应经济社会发展和水资源变化形势的原《水法》,是十分必要的。经2002年8月29日第九届全国人民代表大会常务委员会第二十九次会议修订通过,2002年10月1日正式实施新的《中华人民共和国水法》。

任务三 中华人民共和国水土保持法

一、《中华人民共和国水土保持法》立法过程

《中华人民共和国水土保持法》(简称《水土保持法》),是中国现行有效的经济法之一,是为预防和治理水土流失,保护和合理利用水土资源,减轻水、旱、风沙灾害,改善生态环境,保障经济社会可持续发展而制定的;由全国人民代表大会常务委员会于1991年6月29日发布并施行;根据2009年8月27日第十一届全国人民代表大会常务委员会第十次会议《全国人民代表大会常务委员会关于修改部分法律的决定》修正;2010年12月25日第十一届全国人民代表大会常务委员会第十八次会议修订,2010年12月25日中华人民共和国主席令第三十九号公布,自2011年3月1日起施行。

二、《水土保持法》的基本内容

《水土保持法》包括总则、规划、预防、治理、监测和监督、法律责任和附则，共七章六十条。

修订后的《水土保持法》正式颁布实施，与原《水土保持法》相比，有六大亮点。

（一）强化地方政府主体责任

修订后的《水土保持法》第四条规定：县级以上人民政府应当加强对水土保持工作的统一领导，将水土保持工作纳入本级国民经济和社会发展规划，对水土保持规划确定的任务，安排专项资金，并组织实施。

与原《水土保持法》相比，修订后的《水土保持法》对地方政府防治水土流失的职责规定更加清晰，任务措施更加明确，各项要求更加具体，充分体现了国家对水土保持工作的高度重视。

修订后的《水土保持法》进一步强化了政府水土保持责任，规定县级以上人民政府应当加强对水土保持工作的统一领导，将水土保持工作纳入本级国民经济和社会发展规划和年度计划，安排专项资金，并组织实施；在水土流失重点预防区和重点治理区，实行地方政府水土保持目标责任制和考核奖惩制度。同时，修订后的《水土保持法》还对充分发挥政府主导作用，组织发动单位和个人开展水土流失预防和治理提出了明确要求，并明确规定“县级以上人民政府林业、农业、国土资源等有关部门按照各自职责，做好有关的水土流失预防和治理工作”。

（二）新增“规划”专章更科学

修订后的《水土保持法》第十三条规定：水土保持规划的内容应当包括水土流失状况、水土流失类型区划分、水土流失防治目标、任务和措施等。

水土保持规划包括对流域或者区域预防和治理水土流失、保护和合理利用水土资源作出的整体部署，以及根据整体部署对水土保持专项工作或者特定区域预防和治理水土流失作出的专项部署。

水土保持规划应当与土地利用总体规划、水资源规划、城乡规划和环境保护规划等相协调。

原《水土保持法》仅规定了规划的编制主体和批准机关，过于简单和笼统，操作性不强。修订后的《水土保持法》增加了“规划”专章，对水土保持规划的种类、编制依据与主体、编制程序与内容、编制要求与组织实施作了全面规定，进一步确立了规划的法律地位。

修订后的《水土保持法》进一步明确了水土保持规划是国民经济和社会发展规划的重要组成部分，是依法加强水土保持管理的重要依据，是指导水土保持工作的纲领性文件，水土保持规划一经批准，必须严格执行，从法律上增强了水土保持规划的约束力。特别需要注意的是，修订后的《水土保持法》要求在基础设施建设、矿产资源开发、城镇建设等相关规划中要提出水土保持对策措施并征求水行政主管部门的意见，这在法律上确定了水土保持在各项建设规划中的重要地位，同时也相应赋予了各级水行政主管部门一定的管理职责。此外，修订后的《水土保持法》还规定，各级水行政主管部门要按照统筹协调、分类指导的原则，科学编制好规划，规划编制中要征求专家和公众的意见，充分体现民意,保护群众利益。

(三)预防为主保护优先

修订后的《水土保持法》第十六条规定:地方各级人民政府应当按照水土保持规划,采取封育保护、自然修复等措施,组织单位和个人植树种草,扩大林草覆盖面积,涵养水源,预防和减轻水土流失。

修订后的《水土保持法》把预防为主、保护优先作为水土保持工作的指导方针,增加了对一些容易导致水土流失、破坏生态环境的行为予以禁止或限制的规定,这对预防人为水土流失、保护生态环境至关重要。

水土保持工作方针有四层含义:“预防为主、保护优先”为第一个层次,体现了预防保护的地位和作用。“全面规划、综合治理”为第二个层次,体现了水土保持工作的全局性、综合性、长期性和重要性。“因地制宜、突出重点”为第三个层次,体现了水土保持措施要因地制宜,防治工作要突出重点。“科学管理、注重效益”为第四个层次,体现了对水土保持管理手段和水土保持工作效果的要求。修订后的《水土保持法》还增加了对一些容易导致水土流失、破坏生态环境的行为予以禁止或者限制的规定:一是严格禁止毁林毁草活动以及在崩塌、滑坡危险区和泥石流易发区进行可能造成人为水土流失的取土、挖砂、采石等活动;二是在水土流失严重、生态脆弱地区,限制或禁止可能造成水土流失的生产建设活动;三是对开办可能造成水土流失的生产建设项目,要求选址、选线避开水土流失重点预防区和重点治理区,无法避开的,应提高防治标准,优化施工工艺。所有这些规定,对预防人为水土流失、有效保护生态环境至关重要。

(四)水保方案编制需前置

修订后的《水土保持法》第二十五条规定:在山区、丘陵区、风沙区以及水土保持规划确定的容易发生水土流失的其他区域开办可能造成水土流失的生产建设项目,生产建设单位应当编制水土保持方案,报县级以上人民政府水行政主管部门审批,并按照经批准的水土保持方案,采取水土流失预防和治理措施。没有能力编制水土保持方案的,应当委托具备相应技术条件的机构编制。

修订后的《水土保持法》,进一步完善了生产建设项目水土保持方案制度,明确了水土保持方案编制机构应具备的资质,进一步确立了水土保持方案在生产建设项目审批立项和开工建设中的前置地位。

修订后的《水土保持法》明确了生产建设项目水土保持方案审批是水行政主管部门的一项独立行政许可事项,进一步确立了水行政主管部门水土保持方案的管理职能,实现了权责统一;合理界定了水土保持方案编报的范围和对象。水土保持方案编报范围由原《水土保持法》规定的“三区”修改为“四区”(山区、丘陵区、风沙区、其他区),因为水土保持规划确定的容易发生水土流失的其他区域,比如平原区的河道周围开办生产建设项目或者从事其他生产建设活动,也存在水土流失问题。水土保持方案编报对象由“五类工程”修改为“可能造成水土流失的生产建设项目”,不至于使部分生产建设项目置于法律约束范围之外;加强了对水土保持方案变更的管理,强化了水土保持“三同时”制度。对不编报水土保持方案或水土保持方案未经水行政主管部门审批的生产建设项目不准开工建设;对未经验收或验收不合格的水土保持设施不准投产使用。从以上规定可以看出,修

订后的《水土保持法》强化了水土保持方案的法律地位。

(五)谁开发谁治理谁补偿

修订后的《水土保持法》第三十一条规定:国家加强江河源头区、饮用水水源保护区和水源涵养区水土流失的预防和治理工作,多渠道筹集资金,将水土保持生态效益补偿纳入国家建立的生态效益补偿制度。

修订后的《水土保持法》全面总结了多年来全国各地探索实践水土保持补偿制度的成功经验,根据中央关于建立完善水土保持补偿制度的要求,首次将水土保持补偿定位为功能补偿,从法律层面建立了水土保持补偿制度。

修订后的《水土保持法》明确规定在山区、丘陵区、风沙区以及水土保持规划确定的容易发生水土流失的其他区域开办生产建设项目或者从事其他生产建设活动,损坏水土保持设施、地貌植被,不能恢复原有水土保持功能的,应当缴纳水土保持补偿费,充分体现了“谁开发、谁治理、谁补偿”的原则。同时明确规定水土保持补偿费专项用于水土流失预防与治理,专项水土流失预防与治理由水行政主管部门组织实施。各地应按照《水土保持法》的要求,着手制定当地的水土保持补偿政策,比如可从已经发挥效益的大中型水利水电工程收益中,从城镇土地出让金和矿产资源开发收益中提取一定比例的资金,用于当地水土流失的防治。实行水土保持补偿制度,有效运用经济手段,可有效约束破坏水土资源和生态环境的行为,最大限度地保护水土保持设施、天然植被和原地貌,减轻因水土流失所造成的危害。

(六)罚款最高限提升五十倍

修订后的《水土保持法》第五十四条规定:违反本法规定,水土保持设施未经验收或者验收不合格将生产建设项目投产使用的,由县级以上人民政府水行政主管部门责令停止生产或者使用,直至验收合格,并处五万元以上五十万元以下的罚款。修订后的《水土保持法》完善了法律责任种类,丰富了责任追究方式,加大了处罚力度,增强了可操作性,提升了法律的威慑力和执行力。

修订后的《水土保持法》强化了违法行为的法律责任。一是增加了法律责任的种类。从行政、刑事、民事三方面对多种违法行为设置了法律责任,增加了滞纳金制度、行政代履行制度、查扣违法机械设备制度,强化了对单位(法人)、直接负责的主管人员和其他直接责任人员的违法责任追究制度。二是加大了对各种违法行为的处罚力度。大幅度提高了罚款标准,加重了违法成本,最高罚款限额由原《水土保持法》的1万元提高到50万元,乱倒弃土弃渣每立方米处以10元以上20元以下罚款。三是增强了执法的可操作性。原《水土保持法》规定罚款、责令停业等处罚措施由县级人民政府水行政主管部门报请县级人民政府决定,中央或省级人民政府直接管辖的企事业单位的停业治理须报请国务院或省级人民政府批准,修订后的《水土保持法》规定上述处罚措施可由水行政主管部门直接实施,不需报批,减少了环节,提高了效率。

任务四 中华人民共和国防洪法

一、《中华人民共和国防洪法》立法过程

《中华人民共和国防洪法》(简称《防洪法》)于1997年8月29日第八届全国人民代表大会常务委员会第二十七次会议通过,1998年1月1日起实施;根据2009年8月27日第十一届全国人民代表大会常务委员会第十次会议《全国人民代表大会常务委员会关于修改部分法律的决定》第一次修正;根据2015年4月24日第十二届全国人民代表大会常务委员会第十四次会议《全国人民代表大会常务委员会关于修改〈中华人民共和国港口法〉等七部法律的决定》第二次修正;根据2016年7月2日第十二届全国人民代表大会常务委员会第二十一次会议《全国人民代表大会常务委员会关于修改〈中华人民共和国节约能源法〉等六部法律的决定》第三次修正。

《防洪法》是我国第一部规范防治自然灾害的法律,填补了我国社会主义市场经济法律体系框架中的一个空白,也是继《水法》《水土保持法》等法律之后的又一部重要的水事法律。《防洪法》的颁布实施标志着我国防洪事业进入了一个新的阶段,防洪工作将进一步纳入法律化管理的轨道。

《防洪法》包括总则、防洪规划、治理与防护、防洪区和防洪工程设施的管理、防汛抗洪、保障措施、法律责任和附则,共八章六十五条。

二、《防洪法》的基本内容

(一)立法总则

《防洪法》是我国防治洪水工作的基本法律,是调整防治洪水活动中各种社会关系的强制性规范。第一章总则共八条,规定了我国防治洪水工作中的根本性问题。具体内容包括:立法目的;防洪工作应当遵循的基本原则和基本制度;政府应当将防洪工程设施建设纳入国民经济和社会发展计划;政府防治洪水工作的基本职责;政府部门在防洪工作中的职责分工及任何单位与个人都有保护防洪设施和依法参加防汛抗洪的法律义务。

1. 立法目的

《防洪法》的立法目的是:防治洪水,防御、减轻洪涝灾害,维护人民的生命和财产安全,保障社会主义现代化建设顺利进行。

我国水土流失严重,河流湖泊大量淤积、围垦,防洪能力进一步下降,同样的洪水,水位越来越高,流速越来越慢,洪水持续时间越来越长,防洪的形势更加严峻。在防洪工作中,存在着没有切实的手段保证防洪规划的落实、对河道防护及防洪工程设施保护缺乏强有力的措施、对蓄滞洪区的安全与建设缺乏有效的管理,以及防洪投入不够、防洪标准偏低、实际防洪能力差等若干问题。制定《防洪法》就是要对上述问题进行规范,通过法律手段,理顺防洪活动中的各种社会关系,使防洪活动在有序、高效、科学的轨道上顺利进行,最终达到预防、治理、减轻洪涝灾害,保障人民生命和财产安全,保障社会主义现代化建设实现的根本目的。

2. 防洪工作的基本原则

防洪工作实行全面规划、统筹兼顾、预防为主、综合治理、局部利益服从全局利益的原则。其中,局部利益服从全局利益原则适用于我国防洪工作的各个方面,其中包括对蓄滞洪区的规定。我国一方面地域辽阔,洪涝灾害频繁;另一方面由于经济发展水平所限,全社会用于修建水利工程设施的投入难以满足抵御各种标准的洪水侵袭的要求,防洪能力十分有限。在这种情况下,为了将洪水损失减小到最低,不得已时只能牺牲局部利益以保大局。坚持局部利益服从全局利益的原则,对实践有直接的指导意义,无论是领导同志还是普通群众,都要牢固树立从大局出发的思想,洪水无情,只有在必要时勇于舍小家、保大家,才能使洪水得到有效的遏制,降低所受到的损失。

3. 防洪管理制度

《防洪法》第八条对防洪的管理体制给予了明确的规定:国务院水行政主管部门在国务院的领导下,负责全国防洪的组织、协调、监督、指导等日常工作。国务院水行政主管部门在国家确定的重要江河、湖泊设立的流域管理机构,在所管辖的范围内行使法律、行政法规规定和国务院水行政主管部门授权的防洪协调和监督管理职责。国务院建设行政主管部门和其他有关部门在国务院的领导下,按照各自的职责,负责有关的防洪工作。县级以上地方人民政府水行政主管部门在本级人民政府的领导下,负责本行政区域内防洪的组织、协调、监督、指导等日常工作。县级以上地方人民政府建设行政主管部门和其他有关部门在本级人民政府的领导下,按照各自的职责,负责有关的防洪工作。

(二)防洪规划

《防洪法》关于防洪规划的规定共9条。主要内容包括:防洪规划的定义及分类;防洪规划与其他规划的关系;防洪规划的编制机关及审批程序;编制防洪规划的基本原则和防洪规划的内容;受风暴潮威胁的沿海地区的县级以上地方人民政府应当把防御风暴潮纳入本地区的防洪规划;山洪多发地区的县级以上地方人民政府应当组织有关部门采取防治措施;易涝地区的有关地方人民政府应当制订除涝治涝规划,采取治理措施;长江、黄河等六大江河入海河口整治规划的审批程序;防洪规划保留区制度及防洪规划同意书制度。

1. 防洪规划的定义、种类、作用

《防洪法》第九条规定:防洪规划是指为防治某一流域、河段或者区域的洪涝灾害而制定的总体部署,包括国家确定的重要江河、湖泊的流域防洪规划,其他江河、河段、湖泊的防洪规划以及区域防洪规划。防洪规划应当服从所在流域、区域的综合规划;区域防洪规划应当服从所在流域的流域防洪规划。防洪规划是江河、湖泊治理和防洪工程设施建设的基本依据。

2. 防洪规划的编制原则及内容

《防洪法》第十一条规定:编制防洪规划,应当遵循确保重点、兼顾一般,以及防汛和抗旱相结合、工程措施和非工程措施相结合的原则,充分考虑洪涝规律和上下游、左右岸的关系以及国民经济对防洪的要求,并与国土规划和土地利用总体规划相协调。防洪规划应当确定防护对象、治理目标和任务、防洪措施和实施方案,划定洪泛区、蓄滞洪区和防洪保护区的范围,规定蓄滞洪区的使用原则。

3. 山洪防治

《防洪法》第十三条规定：山洪可能诱发山体滑坡、崩塌和泥石流的地区以及其他山洪多发地区的县级以上地方人民政府，应当组织负责地质矿产管理工作的部门、水行政主管部门和其他有关部门对山体滑坡、崩塌和泥石流隐患进行全面调查，划定重点防治区，采取防治措施。城市、村镇和其他居民点以及工厂、矿山、铁路和公路干线的布局，应当避开山洪威胁；已经建在受山洪威胁的地方的，应当采取防御措施。

思考题

1. 什么是法律的渊源？
2. 宪法在我国法律体系中占据什么地位？
3. 经济法主要调整哪些经济关系？
4. 《水法》的立法目的是什么？
5. 《水土保持法》的立法过程包括哪些重要时间节点？
6. 《防洪法》的立法目的和基本原则是什么？

思政园地

党的二十大报告提出：加快建设法治社会。法治社会是构筑法治国家的基础。弘扬社会主义法治精神，传承中华优秀传统法律文化，引导全体人民做社会主义法治的忠实崇尚者、自觉遵守者、坚定捍卫者。

引导学生树立法治意识，深刻理解《水法》《防洪法》《水土保持法》等水法律法规的重要性。通过学习，增强依法从事水利工程建设与运行管理的能力。同时，激发学生参与水资源管理、水利工程建设与管理的积极性，培养学生依法治水、科学用水的习惯，为建设生态文明和推动高质量、可持续发展贡献青春力量。

项目三 水利工程基础知识

任务一 工程地质基础

一、岩石成因与类型

(一)矿物

地球具有类似煮熟的鸡蛋一样的内部结构,最外层相当于蛋壳部分,主要由岩石及其风化产物构成,称为地壳,它是各类工程建筑的场所,也是地质学研究的主要对象。

地壳中的三大类岩石尽管成因不同,但其基本的物质构成单元都是矿物。自然界有 3 300 余种矿物,其中绝大多数是结晶(晶体)矿物,即理想状态下可形成规则几何外形的矿物。

(二)岩浆岩

岩浆岩又称火成岩,是由岩浆凝结形成的岩石。一般来说,岩浆岩易出现于板块交界地带的火山区。岩浆岩的构造是指矿物在岩石中的组合方式和空间分布情况。构造的特征主要取决于岩浆冷凝时的环境。岩浆岩最常见的构造主要有块状构造、流纹状构造、气孔状构造和杏仁状构造。

岩浆岩类型划分主要考虑岩石的产状和基本特征两大因素。

根据岩浆岩产状,即根据岩石侵入到地下还是喷出到地表,岩浆岩可分为侵入岩和喷出岩。侵入岩根据形成深度不同,又可细分为深成岩和浅成岩。深成岩位于地下深处,岩浆冷凝速度慢,岩石多为全晶质,矿物结晶颗粒也比较大,常形成大的斑晶;浅成岩靠近地表,通常为细粒结构和斑状结构。喷出岩由于冷凝速度快,矿物来不及结晶,常形成隐晶质和玻璃质的岩石。岩浆岩的主要类型见表 3-1。

根据岩浆岩的化学组分及矿物组成可将其分为超基性岩、基性岩、中性岩和酸性岩等。

一般情况下,岩浆岩的强度较高,压缩性小,不溶于水,不易软化,其工程地质条件良好。尤其是深层侵入岩,岩性较均一,力学强度高,抗风化能力强,透水性小。对于浅成岩来说,岩性均一性差、透水性相对较大,在岩浆岩的边缘地带,原岩常有轻微变质或破碎,其工程地质条件稍差。对于不同化学性质及矿物组成的岩石,如花岗岩、闪长岩和辉长岩等岩石,具有坚硬、性脆等特征,岩石抗压强度、地基允许承载力均高,新鲜岩石为良好的天然地基。

表 3-1　岩浆岩的主要类型

<table>
<tr><td colspan="2">化学成分</td><td colspan="3">含 Si、Al 较多</td><td colspan="2">含 Fe、Mg 较多</td><td rowspan="5">产状</td></tr>
<tr><td colspan="2">酸基性</td><td colspan="2">酸性</td><td>中性</td><td>基性</td><td>超基性</td></tr>
<tr><td colspan="2">颜色</td><td colspan="3">浅色(浅灰、浅红、黄色)</td><td colspan="2">深色(深灰、绿色、黑色)</td></tr>
<tr><td colspan="2" rowspan="2">矿物成分成因及结构</td><td colspan="2">含正长石</td><td colspan="2">含斜长石</td><td>不含长石</td></tr>
<tr><td>石英、云母、角闪石</td><td>黑云母、角闪石、辉石</td><td>角闪石、辉石、黑云母</td><td>辉石、角闪石、橄榄石</td><td>橄榄石、辉石</td></tr>
<tr><td>深成岩</td><td>等粒状,有时为斑状,所有矿物能用肉眼鉴别</td><td>花岗岩</td><td>正长岩</td><td>闪长岩</td><td>辉长岩</td><td>橄榄岩、辉石</td><td>岩基、岩柱</td></tr>
<tr><td>浅成岩</td><td>斑状(斑晶较大且可辨出矿物名称)</td><td>花岗斑岩</td><td>正长斑岩</td><td>玢岩</td><td>辉绿岩</td><td>—</td><td>岩脉、岩床、岩盘</td></tr>
<tr><td rowspan="2">喷出岩</td><td>玻璃状,有时为细粒斑状,矿物难用肉眼鉴别</td><td>流纹岩</td><td>粗面岩</td><td>安山岩</td><td>玄武岩</td><td>—</td><td>熔岩流</td></tr>
<tr><td>玻璃状或碎屑状</td><td colspan="5">黑曜岩、浮石、火山凝灰岩、火山碎屑岩、火山玻璃</td><td>火山喷出的堆积物</td></tr>
</table>

其风化层厚度随地形而变化,风化厚度较大和构造发育处,岩石破碎,易产生塌方、崩落现象。玄武岩、安山岩和凝灰质砂岩等岩石,为火山灰和胶结物,致密、坚硬,块状、似层状结构,一般力学性质良好;具有气孔状构造,多为泥质或方解石充填,柱状节理发育,并有软弱的凝灰岩夹层,其工程地质力学性质不均匀,易使水工建筑渗漏或影响坝基的稳定性。

(三)沉积岩

沉积岩又称水成岩,是在地表或地表以下不太深的地方,在常温常压条件下,由母岩风化剥蚀产物和生物遗体经搬运、沉积和固结等作用过程所形成的岩石。沉积岩的组成物质中,黏土矿物、方解石、白云石和有机质等是其所特有的,这是物质组成上区别于岩浆岩的一个重要特征。

根据岩石的成因、成分、结构和构造等,沉积岩可分为碎屑岩、黏土岩和化学及生物化学岩。

碎屑岩类主要由碎屑物质组成,由先成岩石风化破坏产生碎屑物质形成的,称为沉积碎屑岩,如砾岩、砂岩及粉砂岩等;由火山喷出碎屑物质形成的,称为火山碎屑岩,如火山角砾岩和凝灰岩等。碎屑岩根据粒度细分为砾岩、砂岩和粉砂岩。砾岩的粗碎屑含量>

30%，具有大型斜层理和递变层理构造；砂岩由粒度为 2.0～0.1 mm 的碎屑物质组成，砂含量通常>50%，其余为基质和胶结物，碎屑成分以石英和长石为主，其次为各种岩屑以及云母、绿泥石等矿物碎屑；粉砂岩中粒度在 0.10～0.01 mm 的碎屑颗粒超过 50%，以石英为主，常含较多的白云母，钾长石和酸性斜长石含量较少，岩屑极少见到。碎屑岩的性质主要与其胶结物、胶结程度有关，胶结的强度较高，硅质胶结的比钙质、铁质胶结的强度高。铁质胶结的碎屑岩易风化，钙质胶结者在地下水作用下易形成岩溶洞穴。通常情况下，砾岩和砂岩能满足工程建筑要求。粉砂质的矿物成分与砂岩近似，但黏土矿物含量一般较高，主要由粉砂胶结而成，结构较疏松，强度和稳定性不高。

(四)变质岩

变质岩是由变质作用产生的岩石，是原来已存在的岩石（岩浆岩、沉积岩或变质岩），在地壳中受到高温、高压及新化学成分加入的影响，在固态下发生矿物成分及结构构造变化后形成的新岩石。变质岩在地壳内分布很广，大陆和海洋底部都有，在时间上从古代至现代均有产出。

变质岩的矿物成分除保留原有岩石的矿物，如石英、长石和云母等外，还有变质矿物，如石榴子石、滑石、绿泥石和蛇纹石等，变质矿物是变质岩所特有的，可把变质岩与其他岩石区别开来。变质岩几乎全部是结晶结构，但其结晶结构主要经过重结晶作用形成，故称为变晶结构，以示区别，如粗粒变晶结构和斑状变晶结构等。若变质作用不彻底，会在变质岩中残留变质前原来岩石的结构特征，称为变余结构。

根据原岩类型，变质岩可分为两大类：一类是由岩浆岩（火成岩）变质作用形成的，称为正变质岩；另一类是由沉积岩变质作用生成，称为副变质岩。大面积的变质岩石具有区域性，但也有局部性的，由岩浆涌出造成周围岩石变质的局部性变质岩，称为接触变质岩；由地壳构造错动造成的局部性变质岩，称为动力变质岩。原岩受变质作用的程度不同，变质情况也不同，一般分为低级变质、中级变质和高级变质。变质级别越高，变质程度越大，如沉积岩的黏土质岩石在低级变质作用下形成板岩，在中级变质作用下形成云母片岩，在高级变质作用下形成片麻岩。

常见的变质岩有片麻岩、大理石、石英石、板岩和角岩等。

为了便于学习和掌握，从主要矿物成分、结构、构造和成因等方面，将三大类岩石之间的区别列于表 3-2 中。

表 3-2　三大类岩石的主要区别

项目	岩浆岩	沉积岩	变质岩
主要矿物成分	全部为从岩浆岩中析出的原生矿物，成分复杂，但较稳定。浅色的矿物有石英、长石、白云母等；深色矿物有黑云母、角闪石、辉石、橄榄石等	次生矿物占主要地位，成分单一，一般多不固定。常见的有石英、长石、白云母、方解石、白云石、高岭石等	除具有变质前原来岩石的矿物，如石英、长石、云母、角闪石、方解石、白云石、高岭石等外，尚有经变质作用产生的矿物，如石榴子石、滑石、绿泥石、蛇纹石等

续表 3-2

项目	岩浆岩	沉积岩	变质岩
结构	以结晶粒状、斑状结构为特征	以碎屑、泥质及生物碎屑结构为特征。部分为成分单一的结晶结构,但肉眼不易分辨	以变晶结构等为特征
构造	具块状、流纹状、气孔状、杏仁状构造	具层理构造	多具片理构造
成因	直接由高温熔融的岩浆经冷凝作用而形成	主要由先成岩石的风化产物,经压密、胶结、重结晶等成岩作用而形成	由先成的岩浆岩、沉积岩和变质岩经变质作用而形成

二、地质构造

(一)褶皱构造

褶皱构造是组成地壳的岩层在构造应力的强烈作用下,使岩层形成一系列波状弯曲而未丧失其连续性的构造,是岩层产生的塑性变形。褶皱构造是地壳表层广泛发育的基本构造之一。褶皱构造中的一个弯曲称为褶曲,褶曲是褶皱构造的组成单位,两个或两个以上褶曲构造的组合,称为褶皱构造。

根据褶曲的基本形态,可分为背斜和向斜。背斜的褶曲是岩层向上拱起的弯曲,较老的岩层出现在褶曲的轴部,从轴部向两翼,出现的是较新的岩层。向斜的褶曲是岩层向下凹的弯曲,在褶曲轴部出露的是较新的岩层,向两翼出露的是较老的岩层。褶曲构造的翼部基本上是单斜构造,对于水工建筑物的布置而言,倾斜岩层的产状将影响岩体的稳定性。特别是在石灰岩、砂岩与黏土质页岩互层,且有地下水作用时,如果地基开挖过深、边坡过陡,或者由于开挖使软弱构造面暴露,都容易引起斜坡岩层发生大规模的顺层滑动,破坏岩体的稳定。

(二)断裂构造

1. 裂隙

裂隙也称为节理,是存在于岩体中的裂缝,是岩体受力断裂后两侧岩块没有显著位移的小型断裂构造。自然界的岩体中几乎都有裂隙存在,根据成因可以归纳为构造裂隙和非构造裂隙两类。

构造裂隙是岩体受地应力作用变形而产生的裂隙,在空间分布上具有一定的规律性。根据裂隙的力学性质,构造裂隙可分为张性裂隙和扭(剪)性裂隙。张性裂隙主要发育在褶曲构造的背斜和向斜轴部,裂隙张开较宽,断裂面粗糙,一般很少有擦痕,裂隙间距较大且分布不匀,沿走向和倾向都延伸不远。扭性裂隙常出现在褶曲的翼部和断层附近,一般多为平直闭合的裂隙,分布较密,走向稳定,延伸较深、较远,裂隙面光滑,常有擦痕。扭性

裂隙常沿剪切面成群平行分布，形成扭裂带，将岩体切割成板状。两组裂隙在不同的方向同时出现，交叉呈 X 形，将岩体切割成菱形块体。

非构造裂隙是由成岩作用、外动力或重力等非构造因素形成的裂隙，主要有原生裂隙、风化裂隙和卸荷裂隙等。

岩体中的裂隙在工程上，除有利于开挖外，对岩体的强度和稳定性均有不利的影响。岩体中的裂隙破坏了岩体的整体性，促进岩体风化，增强岩体的透水性，因而使岩体的强度和稳定性降低。在工程施工过程中，如果岩体存在裂隙，还会影响爆破作业的效果。因此，在开展水利水电工程设计时，应当对裂隙进行深入的调查研究，详细论证裂隙对岩体工程建筑条件的影响程度，并采取相应的措施，以保证水工建筑物的稳定和正常使用。

2. 断层

断层是岩体受力断裂后，两侧岩块沿断裂面发生了显著位移的断裂构造。根据断层两盘相对位移的情况，可以分为正断层、逆断层和平推断层等 3 种形式。

正断层是上盘沿断层面相对下降、下盘相对上升的断层。正断层的形成一般是由于岩体受到水平张应力及重力作用，通常情况下规模不大，断层线比较平直，断层面倾角较陡，常大于 45°。

逆断层是上盘沿断层面相对上升、下盘相对下降的断层。逆断层的形成一般是由于岩体受到水平方向强烈挤压力的作用。断层面从陡倾角至缓倾角都有，其中断层面倾角大于 45°的称为冲断层，介于 25°~45°的称为逆掩断层，小于 25°的称为辗掩断层，逆掩断层和辗掩断层通常是规模很大的区域性断层。平推断层是由于岩体受水平扭应力作用，使两盘沿断层面发生相对水平位移的断层。

平推断层的倾角很大，断层面近于直立，断层线比较平直。

断层的形成和分布不是孤立现象，受区域性或地区性的地应力场控制，并经常与相关构造相伴产生，很少孤立出现。各构造之间总是依靠一定的力学性质，以一定的排列方式有规律地组合在一起，形成不同形式的断层带。

由于岩层发生强烈的断裂变动，岩体裂隙增多、岩石破碎、风化严重以及地下水发育，从而降低了岩石的强度和稳定性，对水利水电工程建筑造成了种种不利的影响。断层破碎带的力学强度低、压缩性大，建于其上的建筑物容易发生地基沉陷，易造成断裂或倾斜。而跨越断裂构造带的建筑物，由于断裂带及其两侧上、下盘的岩性均可能不同，易产生不均匀沉降。此外，断裂带在新的地壳运动影响下，可能会发生新的移动，从而影响建筑物的稳定。因此，在水利水电工程建设中，应尽量避开大的断层破碎带。

（三）不整合接触

形成年代不相连续的两套岩层重叠在一起的构造形迹，称为不整合。不整合不同于褶皱和断层，它是一种主要由地壳升降运动产生的构造形态。

当沉积区处于相对稳定阶段时，则连续不断地进行着堆积，这时堆积物的沉积次序衔接、产状彼此平行，在形成的年代上也顺次连续，岩层之间的这种接触关系称为整合接触。由于沉积过程发生间断，导致岩层在形成年代上不连续，中间缺失沉积间断期的岩层，岩层之间的这种接触关系称为不整合接触。

不整合接触有各种不同的类型，但基本可以分为平行不整合和角度不整合两种。

平行不整合的不整合面上下两套岩层之间的地质年代不连续,缺失沉积间断期的岩层,但彼此间的产状基本上一致,看起来貌似整合接触,所以又称为假整合。

角度不整合又称为斜交不整合,简称不整合。角度不整合不仅不整合面上、下两套岩层间的地质年代不连续,而且两者的产状也不一致,下伏岩层与不整合面相交有一定的角度,这是由于不整合面下部的岩层在接受新的沉积之前发生过褶皱变动的缘故。

不整合接触的不整合面,是下伏古地貌的剥蚀面,它一侧常有比较大的起伏,同时常有风化层或底砾存在,层间结合差,地下水发育。当不整合面与斜坡倾向一致时,如工程开挖地基,经常会成为斜坡滑移的边界条件,对工程建筑不利。

任务二　水力学及计算基础

一、基本知识

(一)水的物理特性

水静力学是研究液体处于静止(包括相对静止)状态下的平衡规律及其在工程中的应用。研究液体静止状态下的力学规律及其在工程中的应用,是水力学中首先发展的一个分支。

(1)水的黏滞性与黏滞力。当液体处在运动状态时,若液体质点之间存在着相对运动,则质点间要产生内摩擦力抵抗其相对运动,这种性质称为液体的黏滞性,此内摩擦力又称为黏滞力。

(2)水的压缩性及压缩率。液体不能承受拉力,但可以承受压力。液体受压后体积缩小,压力撤除后能恢复原状,这种性质称为液体的压缩性或弹性。液体压缩性的大小以体积压缩率或体积模量来表示。体积压缩率是液体体积的相对缩小值与压强的增加值之比。

(3)表面张力。水的自由表面上液体分子受两侧分子引力不平衡,使自由面上的液体分子受有极其微小的拉力,这种拉力称为表面张力。表面张力仅在自由表面存在,液体内部并不存在,所以它是一种局部受力现象。

(4)连续介质概念。在水力学中,把液体当作连续介质看待,即假设液体是一种连续充满其所占据空间毫无空隙的连续体。水力学所研究的液体运动是连续介质的连续流动。

(5)理想液体概念。水力学中为了使分析简化,引入了“理想液体”的概念。理想液体,就是把水看作绝对不可压缩、不能膨胀、没有黏滞性、没有表面张力的连续介质。

(二)水静力学

水静力学是研究液体平衡的规律及其实际应用的水力学知识。

(1)静水压强的特性。

①静水压强的方向与受压面垂直并指向受压面。

②任一点静水压强的大小和受压面方向无关,或者说作用于同一点上各方向的静水

压强大小相等。

(2)等压面。在平衡液体中,静水压强的大小是空间坐标的函数。一般来说,不同点具有不同的静水压强值。但可以在平衡液体中找到一些相同的静水压强值点,这些点连接成的平面或曲面称为等压面。等压面的两个特性:在平衡液体中等压面即等势面;等压面与质量力正交。

(3)静水压强基本公式:

$$p=p_0+\rho gh$$

(4)静水总压力。水工建筑物一般与水体直接接触,所以计算某一受压面上的静水压力是经常遇到的实际问题。人们往往习惯于把静水压强简称为静水压力,为了避免歧义,一般把某一受压面上所受的静水压力称为静水总压力。

(5)静水总压力计算。平面上静水总压力的大小应等于分布在平面上各点静水压强的总和。因而,作用在单位宽度上的静水总压力应等于静水压强分布图的面积;整个矩形平面的静水总压力则等于平面宽度乘以压强分布图的面积。静水总压力解除的面不同,计算方式也不同,具体计算在其他课程进行说明。

(三)液体运动流速理论

(1)描述液体运动的两种方法。

①拉格朗日法。拉格朗日法以研究个别液体质点的运动为基础,通过对每个液体质点运动规律的研究来获得整个液体运动的规律性。

②欧拉法。欧拉法是以考察不同液体质点通过固定的空间点的运动情况来了解整个流动空间内的流动情况,即着眼于研究各种运动要素的分布场,所以这种方法又叫作流场法。

(2)恒定流与非恒定流。如果在流场中任何空间点上所有的运动要素都不随时间而改变,这种水流称为恒定流。即在恒定流的情况下,任一空间点上,无论哪个液体质点通过,其运动要素都是不变的,运动要素仅仅是空间坐标的连续函数,而与时间无关。相反,流场的运动要素随着时间变化的为非恒定流。

(3)微小流束与总流。在水流中任意取一微分面积,通过该面积周界上的每一个点,均可作一条流线,这样就构成一个封闭的管状曲面,称为流管。微小流束就是由边界面积上的流管组成的,总流是由一定规模边界的无数个微小流束组成的。

(4)过水断面。与微小流束或总流的流线成正交的横断面称为过水断面。

(5)流量。单位时间内通过某一过水断面的液体体积称为流量。流量常用的单位为 m^3/s,流量一般以符号 Q 表示。

(6)恒定流能量方程:

$$z_1+\frac{p_1}{\rho g}+\frac{u_1^2}{2g}=z_2+\frac{p_2}{\rho g}+\frac{u_2^2}{2g}$$

(7)均匀流与非均匀流。当水流的流线为相互平行的直线时,该水流称为均匀流,直径不变的直线管道中的水流就是均匀流的典型例子。反之,为非均匀流,非均匀流又分为渐变流、急变流。

(8)孔口恒定出流。若在容器侧壁上开一孔,液体将从孔中流出,这种水流现象称为孔口出流。当容器中水面保持恒定不变时,通过孔口的水流则为恒定流。

(四)液流形态及水头损失

(1)水头损失的概念及分类。水流在运动过程中单位质量液体的机械能的损失称为水头损失。产生水头损失的原因有内因和外因两种,外界对水流的阻力是产生水头损失的主要外因,液体的黏滞性是产生水头损失的主要内因,也是根本原因。

液体在流动的过程中,在流动的方向、壁面的粗糙程度、过流断面的形状和面积均不变的均匀流段上产生的流动阻力称为沿程阻力,或称为摩擦阻力。沿程阻力的影响造成流体流动过程中能量的损失或水头损失。沿程阻力均匀地分布在整个均匀流段上,与管段的长度成正比,一般用 h_f 表示。

(2)水力半径。过水断面的面积 A 与湿周 χ 的比值称为水力半径,即

$$R = \frac{A}{\chi}$$

水力半径是过水断面的一个非常重要的水力要素,许多重要的水力学公式中都包含这个要素。

(3)液体形态判别。通过雷诺试验,以密度、动力黏度、管径等参数,描述液体形态。当雷诺数处在一定范围内时,以不同范围判别液体形态为层流或湍流。

(雷诺数:一种可用来表征流体流动情况的无量纲数。$Re=\rho vd/\mu$,其中 v、ρ、μ 分别为流体的流速、密度与黏性系数,d 为一特征长度。例如流体流过圆形管道,则 d 为管道的当量直径。利用雷诺数可区分流体的流动是层流或湍流,也可用来确定物体在流体中流动所受到的阻力。)

液体形态及水头损失的知识不在此赘述,以下内容为基础的水力学计算内容。

二、渗流

流体在孔隙介质中的流动称为渗流,在水利工程中,常见的渗流问题如下:

(1)挡水建筑物的渗流。土或堆石等透水材料是修筑挡水建筑物的主要工程材料,如围堰和坝体,水可通过空隙流通建筑物。对水库来说,渗流会造成水量损失,当渗流速度过大的,渗流还会造成土体颗粒流失,导致大坝失稳破坏。

(2)水工建筑物地基中的渗流。若水工建筑物地基是土、砂砾石和岩石等透水性材料,当水通过地基渗透时,不仅会引起水量损失,还可能引发地基失稳。同时,因渗流的动水压力作用,在建筑物底部产生向上的压力,会对建筑物产生不良作用和影响。

(3)集水建筑物的渗流。常用井或廊道等建筑物汇集地下水源以供工业、农业和生活用水等,这些功能的设施称为集水建筑物。在土壤改良及建筑施工中,为降低地下水位,常采用集水井或集水廊道,将地下水集中排出。

(4)水库及河渠的渗流。水库建成后,蓄水水位壅高,引起库区周围地下水位相应抬高,从而改变了原有地下水的运动状态,造成附近区域农田沼泽化和盐碱化。同时,库区的透水层可以使水库发生漏水损失。河流和渠道都可以通过其床面的透水边界渗透,河

流水位变化时，地下水位也相应变化。

（一）均质土坝的渗流

均质土坝渗流计算的目的是确定经过坝体的渗流量和坝内浸润线的位置。图 3-1 为水平不透水层上均质土坝浸润曲线，位于水平不透水地基上的均质土坝，水将通过上游边界 *AB* 渗入坝体，在坝体内形成自由表面，即浸润面 *AC*，*C* 点称为溢出点，*BACD* 区域为渗流区。

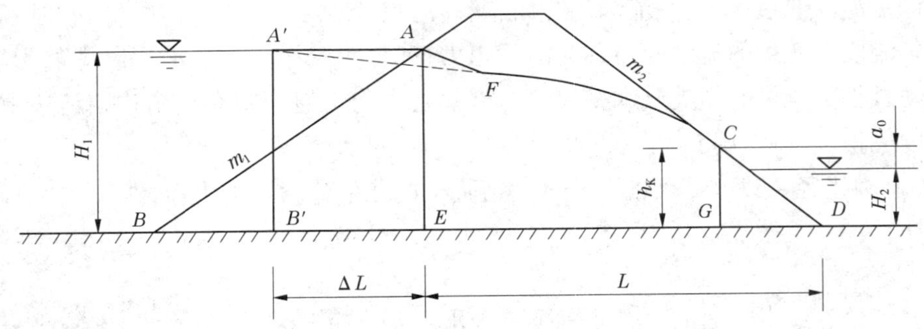

图 3-1　水平不透水层上均质土坝浸润曲线

为了简化起见，将土坝渗流作为平面问题处理，同时认为坝内渗流符合渐变渗流的条件。

在实际计算中，土坝渗流常采用“分段法”进行计算，“三段法”是把坝内渗流区划分为三段：第一段为上游三角楔形体 *ABE*，第二段为中间段 *AEGC*，第三段为下游出渗段 *CGD*。对每一段应用渐变渗流的基本公式（杜比公式）计算渗流流量，通过每段的流量应相等，经三段的联合求解，可得出坝的渗流流量及溢出点水深 h_K，并可绘出浸润线 *AC*。

“两段法”是在“三段法”的基础上加以简化，把上游楔形体 *ABE* 用一个矩形体 *AEB′A′* 取代，取代后的渗流效果一样，这样就把第一段和第二段合二为一，即上游渗流段 *B′A′CG*。

（二）流网绘制与坝基渗流计算

图 3-2 为透水地基中渗流流网，其绘制方法如下：

（1）根据渗流边界条件确定边界线，即边界等势线。如上游透水边界 *AB* 为一条等势线，下游透水边界 *CD* 为一条等势线，建筑物的地下轮廓线 *B*-1-2-3-4-5-6-7-8-*C* 为一条流线以及渗流区的底部不透水边界为一条边界流线。

（2）流网的特性是一组正交的方格网。初步绘制流网时，可先按边界线的趋势，大致绘制流线和等势线。等势线和流线都应是光滑曲线，不能有突然转折。

（3）为了检验流网是否画得正确，可以在流网中添加网格的对角线，如图 3-2 中的虚线所示。若每一网格的对角线正交且形成近似正方形网格，则所绘流网正确。由于边界形状不规则，不可避免地在局部出现三角形或五角形等不规则形状，但一般不会影响整个流网的精度。

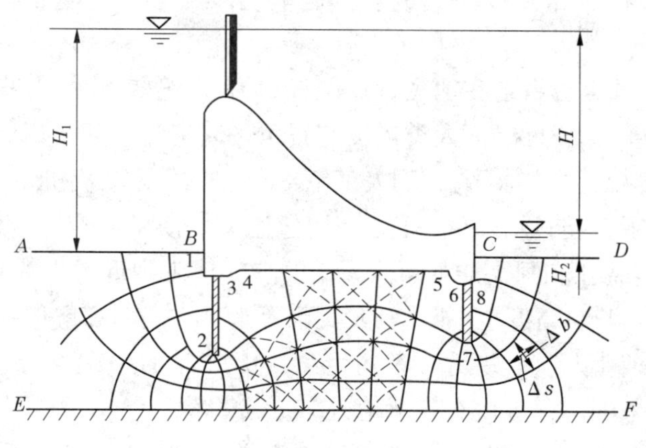

图 3-2　平面有压渗流流网

任务三　工程力学及计算基础

一、力学与工程

(一)力学与工程力学的概念

力学是研究物质机械运动规律的科学。世界充满着物质,有形的固体、无形的空气,都是力学的研究对象。力学所阐述的物质机械运动的规律,与数学、物理等学科一样,是自然科学中的普遍规律。因此,力学是基础科学。同时,力学研究所揭示出的物质机械运动的规律,在许多工程技术领域中可以直接获得应用,实际面对着工程,服务于工程。所以,力学又是技术科学。力学是技术工程学科的重要理论基础之一。工程技术的发展过程中不断提出新的力学问题,力学的发展又不断应用于工程实际并推动其进步,二者有着十分密切的联系。从这个意义上说,力学是沟通自然科学基础理论与工程技术实践的桥梁。

力学是研究力和(机械)运动的科学。从基于实验观察的规律和结果出发,建立假设和模型,由数学逻辑推演可对自然界物质运动的现象作出相当详尽的描述和预测。

力学是最古老的物理科学之一,可以回溯到阿基米德时代(公元前 287—前 212 年)。力学探讨的问题十分广泛,研究的内容和应用的范围不断扩展,引起了几乎所有伟大科学家的兴趣,如伽利略、牛顿、达朗倍尔、拉格朗日、拉普拉斯、欧拉、爱因斯坦等。

工程力学(或者应用力学)是将力学原理应用于有实际意义的工程系统的科学。其目的是:了解工程系统的性态并为其设计提供合理的规则。机械、机构、结构如何受力,如何运动,如何变形,如何破坏,都是工程师们需要了解的工程系统的性态;只有认识了这些性态,才能够制定合理的设计规则、规范、手册,使机械、机构、结构等按设计要求实现运动、承受载荷,控制它们不产生影响使用功能的变形,更不能发生破坏。

(二)工程力学的发展

力学与工程是紧密相连的。工程技术的发展,不断提出新的力学问题;力学研究的发

展又不断应用于工程实际并推动其进步。这里仅以力学与航空工程为例，做一简单的回顾。

人们向往能在天空自由自在地飞行。但直到18世纪初，除有一些人利用风筝或模拟翅膀，借助于风力进行的尝试外，人类还没有真正飞起来过。

最先开始的飞行，是气球飞行。1783年6月，法国的蒙高兄弟（M. Joseph and M. Etienne）公开表演了布袋式热气球飞行；9月，他们又表演了载有生物（羊、鸡、鸭各一）的气球飞行；12月，罗赛亚和阿兰迪乘蒙高兄弟的热气球飞到近千米的高空。后来，又开始了氢气球载人飞行，升空高度也不断增加，直到万米高空。但高空似乎并不欢迎这些陌生的游客，严寒和缺氧夺去了一些勇敢者的生命。1875年的一次飞行中，三人乘气球升到10 000 m高空，回来的幸存者仅有梯萨德（G. Tissandier）一人。

19世纪后，蒸汽机、电动机、内燃机等动力装置得到应用，出现了用动力装置作为辅助动力，靠充填氢、氦、热空气等产生升力的飞艇。为了能将沉重的机器带上空中，飞艇不得不做成很大的体积。但人们可以向周围任意方向飞行，比气球前进了一步。无论气球还是飞艇，升力都是由比空气轻的气体获得的，是空气静力飞行。

19世纪末，经典流体力学基础已经形成。到20世纪，研究飞行器或其他物体在同空气做相对运动情况下的受力特性、气体流动规律的空气动力学从流体力学中发展出来，形成了一个新的学科分支。

航空要解决的主要问题是如何获得飞行器所需要的举力（升力），减小飞行器的阻力并提高飞行速度。这就需要从理论和实践两方面研究飞行器与空气相对运动时作用力的产生及其规律。1894—1910年，兰彻斯特（F. W. Lanchester，英国）、库塔（M. W. Kutta，德国）、儒科夫斯基（H. E. Жуковский，俄国）和普朗特（L. Prandte，德国）等，在无限翼展机翼举力线理论、边界层理论、有限翼展机翼举力线理论等方面的研究取得了重大进展，人类由此进入了利用空气动力飞行的时代。1946年，琼斯（R. T. Jones，美国）提出了小展弦比机翼理论，可足够精确地求出机翼上的压力分布和表面摩擦阻力。

1903年，莱特兄弟用他们自己制作的木制机身、双层帆布机翼螺旋桨飞机进行了第一次飞行。不久，美、俄等国研制的飞机（主要是军用飞机）即达上千架。第一次世界大战后，开始出现单翼机。这个时期制造飞机的主要材料还是木材和帆布，飞行的速度、高度、距离都还有限。

1939年，随着燃气轮机的应用，第一架喷气式飞机诞生了。到1949年，英国研制成功第一架喷气式客机"彗星（Comet）号"，可载客80名，最大起飞重量达70 t，飞行的速度和距离都得到了很大提高。

飞行速度接近声速时，飞机的气动性能发生急剧变化，阻力突增，举力骤降，飞机的操纵性和稳定性也极度恶化，这就是航空史上著名的声障。大推力发动机的出现使飞机冲过了声障，但并没有很好地解决复杂的跨声速流动问题。直到1946年，英国学者阿克莱特、美国学者李普曼、中国学者钱学森和郭永怀分析了流场中出现的边界层和冲击波的相互作用，才成功地解决了跨声速飞行中的空气动力学问题。相关力学理论的建立和工程中后掠式机翼的采用，使跨声速飞行成为现实。力学对突破航空中的声障起了关键作用。

在不断提高飞机速度的驱动下，高超声速（马赫数大于5）空气动力学研究在继续发展中。20世纪50年代以后，洲际导弹、航天技术、核爆炸技术等又不断地提出了许多新的力学问题，促进着力学的发展。

飞机能够在空中自由自在地飞行，除必须提供足够的升力外，还必须保证结构的安全。1952年，第一架喷气式客机“慧星号”在试飞300多小时后投入使用。1954年1月，一次飞机检修后的第四天，飞行中突然发生空中爆炸，坠落于地中海。从海中打捞起残骸并进行了仔细研究后，发现事故是由压力舱的疲劳破坏引起的，疲劳裂纹起源于机身开口拐角处。人们从事故中吸取经验教训，进一步推动了疲劳研究。20世纪60年代末，美国空军F-111飞机连续多次发生灾难性事故，研究认为是由含裂纹构件的脆性断裂引起的，断裂力学方法也从此引入飞机设计中。以疲劳和断裂理论为基础，形成了破损安全设计、损伤容限设计、耐久性设计等新的设计准则。

由此可见，力学与工程是紧密结合的。力学在研究自然界物质运动普遍规律的同时，不断地应用其成果，服务于工程，促进工程技术的进步。反之，工程技术进步的要求，不断地向力学工作者提出新的课题。在解决这些问题的同时，力学自身也不断地得到丰富和发展，新的分支层出不穷。

力学是一门既古老又有永恒活力的学科。它对于近、现代科学技术的进步，有着重要的影响。

2000年下半年，美国的三十几个专业工程协会评出了20世纪对人类影响最大的20项技术，力学在其中多项技术的发展中起着重要的，甚至是关键的作用。

排在第一位的是电力系统技术，目前几乎所有输入电网的电力都是通过叶轮机带动发电机产生的。而叶轮机、发电机以及输电线路的设计都离不开力学。现在全世界电网装机容量约为40亿kW，每年发电约28万亿kW·h，总值约10 000亿美元。20世纪末，由于力学的发展，叶轮机的设计得以改进，其效率提高约1/3，这相当于每年节省电费达3 000亿美元。这里尚未计入力学对锅炉燃烧过程效率提高的贡献。

排在第二位的是汽车制造技术。它同样离不开力学的支持。半个世纪以来，力学的发展使汽车发动机的效率提高了约1/3。仅以小轿车为例，全世界每年节省燃料费约2 000亿美元，而排气的污染也减少了90%以上。这里并没有计及汽车结构轻量化所带来的效益。

排在第三位的航空技术和第十一位的航天技术，它们与力学的关系就更密切了。如前所述，航空和航天技术的每一个重大进展都依赖于力学的新突破。

21世纪，纳米科技已成为科技界最具活力与前景的重大研究领域之一。由于力学内在的特质及其所研究问题的普遍性，加上力学工作者的敏感，现代力学的最新分支——纳米力学迅速形成，成为与物理、化学、生物、材料科学等进行交叉研究的新学科而得到蓬勃发展。

可以预言，在未来的科技发展中，力学仍将展示出永恒与旺盛的生命力并发挥出巨大的影响。

(三)学科分类

力学一般可分为静力学、运动学和动力学三部分。

静力学研究力系或物体的平衡问题,不涉及物体的运动;运动学研究物体如何运动,不讨论运动与受力的关系;动力学则讨论力与运动的关系。

力学也可按照其所研究的对象分为一般力学、固体力学和流体力学三个分支。

一般力学的研究对象是质点、质点系、刚体、多刚体系统,即离散系统,研究力及其与运动的关系,属于一般力学范畴的有理论力学(含静力学、运动学、动力学)、分析力学、振动理论等。

固体力学的研究对象是可变形固体,研究在外力作用下,可变形固体内部各质点所产生的位移、运动、应力、应变及破坏等的规律。属于固体力学范畴的有材料力学、结构力学、弹性力学和塑性力学等,研究对象都被假设为均匀连续介质。近些年发展起来的复合材料力学、断裂力学等,将研究范围扩大到了非均匀连续体及缺陷体。

流体力学的研究对象是气体和液体,也采用连续介质假设,研究在力的作用下,流体本身的静止状态、运动状态及流体和固体间有相对运动时的相互作用和流动规律等。属于流体力学的有水力学、空气动力学、环境流体力学等。

现代力学的主要研究手段包括理论分析、实验研究和数值计算三个方面。因此,还有实验力学、计算力学两个方面的分支。力学在各工程技术领域的应用也形成了诸如飞行力学、船舶结构力学、岩土力学、建筑结构力学、生物力学等各种应用力学分支。

二、基本概念与基本方法

(一)力和运动

力学研究涉及力和运动。因此,既要研究力,又要研究运动,还要将力和运动二者联系起来。

力是物体间的相互作用。相互直接接触的物体,通过接触表面,一定有力的相互作用(除非证明其为零),这类力称为表面力,如两物体间的接触压力、容器壁上的液体压力等。表面力一般是分布在一定接触面积上的分布力,当接触面积很小时,可简化为集中力。

非直接接触的物体,也可以有力的相互作用,如物体的重力、惯性力等。这些力是作用在物体整个体积内的分布力,与其体积和质量有关,故称之为体积力。电场力、磁场力等特殊场力的作用,也是体积力。

在本课程的研究中,分析和研究的主要是物体接触表面间的表面力。

运动的研究,可以分为两类。一类是整个物体的位置随时间的变化,称之为运动;另一类是物体自身尺寸、形状的改变,称之为变形。例如,飞机在空中飞行,有着复杂的整体运动;同时,机翼、机身等结构自身的尺寸和形状也有微小的变化(变形),有时甚至可以看到机翼随飞机的升降而上下翘曲。这两种效应都是力作用的结果。

力与运动之关系的研究,属于动力学。可以以牛顿第二定律为基础,将力与运动联系起来。牛顿第二定律为:物体运动状态的改变($\mathrm{d}v/\mathrm{d}t=a$)与作用于其上的力成正比,并发生于该力的作用线上,即

$$F = ma$$

上式是解决动力学问题的基本依据,故称为动力学基本方程。在速度远小于光速(3×10^5 km/s)的一般工程领域中,上述定律的正确性已有充分的实验根据。

若物体的运动状态不发生改变($a=0$),则称物体处于平衡状态。

力与固体的变形之关系的研究,属于固体力学。将力与固体的变形联系起来的假设(或模型)是多种多样的,不同材料在不同加载条件和环境下,有不同的变形行为。如钢材和木材的力学行为不同,钢材在常温和高温下的力学行为不同,铸铁在拉伸和压缩下的力学行为不同等。在固体力学中,力与变形之关系用物理方程(应力应变关系)描述。

(二)工程力学研究方法

工程力学研究解决问题的一般方法,可归纳为:

(1)选择有关的研究系统。

(2)对系统进行抽象简化,建立力学模型,其中包括几何形状、材料性能、载荷及约束等真实情况的理想化和简化。

(3)将力学原理应用于理想模型,进行分析、推理,得出结论。

(4)进行尽可能真实的实验验证或将问题退化至简单情况与已知结论相比较。

(5)验证比较后,若得出的结论不能满意,则需要重新考虑关于系统特性的假设,建立不同的模型,进行分析,以期取得进展。

例如一个工程师,首先要按照设计要求提出一个设计,然后需要假定其性态,建立模型,进行分析。如果分析的结果不能满足预期的功能,则必须修改设计,再次分析,直到获得可用的结果。可用性不仅包括有满意的功能,而且包括对经济、轻量化、易于制造等因素的考虑,还可能要考虑环境等因素。

上述方法中,力学模型的建立是最关键的。一个好的力学模型,既能使问题求解简化,又能使结果基本符合实际情况,满足所要求的精度。力学模型的建立,不仅需要具备对实际情况的充分了解及分析问题的能力,还与知识面和经验有关。对由模型推出的结果进行实验验证或比较,有利于不断积累建立模型的经验。

例如,在处理普通工程构件(如杆、梁、轴等)时,可以先将其理想化为刚体,研究作用于其上的力,达到一定的认识水平;进一步,将其视为变形体,并假定其变形是弹性(卸载后变形能完全恢复)的,研究在载荷作用下,构件的弹性变形情况,又达到了另一认识水平;如果再引入材料的塑性(卸载后变形不能恢复)性态,研究其弹塑性行为,就会得到更进一步的启发。

三、基础力学在水利工程中的应用概述

(一)理论力学在水利工程中的应用

1.理论力学在水工建筑物稳定性分析中的应用

水利工程建筑物在设计过程中均需要考虑稳定性问题,如坝体、水闸、压力管道等的稳定性分析。稳定性分析首先对建筑物进行受力分析,需要应用静力学理论,如对建筑物进行平面及空间一般力系的简化与平衡分析、受力分析,考虑摩擦时的平衡问题等。荷载计算时还需考虑动水荷载,此时则需要应用动力学理论来计算动水压力,如溢流坝反弧段

动水压力、压力管道末端的水击压力等。

2. 理论力学在水工建筑物构造布置中的应用

坝体上部构造的布置、船闸的布置及水电站厂房设备的布置等，均需要运用运动学理论对闸门、船闸、吊车起吊重物的运动轨迹进行分析，进而避免上部构造的布置影响闸门的正常工作，避免厂房设备的布置影响吊车起吊重物。

(二)材料力学、结构力学在水利工程中的应用

重力坝、水闸、渡槽、溢洪道等的强度计算，必然需要计算各水工建筑物及地基在不同荷载组合作用下产生的应力，以便根据强度准则判断该坝是否满足强度要求，而各水工建筑物及地基应力的获得则需要建立相应的力学计算模型和分析方法。材料力学法是常用的方法之一，也是相关规范规定的方法，又称重力分析法。该计算模型是将重力坝、拱坝、水闸、溢洪道等视为悬臂梁结构，固定在地基上，并假定材料是均质和各向同性的弹性体，截面上正应力为线性分布。然后采用材料力学中的应力分析方法计算各建筑物的应力。材料力学法是早期提出的近似分析方法，由于它不能考虑坝基变形的影响以及采用的假定不符合实际情况，其计算的坝体应力显然存在一定的误差，但因其使用方便快捷，又有长期应用的经验，目前仍是一种广泛应用的基本方法，也是各国规范中的推荐方法。

任务四　水文及水利计算基础

一、河流的水文特性

(一)河流的水文要素

1. 水位

河流中某断面某时刻自由水面的高程叫作水位，以 m 为单位。计算水位和高程的起始面称为基面，1956 年我国规定以黄海(青岛)的多年平均海平面作为统一的高程零点基面，称为黄海绝对基面。由于历史的原因，我国各河流沿用的水准零点并不一致。长江采用吴淞零点，黄河及华北各水系采用大沽零点，淮河采用废黄河口零点，东北各水系采用秦皇岛零点或大连零点，华南各水系采用罗星塔零点，各基面互有差别。为了保证水位资料的多年连续性，目前各流域测站原有零点都冻结未变。因此，我们在引用各水文测站的水位资料时，要注意水准零点的统一。河流中的水位变化，可用水位过程线来表示。图 3-3 表示清江渔峡口站日平均水位的年变化过程线，图 3-4 表示清江渔峡口站短历时的水位变化过程线。

2. 流量

某时刻单位时间内，河流流过某断面的水的体积，叫作流量，常用的单位是 m^3/s。在一定时段内，通过某断面的总水量称为该时段的径流量，如月径流量、年径流量等，常以 m^3 为单位。

流量随时间的变化，用流量过程线来表示，与水位过程线相类似，也有日平均流量的年变化过程线和短历时流量变化过程线两种。

流量过程线，在一定程度上反映出流域的气候和自然地理特征。如图 3-5 所示为某

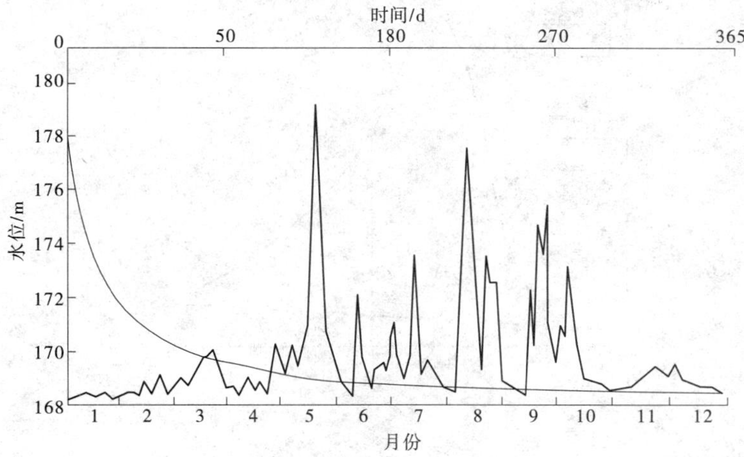

图 3-3 清江渔峡口站日平均水位的年变化过程线

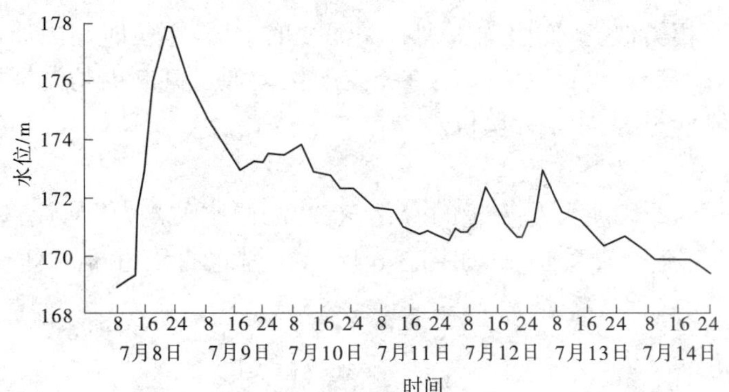

图 3-4 清江渔峡口站短历时的水位变化过程线

站的一次洪水过程线(水位-流量关系曲线)。在 t_A 以前,因久未降雨,河流全依赖地下水补给。t_A 时刻起,由降雨形成的地面径流汇入河槽,引起流量起涨;到达 t_B 时刻,地面径流停止,但需继续泄退河槽容蓄水量;至 t_C 时刻,容蓄水量全部泄出,河流又转入由地下水补给状态。由于地下水补给稳定,变化较小。连接 AC 线以下为地下水径流补给;AC 线以上则为地面径流补给。由此可见,流量过程线上的这些转折点,如 A、B、C 均为重要的特征点。流量过程线和横坐标所包围的面积则为各种补给的组合。

3. 含沙量

河流某断面某时刻,单位体积的浑水中所含干沙的质量,叫作含沙量,以 kg/m^3 为单位。

河流中的泥沙,按其运动方式的不同,可分为悬移质和推移质。悬移质是悬浮在水中随着水流运动的泥沙。推移质是贴近河床的一层被水流推动而跳滚下移的泥沙。必须说明:这种分类只是在一定流速条件下的相对分类。当流速加大时,推移质可能悬浮流动而成悬移质;当流速减小时,悬移质将下沉到河底而成推移质,或淤积在河床上而成为河槽的一部分。

泥沙的水文测验,一般是测定悬移质;推移质也可用采样器测验,但精度较差。一般

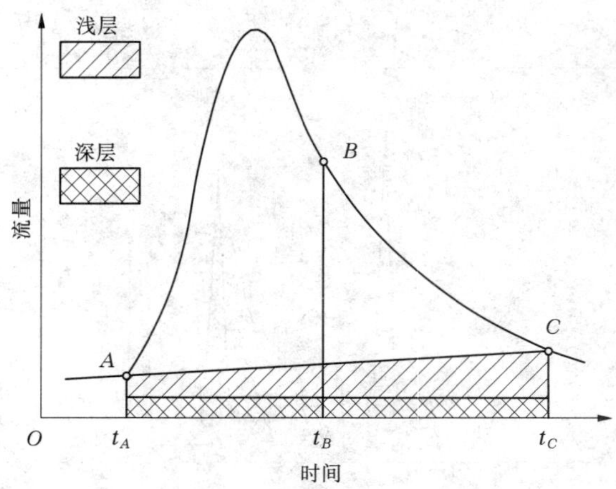

图 3-5　洪水过程线分析

情况下，河流中悬移质的数量多于推移质。

与水流流量情况相类似，我们引入下列有关泥沙的术语：单位时间内通过测流断面的泥沙量称为输沙率，以 kg/s 或 t/s 为单位；在一定时段内通过某断面的泥沙总量称为输沙量，如年输沙量、月输沙量等，以 t 为单位。

4. 水位-流量关系

河流中水位变化的原因主要是流量的变化，有的河段水位与流量具有密切的相关关系，甚至可建立水位-流量关系曲线，如图 3-6 所示。据此曲线可推求任何水位的相应流量。

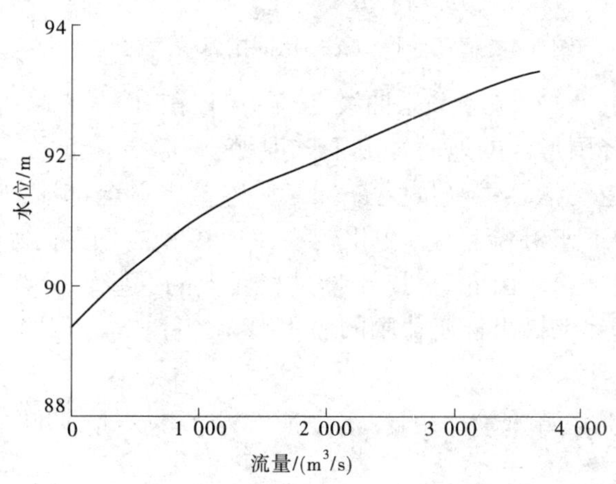

图 3-6　水位-流量关系曲线

（二）人类活动对水文情势的影响

人类活动对径流的影响主要有如下几类：

(1)农业措施。大规模地平整土地、修筑梯田，作物品种的变化以及灌溉技术条件等，可改变土壤包气带含水状态，影响产流条件。

(2)水利措施。大中型水库的修建、河道整治、水量调配以及流域间的调水措施等,将大大改变汇流条件。

(3)林业措施。大面积植树造林,地面植被条件的变化,将改变流域的蓄水产流条件。

(4)城市与工业措施。大规模的城市与工业用水,将使河川径流减少;排污将影响生态环境等。

人类活动主要是通过改变下垫面情况,直接或间接地引起径流的变化,其作用大致有以下几个方面:

(1)改变土壤的入渗能力和蒸发量。

(2)改变地面拦蓄径流的能力。

(3)加强局部水分循环。

(4)改变径流的汇流时间。

(5)影响地面径流和地下径流的分配比例及其分配过程。

二、水文计算

水文计算也称水文分析计算,是运用水文学的理论与方法,定性与定量相结合,分析研究流域水文规律,预测未来变化,为合理开发利用水资源、科学治理旱涝灾害和有效保护生态环境提供水文依据。水利水电工程在不同设计阶段对水文计算的内容和深度要求不同,对于大、中型水利水电工程而言,在可行性研究阶段,水文计算的主要参数和成果应当确定;初步设计阶段是可行性研究阶段的补充和深化,要对水文计算的成果进行复核;项目建议书阶段比可行性研究阶段要求稍低。小型水利水电工程的基础资料往往比较欠缺,因为这些工程承担的任务简单、功能单一以及设计标准较低,可适当降低水文计算工作的要求。

水利水电工程水文计算的主要内容为:

(1)基本资料收集、复核与评价。

(2)径流分析计算。

(3)设计洪水计算。

(4)泥沙分析计算。

(5)水位分析计算和水位-流量关系拟定。

(6)气象要素、水面蒸发、水质、水温和冰情的分析计算。

(7)水文测报系统设计。

(8)其他水位要素分析计算。

(一)径流计算

1.具有长期实测径流资料的设计年径流计算

1)水文资料审查

水文资料审查主要检验实测年径流系列的可靠性、一致性和代表性。水文资料可靠性的审查主要包括水位资料审查、水位-流量关系曲线审查和水量平衡审查。年径流系列的一致性是建立在气候和下垫面条件基本稳定的基础上的,一般而言,只要下垫面条件

变化不是非常显著,可以认为径流系列具有一致性。在进行频率计算时,计算成果的精度取决于样本对总体的代表性,代表性越高,抽样误差越小。样本分布参数与总体分布参数的代表性不能就其本身获得检验,通常只能通过与更长系列的分布参数作比较来加以分析。

2)径流计算

将实测径流系列按水利年度排列为年径流系列和月径流系列,再从该系列中选出代表段的年、月径流系列。水利年度是根据工程运行特性来划分的,水利年度的起讫时间可能每年都不相同,一般按多年平均情况,以每年某月1日为固定起点。代表段中应包括丰水年、平水年和枯水年,并且有一个或几个完整的调节周期,还要求代表段的年径流均值、变差系数与长系列的相近。有了实测设计年径流系列和月径流系列及其相应年和月的用水量系列,就可以逐年进行来水、用水平衡计算,求得逐年所需的库容。设计代表年法设计年径流及年内分配的计算步骤为:

(1)计算时段的确定。径流的计算时段可根据设计要求选用年或期。对水电工程而言,年径流和枯水期径流决定着发电效益,采用年或枯水期作为计算时段;而灌溉工程则要求以灌溉期或灌溉期各月作为计算时段。计算时段确定后,就可以根据历年逐月径流资料统计时段径流。

(2)计算样本组织。若计算时段为年,则按水利年度统计年径流。将实测年、月径流按水利年度排序后,计算每一年度的年平均径流,并由大到小排序,即构成年径流的计算样本序列。若计算时段为特定分期,如最枯3个月(或其他时段),则根据历年逐月径流资料,统计历年最枯3个月径流,不固定起讫时间,也可以不受水利年度分界的限制。同样,将最枯3个月的径流从大到小排序,即构成计算样本序列。

(3)频率计算。根据计算样本进行水文频率计算,求出各计算时段在不同频率下的径流。

(4)成果合理性分析。通过对流域径流影响因素和径流地理分布规律的分析,对径流系列均值、变差系数和偏态系数等统计参数进行合理性审查。

(5)设计径流年内分配。采用缩放代表年径流过程线的方法来确定设计径流的年内分配。

2. 具有短期实测径流资料的设计年径流计算

1)参证变量的选择

最常采用的参证变量有设计断面的水位、上下游测站或邻近河流测站的径流量和流域降水量。

2)利用径流资料展延

(1)以邻近站年径流展延年径流。当实测年径流资料不足时,利用上下游、干支流或邻近流域测站的长系列实测年径流资料进行系列展延。因为影响年径流的主要因素是降雨和蒸发,它们在地区上具有同期性,因而各站年径流之间具有相同的变化趋势,可以建立相关关系。

(2)以邻近站月径流量展延年径流和月径流。由于影响月径流相关的因素较年径流相关的因素要复杂,因此月径流量之间的相关性不如年径流量好。

3)利用降雨资料展延

(1)以年降雨径流相关展延年径流系列。

(2)以月降雨径流相关展延年径流系列和月径流系列。

4)展延系列时应注意的问题

(1)平行观测项数的多少问题。

(2)辗转相关问题。

(3)假相关问题。

(4)外延幅度问题。

3.缺乏实测径流资料的设计年径流计算

1)水文比拟法

如果设计流域影响径流的各项因素与参证流域的相似,则可以将参证流域的径流特征参数和分析成果有选择地移植到设计流域,如可将参证流域的年和月径流资料、径流特征参数和径流分析成果移植到设计流域。

(1)直接移植径流深。

直接把参证流域的设计代表年、月径流深移植到设计流域作为设计代表年的来水过程。直接移植的条件:两个流域的年降雨量基本相等;两个流域的自然地理情况十分相似;两个流域的面积不能相差太大。

(2)考虑雨量修正。

两个流域的自然地理条件相近,但降雨量情况有较大差别时,就不能直接移植径流深,必须考虑雨量进行修正。假定两个流域径流系数相等,则参证流域与设计流域径流深与降雨量之比相等,即$\frac{R_{设}}{P_{设}}=\frac{R_{参}}{P_{参}}$,可以通过降雨量修正求得设计径流深,具体公式如下:

$$R_{年(月),设}=\frac{P_{年(月),设}}{P_{年(月),参}}R_{年(月),参}$$

2)参数等值线法

流域水文特征值主要指年径流,时段径流,年最大降雨量,时段降雨量,最大1 d、3 d、7 d降雨量等,水文特征值的统计参数主要有均值、变差系数和偏态系数。某些水文特征值的参数在地区上呈渐变规律,可以绘制等值线图。目前,我国已编制了全国及各流域分区的水文查算图表,可供缺乏实测资料流域水文计算使用。特别值得注意的是,用等值线图推求设计年径流,一般适用于300~5 000 km^2 范围的流域,对于小(或很大)流域,由于受下垫面因素影响大,其地理分布规律不明显。

(1)年径流均值$\bar{x}$的估算。

根据年径流深均值等值线图,可以查得设计流域年径流深的均值,然后乘以流域面积,即得设计流域的年径流均值。如果设计流域内通过多条年径流深等值线,可以用面积加权法推求流域的平均径流深。在小流域中,流域内通过的等值线很少,甚至没有一条等值线通过,可按通过流域中心的直线距离采用比例内插法计算流域平均径流深。

(2)年径流变差系数 C_v 值的估算。

年径流深的 C_v 值也有等值线图可供查算。方法与年径流均值估算方法类似,也可以按比例内插出流域中心的 C_v 值。

(3)年径流偏态系数 C_s 值的估算。

年径流的 C_s 值采用其与 C_v 的倍比值估算,一般可采用 $C_s=(2\sim3)C_v$ 确定设计流域年径流的变差系数 C_v 和偏态系数 C_s 之后,便可通过查 $p-m$ 型频率曲线表,绘制出设计年径流的频率曲线,进而确定设计频率下的年径流值。

3)缺乏实测资料的设计年径流年内分配计算

使用水文比拟法来推求设计年径流的年内分配,即直接移用参证流域各种设计代表年的月径流量分配比,最终乘以设计流域的设计年径流即得设计年径流的年内分配。

(二)设计洪水

设计洪水是指符合设计标准的洪水,是为防洪安全目的所提供规划设计依据的洪水。提供各种防洪标准下的设计洪水是水文计算的重要内容,当设计流域径流资料系列较长时,采用流量资料推求设计洪水;对于缺少径流资料的地区,采用暴雨资料推求设计洪水。

1. 洪水样本

在保证洪水资料的可靠性、一致性和代表性基础上,在洪水资料中选取若干个洪峰流量或某一历时的洪量组成样本。在水利水电工程规划设计中,现行规范规定采用年最大值法,即每年选一个最大洪峰流量和某历时的最大洪量。年最大值法具有方法简单、操作容易、样本独立性好的优点。

2. 历史洪水调查

历史洪水调查是提高洪水频率计算精度的有效途径之一,可以通过历史洪水的实地调查和文献考证来完成。从最早调查洪水发生年份至实测期最早记录这段时间称为“调查期”。在调查期和实测期中,最大几次洪水的排列序号往往通过历史洪水调查或历史文献来确定。

3. 特大洪水及其重现期

比一般洪水大得多的洪水称为特大洪水,并且通过洪水调查可以确定其量值大小及其重现期。历史上只有特大洪水才有文献记载和洪水痕迹可供查证,所以调查到的历史洪水一般都是特大洪水;当某次洪水是多年平均洪水的3倍时,也可以作为特大洪水。

考虑特大洪水的原因在于实测资料系列不够长,难以推求千年一遇或万年一遇的稀遇洪水。如果从特大洪水调查年份到设计年份为 N 年($N\geqslant n$,n 为样本容量,也为实测期年数),就相当于把 n 年资料展延到了 N 年,等于在频率曲线的上端增加了一个控制点。

准确确定出特大洪水的重现期非常困难,一般根据历史洪水发生的年代来大致估算:

(1)从发生年代至今为最大时,重现期=设计年份-发生年份+1。

(2)从调查考证的最远年份至今为最大时,重现期=设计年份-调查考证期最远年份+1。

这样确定特大洪水的重现期具有相当大的不稳定性,要准确地确定重现期就要追溯到更远的年代,但追溯的年代越久,河道情况与当前差别就越大,记载也就越不详尽,计算精度越差,一般以明、清两代600多年为宜。设计洪峰流量和洪量的推求不做赘述,在水文学相关内容进行介绍。

思考题

1. 岩浆岩按产状可以分为哪两种类型？
2. 变质岩有哪些特点？
3. 什么是裂隙？它对工程施工有什么影响？
4. 水的物理特性包括哪些？
5. 水静力学研究的是什么？等压面有哪些特性？
6. 均质土坝的渗流计算通常采用哪些方法？
7. 水文计算包括哪些主要内容？

思政园地

党的二十大报告强调了推动高质量发展的重要性，水利工程作为国家基础设施的重要组成部分，对于保障水资源安全、促进经济社会发展具有基础性作用。要培养学生的水利工程意识，学习水利工程的基本原理和方法，激发学生对水利事业的热爱和责任感。

“九层之台，起于累土”（土的承载力）——这个成语启发我们基础决定上层建筑，无论做什么事，都要做好准备，打好基础；而土力学鼻祖太沙基，能够在战乱中静下心来做科学研究，发明了太沙基公式，最终出版了土力学专著。

项目四 水利枢纽与水工建筑物

任务一 水利枢纽与工程等别

一、水利枢纽

水利枢纽是在河流或渠道的适宜地段修建的不同类型水工建筑物的综合体，以达到满足各项水利工程兴利除害的目标。水利枢纽常以其形成的水库或主体工程——坝、水电站的名称来命名，如三峡大坝、密云水库、罗贡坝、新安江水电站等；也有直接称水利枢纽的，如葛洲坝水利枢纽、浙江珊溪水利枢纽等。

水利枢纽按承担任务不同，可分为防洪枢纽、灌溉（或供水）枢纽、水力发电枢纽和航运枢纽等。承担多项任务的水利枢纽称为综合性水利枢纽。影响水利枢纽功能的主要因素是选定合理的位置和最优的布置方案。水利枢纽工程的位置一般通过河流流域规划或地区水利规划确定。具体位置须充分考虑地形、地质条件，使各个水工建筑物都能布置在安全可靠的地基上，并能满足建筑物的尺度和布置要求，以及施工的必需条件。

水利枢纽工程的布置，一般通过可行性研究和初步设计确定。各个水工建筑物单独使用或联合使用时水流条件良好，上下游的水流和冲淤变化不影响或少影响枢纽的正常运行，总之技术上要安全可靠；在满足基本要求的前提下，要力求建筑物布置紧凑，一个建筑物能发挥多种作用，减少工程量和工程占地，以减少投资；同时要充分考虑管理运行的要求和施工便利，工期短。一个大型水利枢纽工程的总体布置是一项复杂的系统工程，需要按系统工程的分析研究方法进行论证确定。

水利枢纽主要由挡水建筑物、泄水建筑物、取水建筑物和专门性建筑物组成。

（1）挡水建筑物。在取水枢纽和蓄水枢纽中，为拦截水流、抬高水位和调蓄水量而设的跨河道建筑物，分为溢流坝（闸）和非溢流坝两类。溢流坝（闸）兼作泄水建筑物。

（2）泄水建筑物。为宣泄洪水和放空水库而设。其形式有岸边溢洪道、溢流坝（闸）、泄水隧洞、闸身泄水孔或坝下涵管等。

（3）取水建筑物。为灌溉、发电、供水和专门用途的取水而设。其形式有进水闸、引水隧洞和引水涵管等。

（4）专门性建筑物。为发电的厂房、调压室，为扬水的泵房、流道，为通航、过木、过鱼的船闸、升船机、筏道、鱼道等。

(一)水利枢纽的位置选择

在流域规划或地区规划中,某一水利枢纽所在河流中的大体位置已基本确定,但其具体位置还需在此范围内通过不同方案的技术经济比较来进行比选。水利枢纽的位置常以其主体——坝(挡水建筑物)的位置为代表。因此,水利枢纽位置的选择常称为坝址选择。有的水利枢纽,只需在较狭的范围内进行坝址选择;有的水利枢纽,则需要先在较宽的范围内选择坝段,然后在坝段内选择坝址。

(二)水利枢纽的等级划分

水利枢纽常按其规模、效益和对经济、社会影响的大小进行分等,并将枢纽中的建筑物按其重要性进行分级。对级别高的建筑物,在抗洪能力、强度和稳定性、建筑材料、运行的可靠性等方面都要求高一些,反之就要求低一些,以达到既安全又经济的目的。

二、水利枢纽工程

水利枢纽工程指水利枢纽建筑物(含引水工程中的水源工程)和其他大型独立建筑物,包括挡水工程、泄洪工程、引水工程、发电厂工程、升压变电站工程、航运工程、鱼道工程、交通工程、房屋建筑工程和其他建筑工程。其中,挡水工程等前七项为主体建筑工程。

(1)挡水工程,包括挡水的各类坝(闸)工程。

(2)泄洪工程,包括溢洪道、泄洪洞、冲沙孔(洞)、放空洞等工程。

(3)引水工程,包括发电引水明渠、进水口、隧洞、调压井、高压管道等工程。

(4)发电厂工程,包括地面、地下各类发电厂工程。

(5)升压变电站工程,包括升压变电站、开关站等工程。

(6)航运工程,包括上下游引航道、船闸、升船机等工程。

(7)鱼道工程,根据枢纽建筑物布置情况,可独立列项。与拦河坝相结合的,也可作为拦河坝工程的组成部分。

(8)交通工程,包括上坝、进厂、对外等场内外永久公路、桥涵、铁路、码头等交通工程。

(9)房屋建筑工程,包括为生产运行服务的永久性辅助生产建筑、仓库、办公、生活及文化福利等房屋建筑和室外工程。

(10)其他建筑工程,包括内外部观测工程,动力线路(厂坝区),照明线路,通信线路,厂坝区及生活区供水、供热、排水等公用设施工程,厂坝区环境建设工程,水情自动测报工程及其他。

(一)水利枢纽工程的分等

根据《水利水电工程等级划分及洪水标准》(SL 252—2017),水利水电工程根据总库容、防洪、治涝、灌溉、供水和发电等指标分为5等,具体见表4-1。

表 4-1　水利水电工程分等指标

<table>
<tr><th rowspan="2">工程等别</th><th rowspan="2">工程规模</th><th rowspan="2">水库总库容/亿 m³</th><th colspan="3">防洪</th><th>治涝</th><th>灌溉</th><th colspan="2">供水</th><th>发电</th></tr>
<tr><th>保护人口/万人</th><th>保护农田面积/万亩❶</th><th>保护区当量经济规模/万人</th><th>治涝面积/万亩</th><th>灌溉面积/万亩</th><th>供水对象重要性</th><th>年引水量/亿 m³</th><th>发电装机容量/MW</th></tr>
<tr><td>Ⅰ</td><td>大(1)型</td><td>≥10</td><td>≥150</td><td>≥500</td><td>≥300</td><td>≥200</td><td>≥150</td><td>特别重要</td><td>≥10</td><td>≥1 200</td></tr>
<tr><td>Ⅱ</td><td>大(2)型</td><td><10,
≥1.0</td><td><150,
≥50</td><td><500,
≥100</td><td><300,
≥100</td><td><200,
≥60</td><td><150,
≥50</td><td>重要</td><td><10,
≥3</td><td><1 200,
≥300</td></tr>
<tr><td>Ⅲ</td><td>中型</td><td><1.0,
≥0.10</td><td><50,
≥20</td><td><100,
≥30</td><td><100,
≥40</td><td><60,
≥15</td><td><50,
≥5</td><td>比较重要</td><td><3,
≥1</td><td><300,
≥50</td></tr>
<tr><td>Ⅳ</td><td>小(1)型</td><td><0.1,
≥0.01</td><td><20,
≥5</td><td><30,
≥5</td><td><40,
≥10</td><td><15,
≥3</td><td><5,
≥0.5</td><td rowspan="2">一般</td><td><1,
≥0.3</td><td><50,
≥10</td></tr>
<tr><td>Ⅴ</td><td>小(2)型</td><td><0.01,
≥0.001</td><td><5</td><td><5</td><td><10</td><td><3</td><td><0.5</td><td><0.3</td><td><10</td></tr>
</table>

注:1. 水库总库容指水库最高水位以下的静库容;治涝面积指设计治涝面积;灌溉面积指设计灌溉面积;年引水量指供水工程渠首设计年均引(取)水量。
2. 保护区当量经济规模指标仅限于城市保护区;防洪、供水中的多项指标满足 1 项即可。
3. 按供水对象的重要性确定工程等别时,该工程应为供水对象的主要水源。

其他水利工程,如拦河水闸工程也有相应的分等标准,具体见表 4-2。

表 4-2　拦河水闸工程分等指标

工程等别	工程规模	过闸流量/(m^3/s)
Ⅰ	大(1)型	>5 000
Ⅱ	大(2)型	5 000~1 000
Ⅲ	中型	1 000~100
Ⅳ	小(1)型	100~20
Ⅴ	小(2)型	<20

(二)水利枢纽工程的布置

1. 坝址和坝型选择

坝址和坝型选择需要考虑的主要因素如下:

(1)地质条件。地质条件是坝址和坝型选择的重要条件。

(2)地形条件。不同坝型对地形的要求不同。

(3)建筑材料。坝址附近应有足够量符合要求的建筑材料。

(4)施工条件。要便于施工导流,坝址附近应有开阔地形,便于布置施工场地;距交

❶ 1 亩 = 1/15 hm^2,全书同。

通干线较近，便于交通运输。

(5)综合效益。要综合考虑防洪、灌溉和发电等各部门的经济效益，以及水利枢纽工程建设对环境的影响等。

2. 水利枢纽布置

1)枢纽布置的一般原则

(1)枢纽布置应保证各建筑物在任何条件下都能正常工作。

(2)在满足建筑物的强度和稳定条件下，使枢纽总造价和年运行费较低。

(3)枢纽布置应达到施工方便、工期短和造价低的效果。

(4)枢纽中各建筑物布置紧凑，能够充分发挥枢纽的综合效益。

(5)尽可能使枢纽的部分建筑物早日投产，提前受益。

(6)考虑枢纽的远景规划，应对远期扩大装机容量、大坝加高和扩建等留有余地。

(7)枢纽的外观与周围环境相协调，尽量景观优美。

2)枢纽布置方案的选择

在进行方案选择时，通常要对以下项目进行比较：

(1)主要工程量：如钢筋混凝土、混凝土、土石方、金属结构和砌石等各项工程量。

(2)主要建筑材料：如钢筋、钢材、水泥、木材、砂石、沥青和炸药等材料的用量。

(3)施工条件：主要包括施工期、机械化程度、劳动力状况、料场位置和交通运输等条件。

(4)运用管理条件：发电、通航、泄洪和灌溉等是否相互干扰，建筑物和设备的检查、维修及操作运用是否正常，对外交通是否方便，人防条件是否具备等。

(5)建筑物位置与自然界的适应情况：地基是否可靠，河床抗冲能力与下游的消能方式是否适应等。

(6)经济指标：主要比较分析总投资、总造价、年运转费、淹没损失、电站每千瓦投资、电能成本、灌溉单位面积投资以及航运能力等综合利用效益。

上述比较项目中，有些是可以定量计算的，但有不少难以定量计算，这就增加了方案选择的复杂性。因此，应充分掌握基础资料，合理地进行方案选择。

三、水工建筑物的分类分级

（一）水工建筑物的概念

水利工程中常采用单个或若干个不同作用、不同类型的建筑物来调控水流，以满足不同部门对水资源的需求。这些为控制和调节水流、防治水害、开发利用水资源的建筑物称水工建筑物，是实现各项水利工程目标的重要组成部分。水工建筑物涉及许多学科领域，除基础学科外，还与水力学、水文学、工程力学、土力学、岩石力学、工程结构、工程地质、建筑材料，以及水利勘测、水利规划、水利工程施工、水利管理等密切相关。它的设计和研究方法主要有理论分析、试验研究、原型观测和工程类比等。

（二）水工建筑物的分类

按照水工建筑物的功能和作用，将水工建筑物分为以下六类：

(1)挡水建筑物：拦截江河，形成水库，壅高水位，如各种类型的坝、水闸、海堤、河堤和海塘等。

(2)泄水建筑物:宣泄多余水量,排放泥沙和冰凌,或为人防、检修放空库容,如与坝体结合使用的溢流坝、坝身泄水孔,在坝体以外的各种形式的溢洪道和泄水隧洞等。

(3)输水建筑物:为满足灌溉、发电和供水需要,从上游向下游输水用的建筑物,如引水隧洞、引水涵管、渠道、渡槽和倒虹吸等。

(4)取(进)水建筑物:输水建筑物的首部建筑,如引水隧洞的进口段、灌溉渠首、供水用的进水闸和扬水站等。

(5)整治建筑物:可改善河流的水流条件,调整水流对河岸及河床的作用,减小湖泊中的波浪和水流对岸坡的冲刷,主要有丁坝、顺坝、导流堤、护底和护岸等。

(6)专门建筑物:专门为灌溉、发电、过坝需要而兴建的建筑物。如专门为发电用的压力前池、调压井、调压池和电站厂房;专门为渠道或航道设置的沉沙池和冲沙闸;专门为过坝用的船闸、升船机、鱼道和过木道等。

(三)水工建筑物的特点

水工建筑物是具有特殊用途和性质的建筑物,与其他工业与民用建筑物相比,有如下显著的特点:

(1)受自然条件制约多,地形、地质、水文和气象等对工程选址、建筑物选型、施工、枢纽布置和工程投资影响很大。

(2)工作条件复杂,如挡水建筑物要承受相当大的水压力,由渗流产生的渗透压力对建筑物的强度和稳定不利;泄水建筑物泄水时,对河床和岸坡产生强烈的冲刷作用等。

(3)施工难度大,在江河中兴建水利工程,需要妥善解决施工导流、截流和施工期度汛问题。此外,复杂地基的处理以及地下工程、水下工程等的施工技术都较复杂。

(4)大型水利工程的挡水建筑物失事,将会给下游带来巨大损失和灾难。

(四)水工建筑物的分级

水工建筑物根据其是否在枢纽工程运行期使用,分为永久性建筑物和临时性建筑物。

永久性建筑物是指枢纽工程运行期间使用的建筑物,根据重要性又可分为主要建筑物和次要建筑物。主要建筑物是指失事后将造成下游灾害和影响工程效益的建筑物,如坝、泄水建筑物、输水建筑物和电站厂房等。次要建筑物是失事后不造成下游灾害和对工程效益影响不大的建筑物,易于恢复的建筑物,如挡土墙、导流墙、工作桥和护岸等。按其所属枢纽工程的等级及其在工程中的作用和重要性分为5级(见表4-3)。临时性建筑物是指在施工期使用的建筑物,如导流建筑,级别划分见表4-4。水库大坝按表4-3规定为2级、3级,如坝高超过表4-5规定的指标时,其级别可提高一级,但洪水标准可不提高。

表4-3 永久性水工建筑物级别划分

工程等别	主要建筑物	次要建筑物
Ⅰ	1	3
Ⅱ	2	3
Ⅲ	3	4
Ⅳ	4	5
Ⅴ	5	5

表 4-4　临时性水工建筑物级别划分

工程级别	保护对象	失事后果	使用年限	临时性水工建筑物规模	
				围堰高度/m	库容/亿 m^3
3	有特殊要求的1级永久性水工建筑物	淹没重要城镇、工矿企业、交通干线或推迟工程总工期及第一台(批)机组发电,推迟工程发挥效益,造成重大灾害和损失	>3	>50	>1.0
4	1级、2级永久性水工建筑物	淹没一般城镇、工矿企业或影响工程总工期和第一台(批)机组发电,推迟工程发挥效益,造成较大经济损失	≤3,≥1.5	≤50,≥15	≤1.0,≥0.1
5	3级、4级永久性水工建筑物	淹没基坑,但对总工期及第一台(批)机组发电影响不大,对工程发挥效益影响不大,经济损失较小	<1.5	<15	<0.1

表 4-5　水库大坝提级指标

级别	坝型	坝高/m
2	土石坝	90
	混凝土坝、浆砌石坝	130
3	土石坝	70
	混凝土坝、浆砌石坝	100

任务二　挡水与泄水建筑物

一、土石坝

(一)土石坝的工作特点

由于土石坝是一种散粒体结构,因而具有与混凝土坝不同的工作特点,主要体现在以下几方面:

(1)稳定方面。土石坝的横断面呈梯形,体积庞大,在水平水压力作用下,一般不会发生沿坝基面的整体滑动,其主要失稳形式是坝坡滑动或坝坡连同部分地基(土基)一起滑动。

(2)渗流方面。由于散粒体结构的颗粒间存在着较大孔隙,坝体挡水后,在上下游水

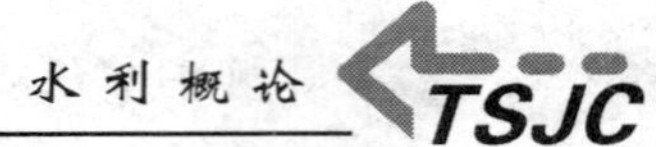

位差的作用下,库水将经过坝体及坝基(包括两岸)向下游渗透。当渗透坡降或渗透流速超过一定界限时,会引起坝体或坝基土的渗透变形破坏,严重的会导致土坝失事。

(3)冲刷方面。土坝的抗冲能力很低,降落在坝面上的雨水一部分渗入坝内,另一部分将沿坝坡流动而冲刷坝面。水库的风浪对坝面也产生冲击和淘刷作用,使坝面容易遭受破坏。因此,土石坝的上下游坝坡均需采取有效的保护措施。

(4)沉降方面。在坝体自重和水荷载的作用下,坝体和坝基(土基)都会由于压缩变形而产生沉降。过大的沉降会使坝顶高程达不到设计要求而影响土石坝的正常工作;过大的不均匀沉降还会引起坝体开裂,甚至造成漏水通道而威胁大坝安全。

(5)其他方面。在严寒地区,当气温很低时,库水面结冰形成冰盖层,与岸边及坝坡冻结在一起,冰盖层的膨胀,对坝坡产生的冰压力可能导致护坡的破坏。在干旱的夏季,由于库水位以上坝体的含水量损失,可能引起坝体干裂。

(二)土石坝的优缺点

与其他坝型相比较,土石坝具有许多明显的优点:

(1)就地取材。可以节省水泥、木材和钢材等需要远距离运输的重要建筑材料。

(2)能够适应各种地质地形条件。相对于其他坝型,土石坝对地基的要求最低。土石坝可以建筑在非基岩基础上。一般地基经过工程处理后,均能修筑土石坝。

(3)土石坝构造简单,施工方便,既可采用大型机械化施工,又可采用适用于小型工程的人力施工。

(4)运行可靠,寿命较长。施工、管理、维修、加高和扩建等都比较简单。

但是,土石坝也有其不足之处:

(1)土石坝不能坝身泄流,必须另外修建泄水建筑物,增加了枢纽布置难度。

(2)施工导流较混凝土坝困难。

(3)易受气候(降水等)影响,特别是黏性土的施工。

(三)土石坝设计和建造的原则要求

(1)坝体和坝基在施工期及各种运行条件下都应当是稳定的。设计时需要拟定合理的坝体基本剖面尺寸和施工填筑质量要求,采取有效的地基处理措施等。

(2)通常设计时不允许坝顶过流。若设计时对洪水估计不足,导致坝顶高程偏低,或泄洪建筑物泄洪能力不足,或水库控制运用不当,都会造成土石坝洪水漫顶事故,严重时可能发生溃坝灾难。因此,在设计时,首先应保证泄水建筑物具有足够的泄洪能力,能满足规定的运用条件和要求。

(3)土石坝挡水后,在坝体、坝基、岸坡内部及其接合面处会产生渗流。渗流对大坝的运行会造成许多不利影响:水库水量损失、坝体稳定性降低、发生渗透变形及溃坝事故。为此,设计时应根据“上堵下排”的原则,确定合理的防渗体形式,加强坝体与坝基、岸坡及其他建筑物连接处的防渗效果,布置有效的排水及反滤设施,确保工程施工质量,避免大坝发生渗流破坏。

(4)对坝顶和边坡采取适当的防护措施,防止波浪、冰冻、暴雨及气温变化等不利自然因素对坝体的破坏作用。

(四)土石坝的设计要求

(1)要选择合理的上、下游坝坡,使剖面既经济合理,又能保证安全。土石坝的筑坝材料为散粒体,需要较缓的上、下游坝坡来维持其自身稳定性。

(2)不允许水流漫顶。土石坝的散粒体材料的抗冲刷和抗淘刷能力极低,一旦水流漫顶,将直接冲刷坝坡,淘刷坝脚,威胁大坝安全。

(3)控制坝体或坝基的渗流。土石坝的坝身和坝基渗流或多或少都存在,控制渗流量可以提高水库效益,防止发生渗透变形。

(4)避免发生有害裂缝。受坝址地形、筑坝材料性质、坝基不均匀沉陷和地震等因素的影响,坝身可能产生裂缝,对大坝安全产生危害。

(5)能抵御自然现象的破坏。对土石坝产生危害的自然现象有风浪淘刷、雨水冲刷、冰雪冻融和鼠、蚁等洞穴的破坏。

(五)土石坝的分类

(1)按坝高分类。土石坝的坝高均从清基后的地面算起。

①低坝:高度在 30 m 以下。②中坝:高度在 30~70 m。③高坝:高度超过 70 m。

(2)按筑坝材料分类。

①土坝。②堆石坝。③土石混合坝。

(3)按施工方法分类。

①碾压式土石坝。②水力冲填坝。③水坠坝。④水中填土坝或水中倒土坝。⑤土中灌水坝。⑥定向爆破堆石坝。

(4)按材料在坝体内的配置和防渗体的位置分类,如图 4-1 所示。

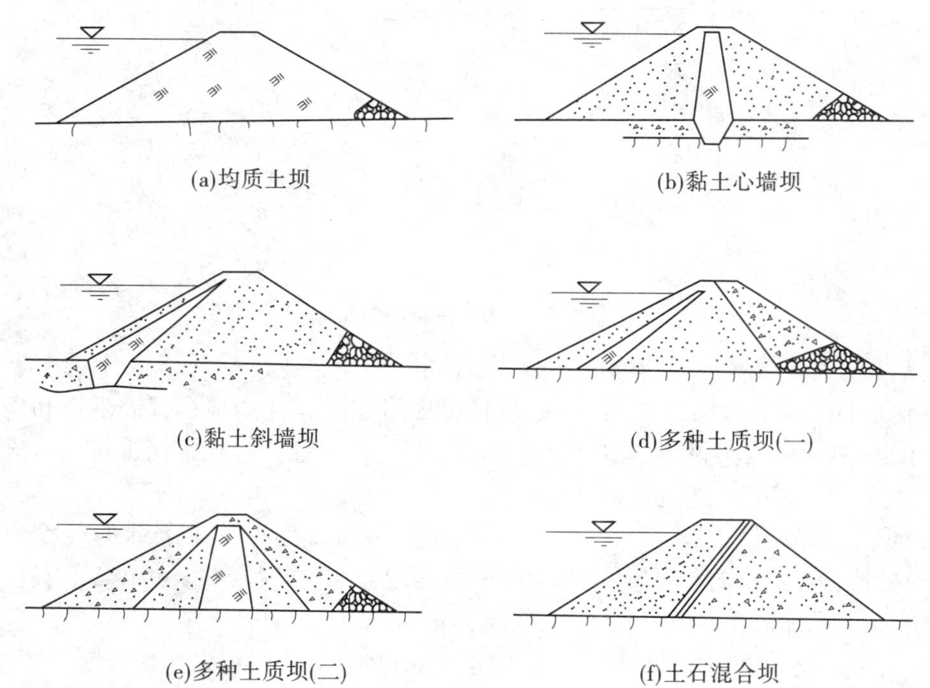

(a)均质土坝　(b)黏土心墙坝

(c)黏土斜墙坝　(d)多种土质坝(一)

(e)多种土质坝(二)　(f)土石混合坝

图 4-1　土石坝类型

①均质土坝。坝体剖面的全部或绝大部分由一种土料填筑。优点为材料单一,施工简单;缺点为当坝身材料黏性较大时,雨季或冬季施工较困难。

②黏土心墙坝。用透水性较好的砂或砂砾石做坝壳,以防渗性较好的黏性土作为防渗体设在坝的剖面中心位置,心墙材料既可用黏土也可用沥青混凝土和钢筋混凝土。其优点为坡陡,坝剖面较均质土坝小,工程量小,心墙占总方量比重不大,因此施工受季节影响相对较小;缺点是要求心墙与坝壳大体同时填筑,干扰大,一旦建成,难修补。

③黏土斜墙坝。防渗体置于坝剖面的一侧。优点是斜墙与坝壳之间的施工干扰相对较小,在调配劳动力和缩短工期方面比心墙坝有利;缺点是上游坡较缓,黏土量及总工程量较心墙坝大,抗震性及对不均匀沉降的适应性不如心墙坝。

④多种土质坝。坝址附近有多种土料用来填筑的坝。

⑤土石混合坝。如坝址附近砂、砂砾不足,而石料较多,上述的多种土质坝的一些部位可用石料代替砂料。

二、重力坝

重力坝是一种古老而迄今仍应用很广的坝型,因主要依靠自重来维持稳定而得名。

重力坝依靠坝体自重在坝基面上产生摩阻力来抵抗水平水压力以达到稳定的要求,并利用坝体自重在水平截面上产生的压应力来抵消由于水压力所引起的拉应力以满足强度的要求。因此,坝的剖面较大,一般做成上游坝面近于垂直的三角形剖面,其结构剖面见图4-2。

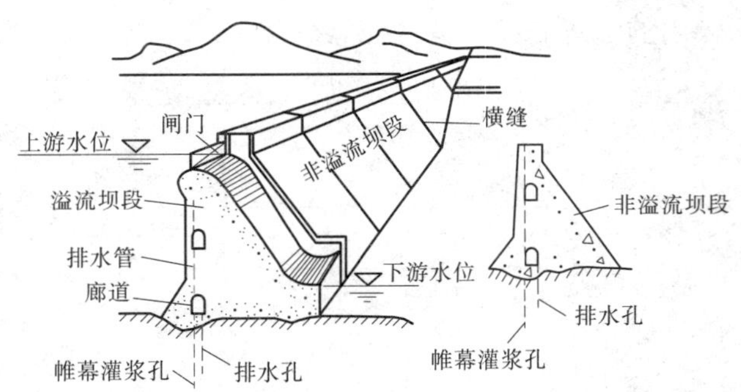

图4-2 重力坝结构剖面图

重力坝与其他坝型相比,主要具有以下特点:

(1)重力坝筑坝材料的抗冲能力强,坝体断面形态适宜在坝顶布置溢洪道和坝身设置泄水孔,一般不需要另设河岸溢洪道或泄洪隧洞。在坝址河谷狭窄而洪水流量大的情况下,重力坝可以较好地适应这种自然条件。

(2)重力坝结构简单、断面尺寸大、材料强度高、耐久性能好,能抵抗水的渗透。

(3)抵抗特大洪水的漫顶、地震和战争破坏的能力都比较强,安全性较高。长江三峡工程就选择了混凝土重力坝。

(4)对地形地质条件适应性较好,几乎任何形状的河谷都可以修建重力坝。

(5)坝体与地基的接触面积大,受扬压力的影响也大。扬压力的作用会抵消部分坝体重量的有效压力,对坝的稳定和应力情况不利,故需采取各种有效的防渗排水措施,以削减扬压力,节省工程量。

(6)重力坝的剖面尺寸较大,便于机械化施工。

(7)重力坝分坝段浇筑,便于施工导流。

(8)坝体尺寸大,内部应力一般不大,因此材料的强度不能充分发挥。

(9)坝体体积大,水泥用量多,混凝土凝固时水化热高,散热条件差。所以混凝土重力坝施工期需有严格的温度控制和散热措施。

(一)重力坝的类型

(1)按坝的高度,可分为低坝(坝高<30 m)、中坝(坝高 30~70 m)和高坝(坝高>70 m)。

(2)按泄水条件,可分为溢流坝和非溢流坝。

(3)按筑坝材料,可分为混凝土重力坝和浆砌石重力坝。前者常用于重要的和较高的重力坝;后者可就地取材,节省水泥用量,且砌石技术易于掌握,在我国的中小型工程中仍然被广泛采用。

(4)按结构形式,可分为实体重力坝、宽缝重力坝、空腹重力坝和预应力重力坝等类型,如图 4-3 所示。

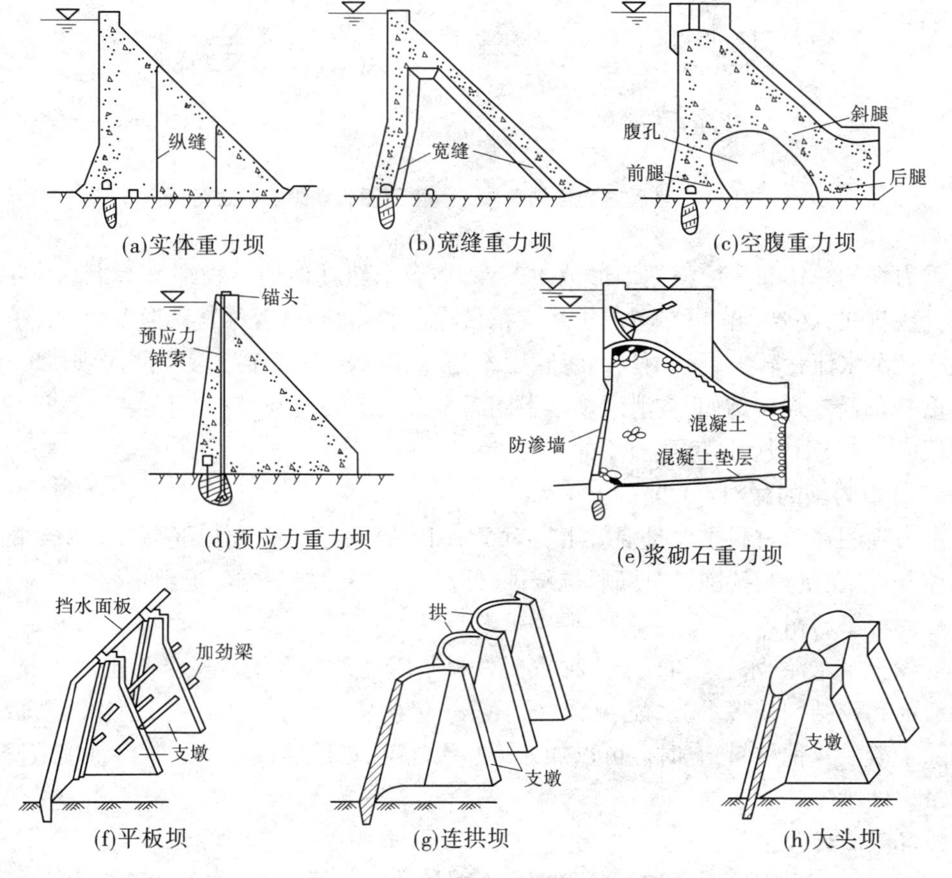

图 4-3　常见重力坝形式

(二)重力坝的组成及布置

重力坝通常由溢流坝段、非溢流坝段和两者之间的连接边墩、导墙及坝顶建筑物(如河墩、坝顶桥)等组成。此外,坝内常设有各种泄水或取水管道、检查维修用的廊道,以及溢流坝、泄水管的闸门等。图4-4为一座典型重力坝的总体布置平面图和坝段横剖面图。它包括左、右岸非溢流的挡水坝段和河床中部的溢流坝段,左岸挡水坝段还布置有坝后式水电站及坝内输水管道。

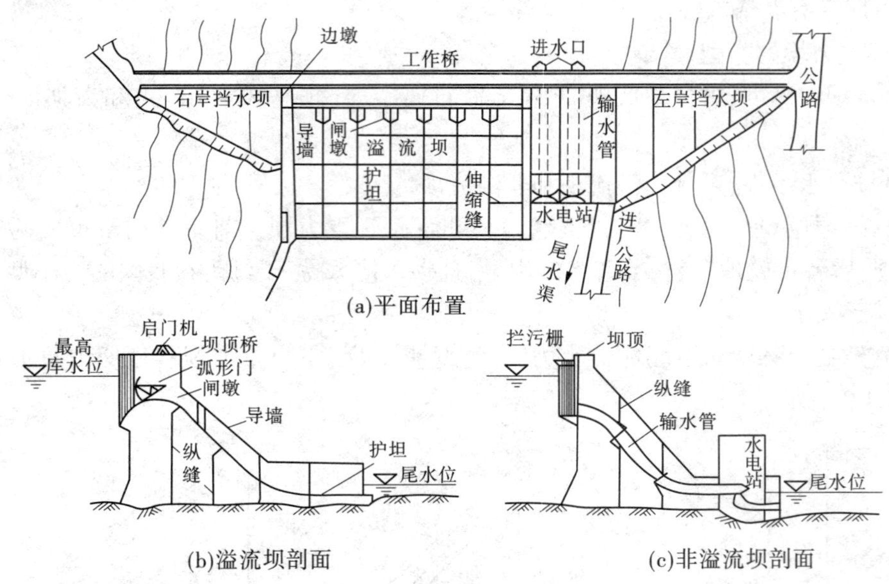

图4-4 典型重力坝的总体布置平面图和坝段横剖面图

重力坝的总体布置应根据地形地质条件,结合枢纽其他建筑物综合考虑。坝轴线一般布置成直线,必要时也可布置成折线或稍带拱形的曲线,后者称为拱形重力坝。在河谷较狭窄而洪水流量较大且拦河坝前缘宽度不足以并列布置溢流坝段和厂房坝段时,常可采用重叠布置方式。例如,在泄洪坝段上同时设置溢流表孔及泄水中孔;将电站厂房设在溢流坝内,或采用坝后厂房顶溢流的布置。

(三)重力坝的材料

重力坝的建筑材料主要是混凝土。对于水工混凝土,除强度外,还应按其所处的部位和工作条件,在抗渗、抗冻、抗冲刷、抗侵蚀、低热和抗裂性能等方面提出不同的要求。

1. 混凝土的制备

混凝土由水泥、水、砂和石子4种主要材料制成。砂和石子构成混凝土的骨料,水泥是润滑剂和胶结剂。将水、水泥、砂和石子按一定比例配合,搅拌均匀,硬化后形成混凝土。除了以上4种材料,有时还可以加入一些添加剂,以改善混凝土的某些性能或降低水泥用量。

2. 混凝土的强度等级

普通混凝土强度等级是按标准方法制作养护的立方体试件,在28 d龄期用标准试验方法测得的具有95%保证率的抗压强度标准值确定的,混凝土强度随着龄期延长而增长。坝体常态混凝土强度标准值的龄期一般采用90 d,碾压混凝土可采用180 d龄期,因此在规定混凝土强度设计值时,应同时规定设计龄期。

大坝常用混凝土强度等级有C7.5、C10、C15、C20、C25和C30。高于C30的混凝土用于重要构件和部位。大坝混凝土的强度标准值可采用90 d龄期强度,保证率80%。

3. 重力坝的材料要求

水工混凝土对材料除了有强度要求,还具有以下几项要求:

(1)抗渗性。抵抗压力水渗透的能力,用抗渗等级表示,分为S4、S6、S8、S10和S12。

(2)抗冻性。抗冻性是指混凝土在饱和状态下,经多次冻融循环而不破坏,也不严重降低强度的性能。按冻融循环情况分为D50、D100、D150、D200、D250和D300。

(3)抗磨性。高速水流或挟沙水流冲刷较剧烈的地方具有抗磨性要求。

(4)抗侵蚀性。抗侵蚀性是指抵抗环境水侵蚀的性能,可选择合适的水泥品种、提高密实度等,以提高混凝土的抗侵蚀性。

(5)抗裂性。为防止混凝土结构产生温度裂缝,应选用发热量较低的水泥,减少水泥用量,并提高混凝土的强度和抗裂性能。

三、拱坝

(一)拱坝的基本工作原理

拱坝的坝体是由水平的拱圈和竖向的悬臂梁共同组成的。拱坝所承受的荷载一部分通过水平拱的作用传给两岸的基岩,另一部分通过竖向的悬臂梁的作用传到坝底基岩。坝体的稳定主要依靠两岸坝肩的反力来维持。拱坝的坝肩是指拱坝所坐落的两岸岩体部分,亦称拱座。拱冠梁是指位于水平拱圈拱顶处的悬臂梁,一般它位于河谷的最深处。

(二)拱坝的特点

拱坝(见图4-5)具有以下特点:

(1)稳定特点。坝体稳定主要依靠两岸拱端的反力作用,不像重力坝那样依靠自重来维持稳定。因此,拱坝对坝址的地形、地质条件要求较高,对地基处理的要求也较严格。

(2)结构特点。拱坝属于高次超静定结构,超载能力强,安全度高,当外荷载增大或坝的某一部位发生局部开裂时,坝体的拱和梁作用将会自行调整,使坝体应力重新分配。国内外拱坝结构模型试验成果表明,拱坝的超载能力可以达到设计荷载的5~11倍。迄今为止,拱坝几乎没有因坝身出现问题而失事的。

(3)荷载特点。拱坝坝身不设永久伸缩缝,温度变化和基岩变形对坝体应力的影响比较显著,设计时,必须考虑基岩变形,并将温度作用列为一项主要荷载。由于拱坝剖面较薄,坝体几何形状复杂,因此对于施工质量、筑坝材料强度和防渗要求等都较重力坝严格。

(4)泄洪特点。在泄洪方面,拱坝不仅可以在坝顶安全溢流,而且可以在坝身开设大孔口泄水。目前,坝顶溢流或坝身孔口泄水的单宽流量已超过200 $m^3/(s\cdot m)$。

(5)设计和施工特点。拱坝坝身单薄,体形复杂,设计和施工难度较大,因而对筑坝材料强度、施工质量、施工技术及施工进度等方面要求较高。

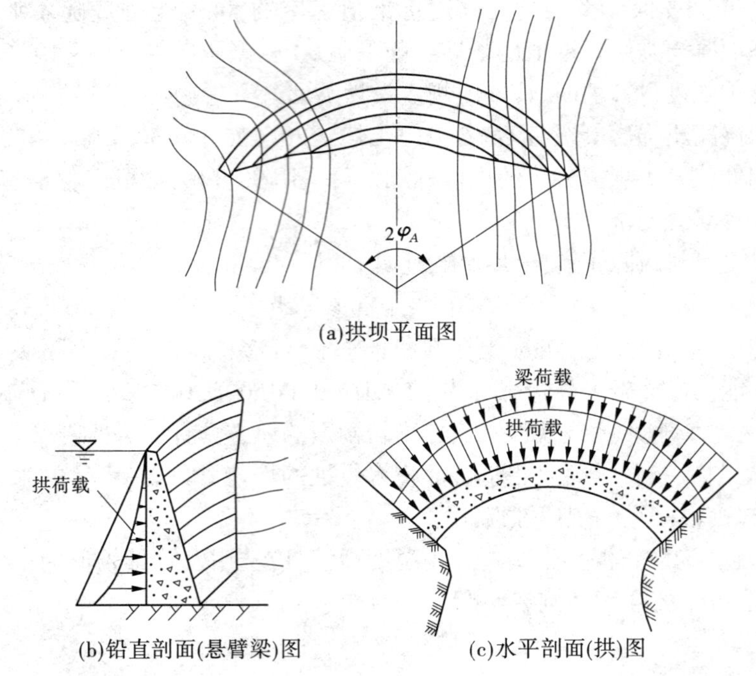

(a)拱坝平面图

(b)铅直剖面(悬臂梁)图　　(c)水平剖面(拱)图

图 4-5　拱坝平面、剖面及荷载示意图

(三)拱坝对地形和地质条件的要求

1. 地形条件

拱坝的地形条件往往是决定坝体结构形式、工程布置和经济效益的主要因素。所谓地形条件,是对开挖以后的基岩面而言的,不能以覆盖层面(原地面)作为依据。河谷形状可分为 V 形、U 形和梯形三种典型断面。在 V 形河谷中修建拱坝,自坝顶向坝底随着水压力的增加,拱的跨度逐渐减小,在坝体底部,拱的跨度显著减小,该处虽然承压力最大,但是拱厚仍较薄。在 U 形河谷中,拱的跨度沿整个坝高相差较小,因而底部拱厚却增加较多。梯形河谷的情况则介于 V 形和 U 形之间。

2. 地质条件

地质条件也是拱坝建设中的一个重要问题。拱坝对坝址地质条件的要求比重力坝和土石坝高,河谷两岸的基岩必须能承受由拱端传来的推力,要在任何情况下都能保持稳定,不致危害坝体的安全。理想的地质条件是:基岩比较均匀、坚固完整、有足够的强度、透水性小、能抵抗水的侵蚀、耐风化、岸坡稳定、没有大断裂等。实际上很难找到没有节理、裂隙、软弱夹层或局部断裂破碎带的天然坝址,但必须查明工程地质条件,必要时,应采取妥善的地基处理措施。随着经验积累和地基处理技术水平的不断提高,即使在地质条件较差的地基上也建成了不少高拱坝。例如,我国的龙羊峡拱坝,高 178 m,基岩被众多的断层和裂隙所切割,岩体破碎,且位于 9 度强震区。但当地质条件复杂到难以处理,或处理工作量太大,费用过高时,则应另选其他坝型。

(四)拱坝的分类

按不同的分类原则,拱坝可分为以下类型:

(1)按建筑材料和施工方法,可分为常规混凝土拱坝、碾压混凝土拱坝和砌石拱坝。

(2)按坝高、拱圈线形、坝面曲率分类:

①按坝高,可分为高坝(坝高>70 m)、中坝(坝高 30~70 m)和低坝(坝高<30 m)。

②按拱圈线形,可分为单心圆、双心圆、三心圆、抛物线、对数螺旋线、椭圆拱坝等。

③按坝面曲率,可分为单曲拱坝(只有水平向曲率)和双曲拱坝(水平向和竖直向都有曲率)。

四、水闸

(一)水闸的分类

水闸按其所承担的任务不同,可分为以下几类,如图 4-6 所示。

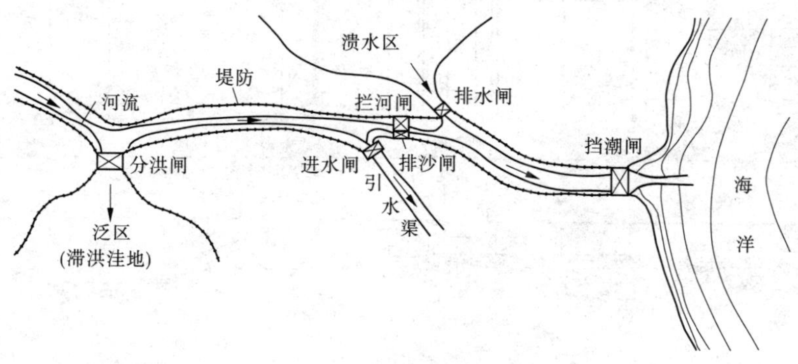

图 4-6　水闸分类示意图

(1)节制闸(或拦河闸)。枯水期用以拦截河道,抬高水位,以利于上游取水或航运。洪水期则开闸泄洪,控制下泄流量。位于河道上的节制闸称为拦河闸。

(2)进水闸。进水闸建在河道、水库或湖泊的岸边,用来控制引水流量,以满足灌溉、发电或供水的需要。进水闸又称取水闸或渠首闸。

(3)分洪闸。分洪闸常建于河道的一侧,用来将超过下游河道安全泄量的洪水泄入预定的湖泊、洼地,及时削减洪峰,保证下游河道的安全。

(4)排水闸。排水闸常建于江河沿岸,外河水位上涨时关闸以防外水倒灌,外河水位下降时开闸排水,排除两岸低洼地区的涝渍。排水闸具有双向挡水,有时双向过流的特点。

(5)挡潮闸。挡潮闸建在入海(河)口附近,涨潮时关闸不使海水沿河上溯,退潮时开闸泄水。挡潮闸具有双向挡水的特点。

(6)排沙闸、排冰闸和排污闸。这些闸为排除泥沙、冰块和漂浮物等而设置。

以下按闸室结构形式分类:

(1)开敞式水闸。闸室上部不填土封闭的水闸。一般有泄洪、排水和过木等要求时,多采用不带胸墙的开敞式水闸,多见于拦河闸和排冰闸等;当上游水位变幅大,而下泄流量又有限制时,为避免闸门过高,常采用带胸墙的开敞式水闸,如进水闸、排水闸和挡潮闸多用这种形式。

(2)涵洞式水闸。闸(洞)身上部填土封闭的水闸,又称封闭式水闸。涵洞式水闸常用于穿堤取水或排水,洞内水流可以是有压的或者是无压的。

(二)水闸的组成

水闸由闸室段和上、下游连接段三大部分组成,图4-7为水闸组成示意图。

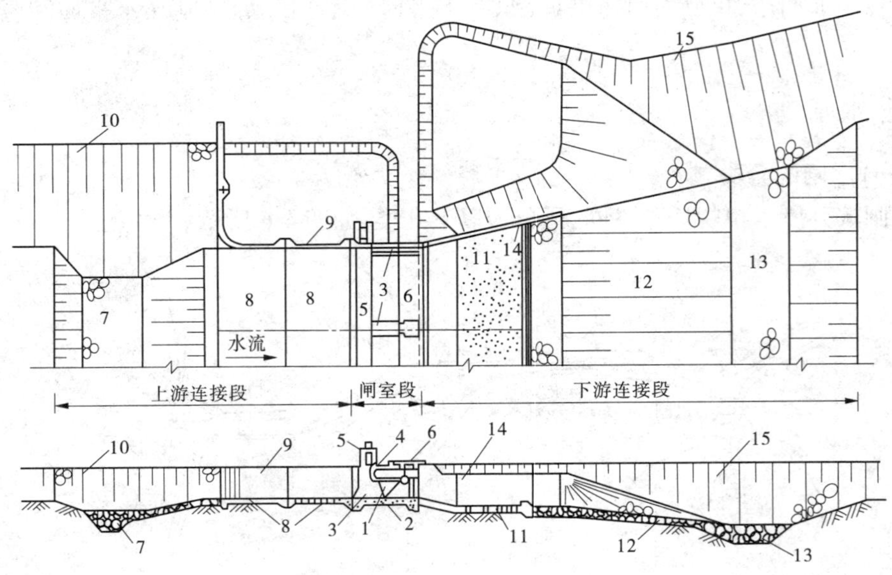

1—闸门;2—底板;3—闸墩;4—胸墙;5—工作桥;6—交通桥;7—上游防冲槽;8—上游防冲段、铺盖;9—上游翼墙;10—上游护岸;11—护坦;12—海漫;13—下游防冲槽;14—下游翼墙;15—下游护岸。

图4-7 水闸组成示意图

1. 上游连接段

上游连接段的主要作用是引导水流平稳地进入闸室,同时起防冲、防渗和挡土等作用。一般包括上游翼墙、铺盖、护底、两岸护坡及上游防冲槽等。上游翼墙的作用是引导水流平顺地进入闸孔并起侧向防渗作用。铺盖主要起防渗作用,其表面应满足抗冲要求。护坡、护底和上游防冲槽(齿墙)的作用是保护两岸土质、河床及铺盖头部不受冲刷。

2. 闸室段

闸室段是水闸的主体部分,通常包括底板、闸墩、闸门、胸墙、工作桥及交通桥等。底板是闸室的基础,承受闸室全部荷载,并较均匀地传给地基,此外,还有防冲、防渗等作用。闸墩的作用是分隔闸孔并支承闸门、工作桥等上部结构。闸门的作用是挡水和控制下泄水流。工作桥供安置启闭机和工作人员操作之用。交通桥的作用是连接两岸交通。

3. 下游连接段

下游连接段具有消能和扩散水流的作用,一般包括护坦、海漫、下游防冲槽、下游翼墙及护坡等。下游翼墙可引导水流均匀扩散兼有防冲及侧向防渗等作用。护坦具有消能防冲作用。海漫的作用是进一步消除护坦出流的剩余动能、扩散水流、调整流速分布、防止河床受冲。下游防冲槽是海漫末端的防护设施，避免冲刷向上游扩展。

（三）水闸的工作特点

水闸在抗滑稳定、防渗、消能防冲及防沉陷等方面都有其自身的工作特点：

（1）土基的抗滑稳定性差。当水闸挡水时，上、下游水位差造成较大的水平水压力，使水闸有可能向下游一侧滑动。同时，在上下游水位差的作用下，闸基及两岸均产生渗流。渗流将对水闸底部施加向上的渗透压力，减小了水闸的有效重量，从而降低了水闸的抗滑稳定性。因此，水闸必须具有足够的重量以维持其自身的稳定。

（2）渗流易使闸下产生渗透变形。土基渗流除产生渗透压力不利闸室稳定外，还可能将地基及两岸土壤的细颗粒带走形成管涌或流土等渗透变形，严重时闸基和两岸的土壤会被淘空，危及水闸安全。因此，应妥善设计防渗设施，并在渗流溢出处设反滤层等设施以保证不发生渗透变形。

（3）过闸水流具有较大动能，易于冲刷破坏下游河床及两岸。开闸泄水时，在上、下游水位差作用下，过闸水流往往具有很大流速，而河床和两岸土壤的抗冲能力通常较低，可能引起冲刷，严重时会扩大到闸室地基，致使水闸失事。因此，设计水闸时必须采取有效的消能防冲措施。

（4）土基的沉陷问题。软土地基上建闸，由于地基的抗剪强度低，压缩性比较大，在水闸的重力和外荷载作用下，可能产生较大沉陷，尤其是不均匀沉陷会导致水闸倾斜，甚至断裂，影响水闸正常使用。因此，设计时必须合理选择闸型和构造，排好施工程序及采取必要的地基处理措施等，以减小地基沉陷。

任务三　水电站与水泵站

一、水电站开发方式与类型

（一）水力发电的基本原理

水力发电是利用天然水能（水能资源）来生产电能的。河川径流相对于海平面而言（或相对于某基准面）具有一定的势能，而径流具有一定的流速，即具有一定的动能，这种势能和动能组合成一定的机械能，就是水能。河水在地球引力的作用下不断向下游流动。在流动的过程中，河水因克服流动阻力、冲蚀河床、挟带泥沙等，使所含水能分散地消耗掉了。水力发电的任务，就是要利用这些被无益消耗掉的水能来生产电能。

（二）水能开发方式

水能开发方式按调节流量的方式，可分为蓄水式和径流式。蓄水式水电站用较高的拦河坝形成水库，在短距离内抬高水头集中落差发电，适用于山区水流落差大能够形成较大水库的情况，如长江三峡水电站。径流式水电站没有水库，或水库库容相对很小，落差较小，主要利用天然径流发电，适用于河道较平缓、流量较大的情况，如长江葛洲坝水电站。

水能开发方式按集中落差的方式，可分为坝式、引水式和混合式。坝式水电站是在河道上修筑大坝，截断水流，抬高水位，在坝下游建造水电站厂房，甚至用厂房直接挡水，如长江葛洲坝水电站。引水式水电站一般仅修筑很低的坝，通过取水口将水引取到较远的、能够集中落差的地方修建水电站厂房，引水道可以是无压的(如明渠)和有压的(如压力钢管)，被许多中小型水电站采用。混合式水电站同时采用坝和有压引水道共同集中落差形成水头，具有坝式和引水式开发的优点。此外，还有利用海洋潮汐水能的潮汐开发方式(潮汐电站)，以及将水能和电能相互转化的抽水蓄能开发方式(抽水蓄能电站)。

(三)水电站的类型

1. 坝后式水电站

坝后式水电站的特点是水电站主厂房布置在大坝后(下游)(见图4-8)，坝与厂房一般用沉陷缝分开，建有相对较高的拦河坝形成水库，利用大坝集中落差形成库容，并进行水量调节。水电站建筑物集中布置在非溢流坝段，坝上游侧设有进水口，进水口设有拦污栅、闸门及启闭设备等，压力钢管一般穿过坝身向机组供水，如我国的三峡水电站。当河床狭窄、洪水量大时，水电站厂房也可设在溢流坝段后，如新安江水电站，或者将水电站厂房设在溢流坝体内，如凤滩水电站。如选用拱坝，坝身不宜布置引水管道，也可将水电站从河床部位移至河岸，形成旁引式水电站，如隔河岩水电站。坝后式水电站由于筑坝壅水，会造成上游一定的淹没损失，允许淹没一定高程而不致造成太大损失，一般修建在河流的中游、上游。

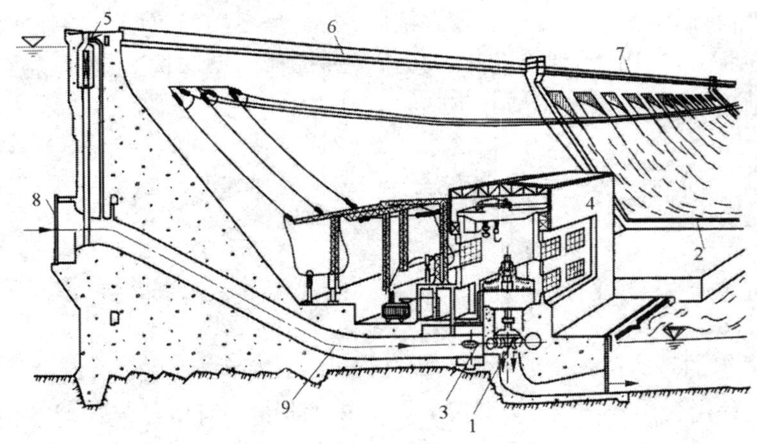

1—水轮机；2—导流墙；3—阀门；4—厂房；5—闸门；6—大坝；7—溢流坝；8—拦污栅；9—压力管道。

图4-8 典型坝后式水电站示意图

2. 河床式水电站

河床式水电站多修建在河流水面较宽且河道比降较小的中、下游河段上(见图4-9)，如葛洲坝水电站，由于地形平坦，不允许淹没更多的土地，只能修建较低的闸坝来适当抬高水头。这种水电站的厂房尺寸和重量均较大，可以直接承受水压力，作为挡水建筑物的一部分与闸坝并肩位于河床中。实践经验表明，其适用水头范围，大中型水电站可达25~35 m，小型水电站一般在8 m以下。河床式水电站没有专门的引水管道，水流直接由厂房上游侧的进水口进入水轮机。

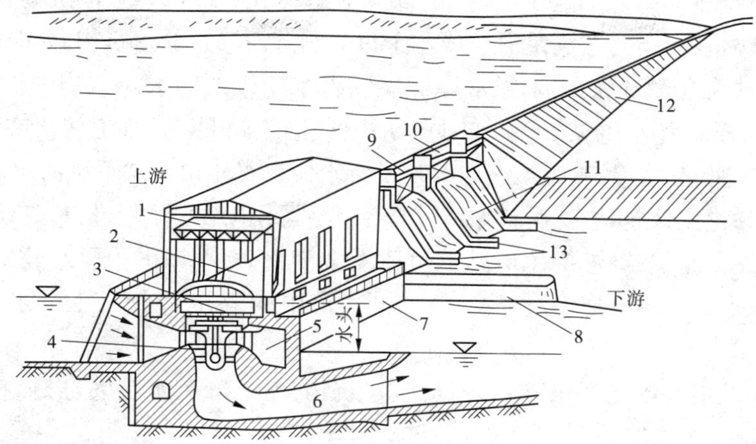

1—桥式吊车;2—主厂房;3—发电机;4—水轮机;5—蜗壳;6—尾水管;
7—水电站厂房;8—导流墙;9—闸门;10—工作桥;11—溢流坝;12—拦河坝;13—闸墩。

图 4-9 典型河床式水电站示意图

3. 无压引水式水电站

无压引水式水电站的主要特点是具有较长的无压引水道。它多修建在河道比降较陡或有较大河湾的河段上,利用比降较缓的引水道来集中落差。这种水电站建筑物一般由首部枢纽、引水建筑物和厂区枢纽三部分组成。首部枢纽包括拦河闸坝、冲沙闸、进水口、沉沙池等。拦河闸坝一般较低,进水口多采用进水闸形式,冲沙闸建在进水闸上游附近以保证有害泥沙不致进入引水道。引水建筑物主要为明渠或无压隧洞,其前端直接与首部枢纽的进水口相接,其尾部与压力前池相连。厂区枢纽主要包括压力前池、泄水道、压力管道、电站厂房、尾水渠及变电配电建筑物等。压力前池的作用主要是将引来的水通过压力管道分配给水轮机,另外,它还有清除污物、宣泄多余水量与平衡渠末水位等作用。

无压引水式水电站的优点是淹没损失小、工程简易、造价较低。但因库容很小,河流水量利用率低,其综合利用效益很小。

4. 有压引水式水电站

有压引水式水电站的主要特点是有较长的有压引水道(如有压隧洞或压力管道)。

5. 混合式水电站

如果自然河流的上游具有优良的坝址,适宜建造水库,而紧接水库以下的河段坡度突然变陡,或是有较大的河湾,则往往可较经济地建坝以集中部分水头,另设引水建筑物,由水库引水再次集中水头,从而使开发利用具有坝式和引水式两方面的特点,即混合式开发,建立混合式水电站。

二、水电站建筑物

建设水电站,主要是为了水力发电,要达到这个目的,常需修建一些建筑物来调节流量,集中落差。一般比较典型的水电站中,通常具有下列几种建筑物:

(1)挡水建筑物,多指坝或闸,用来截断河流,集中落差。

(2)泄水建筑物,用以下泄多余的洪水或降低库水位,如溢洪道、泄洪隧洞等。

(3)过坝建筑物,指为了满足通航或利于鱼的洄游而修筑的建筑物,如船闸、鱼道等。

(4)水电站引水建筑物,用来把水库的水引入水轮机的输水建筑物。根据水电站地质、水文气象等条件和水电站类型的不同,可以采用明渠、隧洞、管道等。在引水建筑物中,还包括沉沙池、渡槽、涵洞等渠系建筑物及将水流自水轮机泄向下游的尾水建筑物。

(5)水电站进水建筑物,又称进水口或取水口,是水电站水流的进口。

(6)水电站平水建筑物,当水电站的负荷发生变化时,用以平稳引水建筑物(排冰道或尾水管)中的压力和流速变化。如有压引水道中的调压室及无压引水道中的压力前池。

(7)发电、变电及配电建筑物,又叫发电建筑物,是指安装水轮发电机组及其控制设备的厂房、安装变压器的场地和开关站。

我国水利水电工程技术界常把枢纽建筑物和进水口、引水道等可用于各种用途(给水、灌溉)的建筑物统称为水工建筑物,而把压力前池、调压室及其下游专用于发电的建筑物称为水电站建筑物。

(一)压力前池

压力前池又称压力池或前池,它位于引水渠道或无压引水隧洞的末端,是水电站引水建筑物与水轮机压力水管的连接建筑物,即把无压引水道中的无压流变为压力管道的有压流。压力前池的作用有以下三点:

(1)电站运行时,把流量按要求分配给压力管道,并使水头损失最小。

(2)在水电站负荷变化或出现事故时,与引水渠道配合,调节流量,并排泄多余水量。在电站停止运行,压力管道关闭,供给下游必需的流量及压力管道事故时,紧急切断水流以防事故扩大。

(3)防止引水道中杂物、冰凌与有害泥沙进入压力管道。根据功能不同,压力前池由前室、压力管道的进水口及设备、泄水和排沙建筑物组成。前室即池身,其尺寸取决于压力管道的布置并满足调节流量的要求,宽度和深度比渠道大,往往需要在渠道与前室间设扩散段。压力管道进水口采用挡水墙式分割前池宽度,进水口设拦污栅、工作闸门、检修闸门等设备。泄水和排沙建筑物主要用于泄水排沙、排冰等,多采用溢流堰,下接陡槽及消力槽,也可直接泄入山沟或河道。溢流堰顶通常不设闸门。

(二)压力管道

压力管道是指从水库、压力前池或调压室将水流在有压状态下引入水轮机的输水管。压力水管基本上集中了水电站全部或大部分水头,它具有坡度陡、承受电站最大水头且受水锤动水压力及靠近厂房的特点。因此,它的安全性和经济性受到特别重视,有不同于一般水工建筑物的特殊要求。

压力管道按布置形式分为明管、地下埋管、混凝土坝身管道三种,按材料可分为钢管和钢筋混凝土管等。

明管压力管道采用分段式铺设,直接暴露在空气中,如图 4-10 所示。管身铺设在一系列支墩上,在管道转弯处设有镇墩,两镇墩之间设有伸缩节,以减小温度应力。为了减小伸缩节的内水压力和便于安装，伸缩节一般布置在靠近上镇墩处。

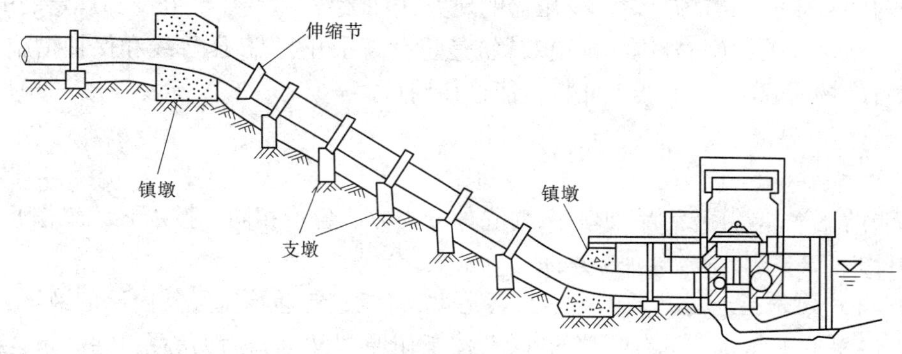

图4-10 明管压力管道

地下埋管是埋藏于地层岩石之中的钢管，又叫压力洞或压力管道，可以是斜的，也可以是垂直的，它是通过开挖岩洞、安装，再在各层钢材之间灌注混凝土做成的。

混凝土坝身管道是依附于混凝土坝身，即埋设在坝体内或固定在坝面上，并与坝体成为一体的压力输水管道。根据布置形式，坝体压力管有坝内埋管、坝上游面管道及坝下游面管道三种。

（三）调压室

水电站机组突丢负荷或突增负荷时，管道内流量的变化，引起流速的变化，从而引起水流产生巨大惯性力，管内压力瞬时变化较大，不利于压力管道的运行，称为水锤现象。水锤现象会使压力管道内壳和尾水管内部产生很大的水锤压力，需增大管道和蜗壳的壁厚，增加造价，而且给机组带来很大的不利，必须采取一些措施设法减小水锤压力。其中，有效的方法之一是设置调压室，调压室实际上是一个具有自由水面的筒式或井式建筑物。

根据地形和地质条件分，调压室设置在地面上的称为调压塔，设置在地面下的称为调节井。

设置了调压室后，利用调压室扩大的断面面积和自由水面，水锤就会在调压室反射到下游去，相当于把引水系统分为两段，调压室以前的引水道，基本上可以避免水锤压力的影响；调压室以后的压力管道，由于缩短了水锤波传递的路程，从而减少了压力管道中的水锤值，提高了机组运行条件及供电质量。调压室的尺寸要通过调压室水位波动的计算来确定。

（四）电站厂房及输变电建筑物

水电站厂房是水电站主要建筑物之一。厂房中安装水轮机、水轮发电机和各种辅助设备，是将水能转化为电能的综合工程措施。通过能量转换，水轮发电机发出的电能，经变压器、开关站等输入电网用户，因此水电站厂房是水、机、电的综合体，同时又是运行人员进行生产活动的场所。电站厂房根据设备布置、运行要求等划分为主厂房、副厂房（属于电站厂房）、主变压器场和开关站（输变电建筑物）四部分。

主厂房内布置水电站的主要动力设备（水轮发电机组）和各种辅助设备及组装、检修设备的装配场，是水电站厂房的主要组成部分。副厂房内布置控制设备、电气设备和辅助

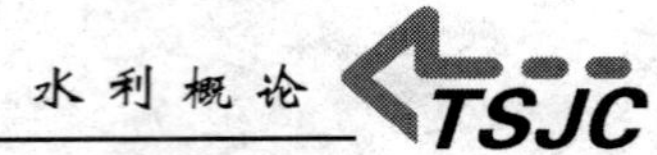

设备及必要的工作和生活用房,是水电站的运行、控制、监视、通信、试验、管理和运行人员工作的房间。主变压器场是装设变压器的地方,电能经过主变压器升高到规定的电压后,引到开关站。开关站(户外高压配电装置)是装设高压开关、高压母线和保护措施等高压电气设备的场所,高压输电线由此将电能输往用户。

三、水泵

水泵的用途非常广泛,品种繁多,对它的分类方法各不相同。按水泵的工作原理一般可分为叶片泵、容积式泵、其他类型泵。

(1)叶片泵是指通过叶轮的高速旋转运动,将能量传递给流经其内部的液体,使液体能量增加;泵的工作体是带有叶片的叶轮,按工作原理又可分为离心泵、轴流泵、混流泵。除以上叶片泵外,按照使用范围和结构特点分,还有长轴井泵、潜水电泵、水轮泵等。

①离心泵。利用泵体中的叶轮在动力机(电动机等)的带动下高速旋转,使泵内的水不断被叶轮甩向水泵出口,而在水泵进口处造成负压,进水池中的水在大气压的作用下经过底阀、进水管流向水泵进口。按轴的安装方式可分为卧式泵和立式泵,按叶轮的吸水方式可分为单吸式泵和双吸式泵。

②轴流泵。泵轴从弯管处穿出,叶轮装在泵轴下端部,放在水面以下,旋转时产生推力,将水由下往上推送。因水流与泵轴平行,所以称为轴流泵。轴流泵的特点是流量大、扬程低、效率高,泵体的外形尺寸小,占机房面积小。平原地区的排灌站多采用这种形式。按其安装方式可分立式、卧式和斜式三种。

③混流泵。其特点是在叶轮旋转时既产生离心力也产生推力,因而得名。水流进出叶轮的方向是倾斜的,亦称斜流泵,这种泵的特点是中等扬程、流量较大、结构简单、体积小、重量轻、使用方便,适于农村排灌需要。混流泵使用时亦需泵内充水。

离心泵、轴流泵和混流泵是农田排灌最常用的三种泵型。平原地区排灌泵站,由于流量大、扬程低,多采用轴流泵。三种常用的泵型比较见表4-6。

表4-6 常用的泵型比较

泵型	离心泵	混流泵	轴流泵
比转速	40~300	180~50	>500
扬程范围/m	>10	5~30	0~10
口径/mm	40~2 000	100~6 000	300~4 500
流量范围	流量小,但从零流量到大流量时均能运转	流量较大,但从零流量到大流量时均能运转	流量大,不能在小流量范围内运转
效率变化	高效率范围广,能够适应扬程的变化	高效率范围广,能够适应扬程的变化	高效率范围窄,当扬程变化后,效率很快降低
气蚀性能	好	好	较差
结构重量	同口径时结构复杂,重量大	同口径时结构较简单,重量大	同口径时结构简单,重量较轻。全调节泵站结构复杂

(2)容积式泵是通过工作室容积的周期变化输送液体的。容积式泵根据工作室容积的改变方式又分为往复泵和回转泵两种。往复泵是利用柱塞在泵缸内做往复运动来改变工作室容积而输送液体的。

(3)其他类型泵是指叶片泵和容积式泵以外的特殊泵。在灌排泵站中有射流泵、水锤泵、气升泵、螺旋泵、内燃泵等。其中,除螺旋泵是利用螺旋推进原理来提高液体的位能外,其他各种泵都是利用工作流体传递能量来输送液体的。

我国有的山区,人畜饮水困难,在多雨季节,有条件时,可以利用水轮泵或水锤泵将水扬至高地蓄水池内,供人畜给水或小型灌溉使用,特别是在没有电力和没有适当地点建库时更为适用。

①水轮泵。利用水流自身的力量,把低处的水扬到高处,用以灌溉高处农田。这种泵型是把作为动力用的水轮机和作为扬水用的水泵装在同一轴上。当山涧水流往下流动时,利用水流冲击水轮机,从而使主轴带动水泵叶轮一起旋转,达到向高地扬水的目的。这种泵型的特点是:结构简单,潜没在水下工作,靠水力作用运转,不用其他动力。但其适用范围小,在有充足水量和集中水头的地点,如急流、跌水和瀑布等处可以安装使用。

②水锤泵。利用水流从高处下泄时的冲力,冲击泵的排水口阀门使它关闭,发生水锤(水击)作用,使水冲进缓冲筒,当水锤作用消失时,排水口阀门开启,水流再冲击阀门,再发生水锤作用,如此往复,缓冲筒(相当于水电站调压井)水变为压力水,水从出水管上扬。水锤泵与水轮泵相比,前者所需流量较小,扬程较高,出水时不均匀,水源的水量不需要很大,但要求落差较大;后者则反之。

井泵与潜水泵是发展井灌和为人畜供水的有效工具,但需要电力。这是我国华北、西北平原地区不可少的机灌设备。但应对机井设施有统一规划,研究地下水补给和下降引起的后果。

①井泵。专用于从井中抽水进行灌溉。根据井水面的深浅,又分为浅井泵和深井泵。井泵多采用立式电动机带动,整台机组可分为三部分:电动机安装在最上面,中间是水管和传动轴,下面是水泵。

②潜水泵。根据扬程大小可分为浅井式潜水泵和深井式潜水泵,由电动机、水泵和出水管等三部分组成。这种泵型是针对井泵的弱点加以改进而制成的。潜水泵具有结构简单、体积小、重量轻、安装使用方便、适应性强、不怕雨淋水淹等特点。

水泵类型多、构造复杂,本节只简要介绍了几种类型泵。实际工程中需根据泵站规划合理选择水泵。

四、水泵站

(一)水泵站的分类

一般根据泵站的不同特点和功能作用,将其分为以下几类。

(1)按照水泵站任务分类:供水泵站、排水泵站、调水泵站、加压泵站及蓄能泵站。

(2)按照水泵站动力分类:电力泵站、机动泵站、水轮泵站、风力泵站和太阳能泵站。

(3)按照水泵类型分类:离心泵站、轴流泵站和混流泵站。

这里主要介绍供水泵站、排水泵站、调水泵站、加压泵站及蓄能泵站的适用条件。

(1)供水泵站:包括农田灌溉泵站、工业供水泵站及城乡居民给水泵站。

(2)排水泵站:包括农田排水泵站、城镇排水泵站、工业排水泵站及矿山排水泵站等。

(3)调水泵站:主要指跨流域调水泵站,其功能有沿途的供水、灌溉、排水、搬运等。

(4)加压泵站:在以长管道输送水、油、泥浆、水煤浆等的情况下,需要中途加压而设立的泵站。

(5)蓄能泵站:火电厂和核电反应堆是不允许间断工作的。为了确保电网的稳定运行,在夜间有余电时,可以用来抽水蓄能,而在用电高峰时再用于发电,这类水泵站称为蓄能泵站或抽水蓄能电站。

(二)水泵站枢纽布置

1. 供水泵站枢纽布置

供水泵站按其供水对象的不同,可分为农田灌溉泵站、城镇给水泵站以及工业给水泵站等类型。布置形式主要有以下几种。

1)有引水建筑物的布置形式

(1)引水建筑物为引水渠的布置形式。如图 4-11 所示,这种布置多用于水源岸边坡度较缓且水源与供水点相距较远的场合。在满足引水要求的情况下,为了节省工程投资和运行费用,泵房位置应通过经济比较进行确定,通常将泵房建在靠供水点且地形地质较好的挖方中。当水源水位变幅较大时,则应在渠道渠首建进水闸,控制进入引水渠的水量。这种布置方式多用在平原和丘陵地区从河流、渠道或湖泊取水的泵站中。

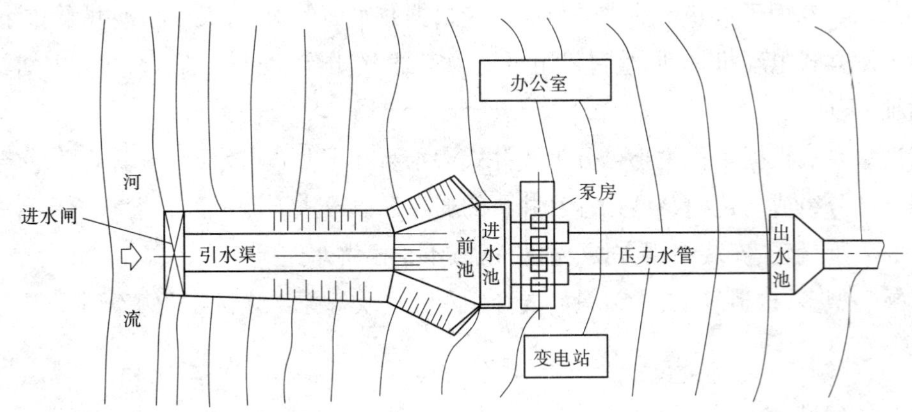

图 4-11 有引水渠的泵站布置形式

(2)引水建筑物为压力管道的布置形式。这种布置形式多用于水源水位变幅较大且主流离岸边较远,又无法开挖引水渠的场合。这种布置方式通常在主流河床中设置取水头部,取水头部与泵站进水建筑物通过引水压力管道相连。这种布置形式也可用在泵站从水位变幅较大的水库取水的场合。这时常将取水头部设置在水库死水位以下,将泵房建在坝后,引水钢管直接与水泵进口相连。

2)无引水建筑物的布置形式

(1)岸边式泵站布置形式。这种布置形式多用于水源水位变幅较大,水源岸坡陡峻,且供水点与水源之间的距离较近的场合。将泵房修建在水源岸边或将泵房部分或全部淹没在水中,直接从水源中取水。这种形式的泵房受水源水位变化影响大,泵房挡水的要求高,施工难度大,工程造价高。因此,当泵站流量较小时,常采用泵船或泵车方案。

(2)井泵泵站。井灌区使用最多的两种井泵是长轴井泵和潜水电泵。长轴井泵的动力机一般安装在井上,其泵体浸没在井中地下水面以下,动力机轴与水泵轴通过长传动轴相连。潜水电泵则是把水泵轴和电动机轴直联或同轴组装成一个整体安装在水源水面以下运行。

2. 排水泵站枢纽布置

(1)自流排水与提水排水相结合的布置形式。排水区的排水多采用以自排为主、自排与提排相结合的方式。只有当承泄区的水位高于排水区水位时,才利用泵站进行提排。按照自流排水建筑物与泵房的关系,排水泵站的枢纽布置可分为自流排水闸与泵房分建和合建两种形式。

(2)提排提灌结合,并考虑自排自灌的布置形式。排水区内由于地形和不同季节气候的差异,有时外水位低于区内地面,遇暴雨可以自排,而在旱季又需要用机械提水灌溉;有时外水位较高,区内有些地方需要提排,而高地又要提灌,这时可以用一套机电设备,兼有灌溉与排水的功能,这类泵站就称为排灌结合泵站。这种泵站布置上应以泵房为主体,充分发挥附属建筑物的作用,以达到排灌结合的目的。

任务四　著名水利工程介绍

一、都江堰

都江堰是中国古代水利工程的杰出代表,位于中国四川省成都市西北的岷江上,由战国时期秦国蜀郡太守李冰与其子于公元前256年至前251年主持修建。都江堰不仅是一项防洪灌溉工程,更是一项体现了古代中国智慧和科技的综合性工程。至今,它仍然在为成都平原提供稳定的水源,被联合国教科文组织列为“世界文化遗产”,并被国际灌排委员会列为“世界灌溉工程遗产”。

工程构成:都江堰工程主要由鱼嘴分水堤、飞沙堰和宝瓶口三个部分组成。这三部分共同作用,实现了对岷江水流的有效控制和分配。

鱼嘴分水堤:位于岷江中游,将江水分为内江和外江。内江用于灌溉,外江则用于排洪。鱼嘴的设计巧妙地利用了地形和水流的自然特性,使得在不同季节,根据水位的变化,自动调整内外江的水流比例。

飞沙堰:位于内江一侧,是一个低矮的堰坝,其作用是进一步调节水位,并通过其特殊的设计,使水流中的砂石在此处沉积,减少对灌溉渠道的淤积。

宝瓶口:是内江的进水口,形似瓶颈,有效地控制了进入灌溉系统的水量,同时,其设计也有助于进一步筛选砂石,保护灌溉系统。图 4-12 为都江堰工程平面布置示意图。

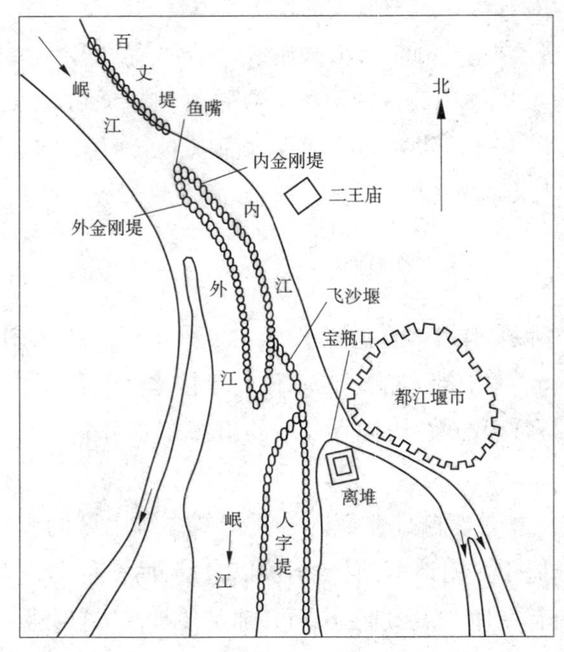

图 4-12　都江堰工程平面布置示意图

工程特点:都江堰的设计和建造体现了古代中国对自然规律的深刻理解和利用。顺应自然:工程的设计充分考虑了地形、水文和季节变化等因素,顺应自然规律,实现了与自然环境的和谐共处。持续自净:通过巧妙的设计,都江堰能够自动清除河道中的砂石,减少了人工维护的需求,展现了古代水利工程的可持续性。综合利用:都江堰不仅用于灌溉,还兼具防洪、航运等多重功能,体现了古代水利工程的综合利用思想。

都江堰的建设对成都平原的农业发展产生了深远的影响。它使得成都平原成为"天府之国",保障了当地人民的粮食安全,促进了社会经济的繁荣。同时,都江堰也是中国古代水利科技和智慧的象征,展现了古代中国人民的伟大创造力。

在现代,都江堰不仅是一个重要的旅游景点,更是一个活生生的水利工程博物馆。它向世人展示了古代水利工程的智慧,对于现代水利工程的规划和建设仍具有重要的启示和借鉴意义。同时,都江堰也是研究古代水利科技、历史、文化的重要基地。都江堰以其独特的设计、深远的影响和持久的价值,成为世界水利工程史上的一颗璀璨明珠。它不仅见证了中国古代文明的辉煌,也为现代世界提供了宝贵的文化遗产和智慧资源。随着时间的推移,都江堰将继续以其独特的魅力,启迪着人类对和谐共生、可持续发展的追求和探索。

二、三峡水利枢纽

三峡大坝位于中国湖北省宜昌市三斗坪镇境内,距下游葛洲坝水利枢纽工程 38 km。三峡大坝于 1994 年 12 月 14 日正式动工修建,2006 年 5 月 20 日全线修建成功。

三峡大坝工程包括主体建筑物工程及导流工程两部分。大坝为混凝土重力坝,坝顶总长 3 035 m,坝顶高程 185 m,正常蓄水位 175 m,总库容 393 亿 m^3,其中防洪库容 221.5 亿 m^3,能够抵御百年一遇的特大洪水。

枢纽主要建筑物由大坝、水电站、通航建筑物等三大部分组成(见图 4-13)。主要建筑物的形式及总体布置,经对各种可行性方案的多年比较和研究,并通过水力学、结构材料和泥沙等模型试验研究验证确定。选定的枢纽总体布置方案为:泄洪坝段位于河床中部,即原主河槽部位,长 483 m,在泄洪坝段底部,均匀分布有 22 孔导流底孔弧形门,底坎高度为 56 m(或 57 m),弧门宽 6 m,高 8.5 m,22 孔弧门分别由 22 台液压启闭机启闭,两侧为电站坝段和非溢流坝段。水电站厂房位于两侧电站坝段后,另在右岸留有后期扩机的地下厂房位置。永久通航建筑物均布置于左岸。

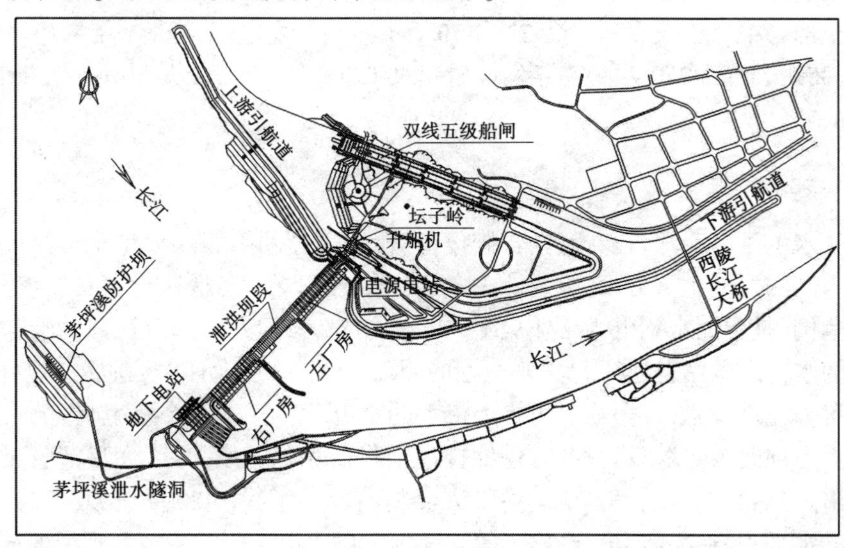

图 4-13 三峡水利枢纽平面布置图

三峡工程对环境和生态的影响非常广,其中对库区的影响最直接和显著,对长江流域也存在重大影响,甚至有人认为三峡工程将会使得全球的气候和海洋环境发生重大变化。

三峡大坝建成 10 年后,中国三峡集团坚持在生态保护基础上有序开展项目建设与运营,注重工程保护与自然养护的协调统一,采取多种有效措施积极保护陆生生态和水生生态,全面开展水土保持和生态修复工作。

长江三峡工程生态与环境保护监测系统以库区为重点,延及长江中下游与河口相关地区,由 27 个监测重点站组成,监测内容包括污染源、水环境、农业生态、陆生生态、湿地生态、水生生态、大气环境、地质灾害、地震以及人群健康等。三峡工程是迄今世界上综合效益最大的水利枢纽,发挥了巨大的防洪效益和航运效益。三峡大坝建成后,形成长达600多km的水库,采取分期蓄水,成为世界罕见的新景观。

工程竣工后,水库正常蓄水位175 m,防洪库容221.5亿m^3,总库容达393亿m^3,可充分发挥其在长江中下游防洪体系中的关键性骨干作用,并将显著改善长江宜昌至重庆660 km的航道,万吨级船队可直达重庆港,将发挥防洪、发电、航运、养殖、旅游、南水北调、供水灌溉等十大效益,是世界上任何巨型电站无法比拟的。

三峡水库运行时预留的防洪库容为221.5亿m^3,水库调洪可削减洪峰流量达27 000~33 000 m^3/s,属世界水利工程之最。三峡水库回水至西南重镇重庆市,它将改善航运里程660 km,年单向通航能力由1 000万t提高到5 000万t,称三峡工程为世界上改善航运条件最显著的第一枢纽工程当之无愧。下游大旱,三峡可加大放水力度增大下泄流量使旱情得以有效缓解。三峡工程主要设计者、长江水利委员会总工程师、中国工程院院士郑守仁介绍说,抗旱功能是三峡水利枢纽新增的一个功能。三峡工程设计时只有防洪、发电、航运和供水功能。补水功能是考虑到下游两岸的居民和生产用水,但还要满足抗旱用水。这部分水量需求比较大。

如今,三峡工程已经全面建成,举世瞩目的三峡大坝展现雄姿。尤为可喜的是,三峡建设者不仅创造了水电建设史上的多项世界纪录,而且把住了质量关,已竣工的单元项目质量评定全部合格。三峡电站安装32台70万kW水轮发电机组和2台5万kW水轮发电机组,总装机容量2 250万kW,年发电量超过1 000亿kW·h,是世界上装机容量最大的水电站。

三、新安江水电站

新安江水电站是我国自行设计、自制设备、自主建设的第一座大型水电站,也是我国第一座百米高的混凝土重力坝,被誉为“长江三峡的试验田”,是社会主义制度集中力量办大事的范例,是中国水利电力事业史上的一座丰碑、中国人民勤劳智慧的杰作,是华东电网最大的水力发电站,被誉为“华东电网的明珠”。电站在设计中大胆采用拉板式大流量溢流厂房等先进技术,成为当时世界上最大的溢流厂房,尤其是潘家铮创造性地将原设计的实体重力坝改为宽缝重力坝,首创抽排理论降低坝基扬压力,为大量节省工程量、提前发电作出贡献;1978年荣获“全国科学大会奖”;反映了我国20世纪50年代水电建设事业发展的水平,并在科研、设计、施工等方面为我国水电事业的发展积累了经验,特别是为建设大型水电站积累了宝贵经验,也为国内多座大中型水电站输入了大量人才。2023年1月,入选“人民治水·百年功绩”治水工程项目名单。

新安江水电站位于建德市原铜官镇附近。电站上游的流域面积10 480 km^2,电站处多年平均流量357 m^3/s,平均年径流量约113亿m^3。水电站拦河大坝最大坝高105 m,坝顶全长466.5 m,为混凝土宽缝重力坝。在河床部位的坝体顶部,设9孔开敞式溢洪道,最大泄洪流量为13 200 m^3/s。发电厂房位于河床内坝趾处,为厂房顶溢流式,泄洪水流经厂房顶由挑流鼻坎挑射入下游河床。厂房内安装9台水轮发电机组,总装机容量662.5 MW,平均设计年发电量18.6亿kW·h,所发电能经开关站由4回220 kV和4回110 kV高压输电线路向华东电网和附近地区送电。

工程按千年一遇洪水设计,万年一遇洪水校核。设计洪水流量 27 600 m^3/s,水位 111 m。校核洪水流量 41 280 m^3/s,水位 114 m。水库正常蓄水位 108 m,防洪限制水位 106.5 m,死水位 86 m。水库总库容 220 亿 m^3,调节库容 102.7 亿 m^3,死库容 75.7 亿 m^3,防洪库容 47.3 亿 m^3,为多年调节水库。电站最大水头 84.3 m,设计水头 73 m,最小水头 57.8 m。

该电站于 1956 年 8 月开始施工准备,主体工程于 1957 年 4 月正式施工。广大电站建设者,在当时经验缺乏、施工设备不齐全的情况下,坚持"独立自主、自力更生"的方针,同心协力,日夜奋战,克服种种困难完成电站建设任务。图 4-14 为新安江水电站远景图。

图 4-14 新安江水电站远景

拦河坝上游形成一个面积为 580 km^2、总库容为 220 亿 m^3、有效库容为 144.3 亿 m^3、具有多年调节性能的巨型水库。水库除可调节多年径流以满足发电需水流量外,还具有防洪、改善航运条件、发展渔业、调节补偿下游富春江水电站所需发电流量以及发展旅游事业等综合利用效益。

四、珊溪水利枢纽

珊溪水利枢纽位于浙江省温州市境内的飞云江干流中游河段,由珊溪水库工程和赵山渡引水工程组成,具有供水、发电、灌溉、防洪等综合效益。20 世纪 50 年代就已着手规划,70 年代开始了工程的前期设计和地质勘探工作,但由于资金等原因多年来一直未能投入建设。1997 年 9 月经国务院批准,珊溪水利枢纽工程被国家计委列入第三批基本建设新开工大中型项目计划。工程动态概算总投资 43.48 亿元,总工期为 5 年,2000 年提前竣工。

珊溪水库坝址控制流域面积 1 529 km^2,占全流域面积 3 252 km^2 的 47%。坝址多年平均年径流量 18 亿 m^3,总库容 18.24 亿 m^3,电站装机容量 20 万 kW,平均年发电量 3.55 亿 kW·h。

珊溪水库工程主要建筑物有大坝、开敞式溢洪道、泄洪洞、引水隧洞和发电厂房等,图 4-15 为珊溪水库俯瞰图。大坝为混凝土面板堆石坝,坝顶高程 156.8 m,坝顶长度 448 m,最大坝高 130.8 m;开敞式溢洪道设在左岸山坡,溢洪闸 5 孔,每孔净宽 12 m;泄洪洞位于左岸,洞长 308 m,城门洞形;右岸设有 2 条引水隧洞,洞径 7 m,洞长分别为 354 m 和

374 m；发电厂房面积 89.8 m×21.6 m，装设 4 台 5 万 kW 水轮发电机组。

图 4-15　珊溪水库俯瞰图

赵山渡引水工程渠首闸坝处控制流域面积 2 302 km^2，占全流域面积 3 252 km^2 的 70.8%。多年平均年径流量 28 亿 m^3。该工程主要建筑物由泄洪闸、坝后式电站、两岸接头重力坝和输水渠系组成。泄洪闸有 16 孔，每孔设弧形钢闸门，采用油压启闭。坝轴线全长 367.4 m；坝后式电站布置在泄洪闸右侧，安装 2 台 1 万 kW 灯泡贯流式水轮发电机组；左岸混凝土重力坝是泄洪闸与岸坡的连接坝段，坝顶高程 25 m，坝顶长度 22.5 m，最大坝高 20 m。右岸混凝土重力坝是发电厂房与岸坡的连接坝段，长 32.5 m，最大坝高 14.4 m。输水渠系包括进水闸总干渠、北干渠、南干渠、温州分渠和瑞安北分渠，总长 62.9 km，设计流量 36 m^3/s。

珊溪水利枢纽工程建成后，年可供水量 13.4 亿 m^3，可供温瑞平原及飞云江以南沿海地区的平阳、龙港镇等地区，供水区内受益人口 500 万人，将很大程度满足温州用水之需；可新增和改善灌溉面积 100 万亩，使飞云江中下游沿岸农田和村庄的防洪标准提高到 10 年一遇，沿岸城镇防洪标准提高到 20 年一遇，保护农田 18 万亩，保护人口 25 万人。同时可为温州电网提供调峰电力 22 万 kW，可使供水区河网水质由Ⅴ类提高到Ⅲ类，环境效益明显。此外，建成后的库区将成为新的旅游点，带动山区人民脱贫致富，社会效益和经济效益十分显著。

五、温州瓯飞工程

温州瓯飞工程是落实浙江省委“八八战略”，承载温州“开创东海之滨新区”的重要抓手，是一项集防洪、农业、渔业、生态、港口等于一体的多功能综合性工程，也是温州乃至浙江推进海洋资源综合开发的一项标志性工程。总围垦面积 10 万多亩（约 67 km^2），其中龙湾二期围垦工程 3.445 万亩（约 23 km^2），瓯飞一期围垦工程 13.28 万亩（约 88.5 km^2）。

(一)建设概况

瓯飞工程于2010年10月开始谋划,2020年全面完成工程圈围建设任务。其中,2011年瓯飞一期促淤堤和霓屿、凤凰山专供料场相继开工建设,瓯飞一期围垦工程北片于2013年7月开工建设,2014年按照当地政府的要求,分南北两片实施,各6.64万亩(约44.3 km^2),2020年6月30日瓯飞一期北片竣工验收。瓯飞起步区——龙湾二期围涂工程于2012年3月开工建设,工程概算投资19.35亿元,2019年12月竣工验收,包括瓯飞围垦区相关涂面整理工程等附属配套工程。瓯飞北片工程总概算投资达200亿元。

瓯飞区域海堤总长度41.59 km,其中瓯飞一期北片海堤总长23.37 km,龙湾二期海堤长18.22 km。瓯飞一期北片共建有4座水闸,2座大型水闸和2座中型水闸,主要是为了防洪排涝的需要。瓯飞一期北片海堤按照百年一遇的标准进行建设,是温州面向东海的第一道防线,极大地保障了全区人民的生命财产安全,社会效益非常明显。

瓯飞工程建设得到了水利部、国家海洋局、国家林业和草原局等部门的大力支持,取得了令人瞩目的成绩,相继获得了全国文明标准化工地,省钱江杯、市瓯江杯、省绿色矿山等多项殊荣,并获得了国家级荣誉“大禹奖”和“鲁班奖”,是当地水利工程建设历史上难得的殊荣。

(二)建筑物参数

温州市瓯飞一期围垦工程(北片)北堤长4.30 km,采用100年一遇防洪(潮)设计标准;东堤长16.03 km,采用50年一遇防洪(潮)设计标准;隔堤长5.148 km,西河堤长4.137 km,采用50年一遇防洪(潮)设计标准。

北1#水闸闸轴线位于海堤桩号3+455 m,设计排涝流量1 240 m^3/s(10孔×8 m);北2#水闸闸轴线位于海堤桩号3+655 m,设计排涝流量1 016 m^3/s(6孔×8 m);北1#水闸与北2#水闸通过钢筋混凝土空箱连接,北2#水闸通航孔位于北2#水闸右侧海堤桩号3+696.5 m,孔宽16 m,船舶标准为设计300 t级,兼顾500 t级。上述建筑物均为1级建筑物,设计防洪(潮)标准为100年一遇。

思考题

1. 水利枢纽的主要功能是什么?
2. 泄水建筑物的设计要考虑哪些因素?
3. 土石坝的工作特点有哪些?
4. 水闸的分类有哪些?
5. 水泵的选型原则是什么?
6. 都江堰水利工程的特点和作用是什么?
7. 三峡大坝的主要功能和特点是什么?

思政园地

新安江水电站位于浙江省杭州市建德市原铜官镇附近，在钱塘江水系干流上游新安江，距杭州市区 170 km。电站建设打破了美苏封锁，是我国自力更生、独立自主路线的伟大胜利。它是中国第一座自己勘测、设计、施工和制造设备的大型水电站，被人们誉为"长江三峡的试验田"，反映了 20 世纪 50 年代中国水电建设的水平。工程于 1957 年 4 月开工，1960 年 4 月第 1 台机组发电。电站总装机容量 662.5 MW，保证出力 178 MW，多年平均年发电量 18.6 亿 kW · h。水电站主要担负华东电网调峰、调频和事故备用任务，并且具有防洪、灌溉、航运和养殖等综合效益，库区成为人们流连忘返的"千岛湖"景区。

项目五　水利工程基本建设管理

改革开放以来,我国在基本建设领域进行了一系列的改革,逐步建立了水利工程基本建设程序,确立了水利工程建设基本框架。通过推行项目法人责任制、招标投标制、建设监理制等三项制度改革,形成了以国家宏观监督调控为指导,项目法人责任制为核心,招标投标制和建设监理制为服务体系的建设项目管理体制基本格局。同时建立了以项目法人为主体的工程招标发包体系,以设计、施工和材料设备供应为主体的投标承包体系,以及以建设监理单位为主体的技术服务体系等市场三元主体。三者之间以经济为纽带,以合同为依据,相互监督,相互制约,形成建设项目组织管理体制的新模式。

任务一　水利工程基本建设程序

一、建设程序的概念

建设程序是指由行政性行规、规章所规定的,进行基本建设所必须遵循的阶段及其先后顺序。这个法则是人们在认识客观规律,科学地总结了建设工作的实践经验的基础上,结合经济管理机制制定的。它反映了项目建设所固有的客观规律和经济规律,体现了现行建设管理体制的特点,是建设项目科学决策和顺利进行的重要保证。国家通过制定有关法规,把整个基本建设过程划分为若干个阶段,规定每一阶段的工作内容、原则及审批权限。

建设程序既是基本建设应遵循的准则,也是国家对基本建设进行监督管理的手段之一。它是国家计划管理、宏观资源配置的需要,也是主管部门对项目各阶段监督管理的需要。工程建设程序是指从设想、规划、设计、施工到竣工验收、投入生产运行整个建设过程中,各项工作必须遵循的先后次序。水利工程建设由于工作内容不同,其程序从开始到终结可分为不同的阶段。一般而言,可分为规划、设计、实施、运营四个阶段,各阶段主要工作内容见图5-1。

二、水利工程建设程序的组成

水利工程项目建设应按照《水利工程建设程序管理暂行规定》(水利部水建〔1998〕16号)文件实施,该规定于1998年1月7日印发,2014年8月19日水利部令第46号第一次修改,2016年8月1日水利部令第48号第二次修改,2017年12月22日水利部令第49号第三次修改,明确水利工程建设程序。

(一)项目建议书阶段

项目建议书是对拟进行建设项目的初步说明和建议文件,是基本建设程序中最初阶段的工作,是投资决策前对拟建项目的轮廓设想。项目建议书应根据国民经济和社会发

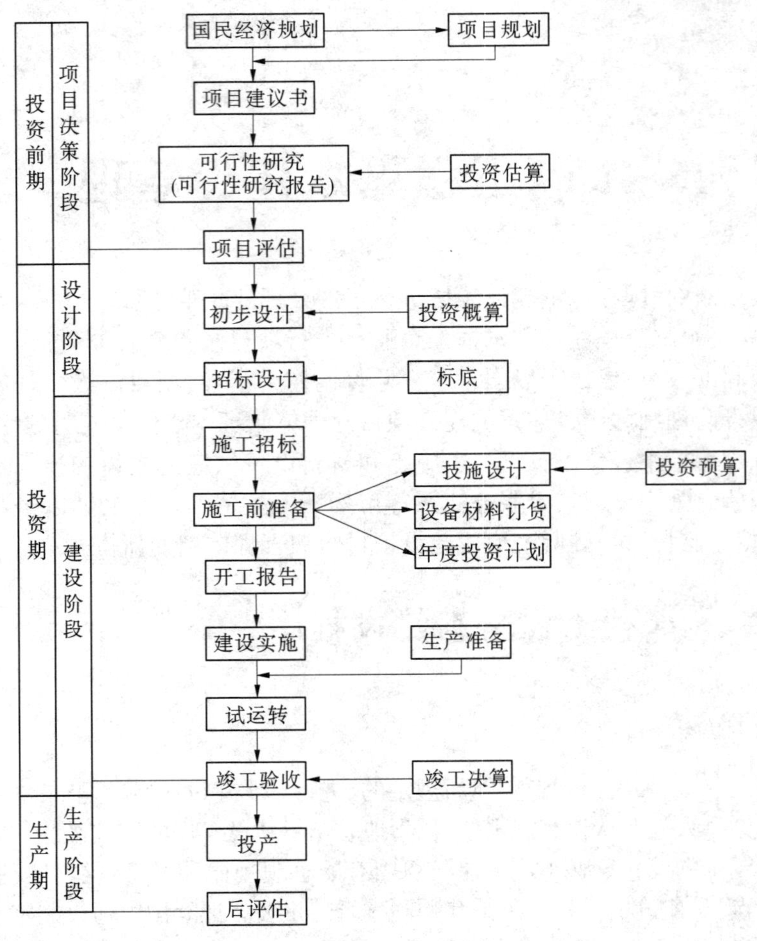

图 5-1 水利工程基本建设程序示意图

展长远规划、流域综合规划、区域综合规划、专业规划，按照国家产业政策和国家有关投资建设方针进行编制。水利工程的项目建议书编制按照水利部《水利水电工程项目建议书编制暂行规定》进行。

项目建议书一般由政府委托有相应资格的设计单位承担项目建议书编制，完成后，按国家现行规定依建设总规模和限额的划分审批权限向主管部门申报审批。按现行规定，凡属大、中型或限额以上项目的项目建议书，首先要报送行业归口主管部门，同时抄送国家发展和改革委员会。行业归口主管部门要根据国家中长期规划的要求，着重从资金来源、建设布局、资源合理利用、经济合理性、技术初步可行性等方面进行初审。

行业归口主管部门初审通过后，报国家发展和改革委员会，由国家发展和改革委员会再从建设总规模、生产力总布局、资源优化配置、资金供应、外部协作条件等方面进行综合平衡，还要委托有资格的工程咨询单位评估后审批。凡行业归口主管部门初审未通过的项目，国家发展和改革委员会不予审批；凡属小型和限额以下项目的项目建议书，按项目隶属关系由部门或地方发展和改革委员会审批。项目建议书被批准后，由政府向社会公布，若有投资建设意向，应及时组建项目法人筹建机构，开展下一步建设工作。

(二)可行性研究报告阶段

可行性研究报告在批准的项目建议书基础上进行,应对项目进行方案比较,对技术上是否可行和经济上是否合理进行科学的分析和论证。

我国从20世纪80年代初,将可行性研究正式纳入基本建设程序,规定大中型项目、利用外资项目、引进技术和设备进口项目,都要进行可行性研究,其他项目有条件的也要进行可行性研究。可行性研究报告,由项目法人或筹备机构组织编制,承担可行性研究报告工作的单位,应是经过资格审查的规划设计和工程咨询单位。可行性研究报告是在可行性研究的基础上编制的一个重要文件。水利工程建设项目的可行性研究报告应按照《水利水电工程可行性研究报告编制规程》编制。可行性研究报告的主要内容有:建设项目的目标与依据、建设规模、建设条件、建设地点、资金来源、综合利用要求、环保评估、建设工期、投资估算、经济评价、工程效益、存在的问题和解决的方法等。

可行性研究报告按照国家现行规定的审批权限审批。1988年,国务院颁布的《关于投资管理体制的近期改革方案》,对可行性研究报告的审批权限做了调整。文件规定,属于中央投资、中央和地方合资的大中型和限额以上项目的可行性研究报告,要报送国家发展和改革委员会审批;总投资2亿元以上的项目,不论是中央项目,还是地方项目,都要经国家发展和改革委员会审查后报国务院审批。中央各部门所属小型和限额以下项目,由各部门审批;地方投资2亿元以下项目,由地方发展和改革委员会审批。

审批部门要委托有项目相应资格的工程咨询机构,对可行性研究报告进行评估,并综合行业、归口主管部门、投资机构(公司)、项目法人(或项目法人筹备机构)等方面的意见进行审批。申报项目可行性研究报告必须同时提出项目法人组建方案及运行机制、资金筹措方案、资金结构及回收资金的办法,并依照有关规定附具有管辖权的水行政主管部门或流域机构签署的规划同意书、对取水许可预申请的书面审查意见。

可行性研究报告经批准后,不得随意修改和变更,在主要内容上有重要变动,应经原批准机构复审同意。经批准的可行性研究报告,是项目决策和进行初步设计的依据。项目可行性研究报告批准后,应正式成立项目法人,并按项目法人责任制实行项目管理。

(三)设计工作

设计工作是对拟建工程的实施在技术上和经济上所进行的全面而详细的安排,是基本建设计划的具体化,是整个工程的决定环节,是组织施工的依据。它直接关系着工程质量和将来的使用效果。

就设计工作而言,根据建设项目的不同情况,设计过程一般分为两个阶段,即初步设计阶段和施工图设计阶段。重大项目和技术复杂项目,可根据不同行业的特点和需要,增加技术设计阶段。从水利工程项目建设程序角度讲,初步设计是建设程序的一个阶段,技术设计一般是施工准备阶段的工作,施工图设计在项目建设实施阶段进行。

初步设计是根据批准的可行性研究报告而准备的设计资料,对设计对象进行系统研究,阐明拟建工程在技术上的可行性和经济上的合理性,规定项目的各项基本技术参数,编制项目的总概算。

水利工程初步设计应根据充分利用水资源、综合利用工程设施和就地取材的原则,通过不同方案的分析比较,认证本工程及主要建筑物的等级标准,选定坝址闸址,确定工程

总体布置方案、主要建筑物形式和控制性尺寸、水库各种特征水位、装机容量、机组机型，制订施工导流方案、主体工程施工方法、施工总进度和施工总体布置，以及对外交通、施工劳动力和工地附属企业规划，并进行选定方案的设计和编制设计概算。

初步设计任务应由项目法人按规定方式择优选择有项目相应资格的设计单位承担，按照《水利水电工程初步设计报告编制规程》编制。设计单位必须严格保证设计质量，承担初步设计的合同责任。初步设计文件经批准后，作为项目建设实施的技术文件基础，主要内容不得随意修改、变更，如有重要修改、变更，须经原审批机关复审同意。

初步设计文件报批前，一般由项目法人委托有相应资格的工程咨询机构或组织行业各方面人员，包括管理、设计、施工咨询等方面的专家，就初步设计文件进行补充、修改、优化。初步设计由项目法人组织审查后，按照国家现行规定向主管部门申报审批。

(四)施工准备阶段

主体工程开工前，必须进行的各项施工准备工作主要包括：

(1)建设项目列入国家或地方年度计划，落实年度建设资金。

(2)施工现场的征地和拆迁满足工程建设需要。

(3)完成施工用水、电、通信、路、场地平整等工程。

(4)必需的生产生活临时建筑工程。

(5)组织招标设计咨询、设备和物资采购等服务。

(6)选择设计单位，并落实初期主体工程施工详图设计。

(7)组织项目监理、设备采购、施工等招标。

年度建设计划是合理安排分年度施工项目和投资，规定年度计划应完成建设任务的文件，它具体包括：各年度建设的工程项目和进度要求，应该完成的投资金额的构成，应该交付使用固定资产的价值和新增的生产能力等。只有列入批准的年度建设计划的工程项目，才能安排施工和支付建设资金。

在《水利水电工程建设程序管理暂行规定》中，要求进行施工准备前必须办理报建手续。之后，在水利部2005年4月28日发布的《关于水利行政审批项目目录的公告》中，水利工程建设项目报批审批，列入国务院决定取消的水利行政审批项目目录中而被取消。

(五)建设实施阶段

建设实施阶段是指主体工程的建设实施。水利工程具备《水利工程建设项目管理规定(试行)》规定的开工条件后，主体工程方可开工建设。项目法人或者建设单位应当自工程开工之日起15个工作日内，将开工情况的书面报告报项目主管单位和上一级主管单位备案。

建设项目经批准开工后，按照“政府监督、项目法人负责、社会监理、企业保证”的要求，建立健全质量管理体系。项目法人按照批准的建设文件，发挥项目管理的主导作用，组织工程建设，协调有关建设各方的关系和建设外部环境，保证项目建设目标的实现；参与项目建设的各方，依照项目法人与设计、监理、工程承包单位，以及材料与设备采购等有关单位签订的合同，行使各方的合同权利，并严格履行各自的合同义务。重要建设项目需设立质量监督项目站，行使政府对项目建设的监督职能。

项目法人或其代理机构必须按审批权限，向主管部门提出主体工程开工申请报告，经批准后，主体工程方能正式开工。主体工程开工须具备的条件如下：

(1)前期工程各阶段文件已按规定批准，施工详图设计可以满足初期工程主体工程施工需要。

(2)建设项目已列入国家或地方水利建设投资年度计划,年度建设资金已落实。

(3)主体工程招标已经完成,工程承包合同已经签订,并且得到主管部门同意。

(4)现场施工准备和征地移民等建设外部条件能满足主体工程开工需要。

(六)生产准备阶段

生产准备阶段是为使建设项目顺利投产运行,在投产前所要进行的一项重要工作,是建设阶段转入生产经营的必要条件。根据建设项目和主要单项工程的生产技术特点,项目法人应按照建管结合和项目法人责任制的要求,适时做好有关生产准备工作。

根据工程类型不同,生产准备一般包括以下主要内容:

(1)生产组织准备。建立生产经营的管理机构及相应管理制度。

(2)招收和培训人员。按照生产运营的要求,配备生产管理人员,并通过多种形式的培训,提高人员素质,使之能满足运营要求。生产管理人员要尽早介入工程的施工建设,参加设备的安装调试,熟悉情况,掌握好生产技术和工艺流程,为顺利衔接基本建设和生产经营阶段做好准备。

(3)生产技术准备。其主要包括技术资料汇总、运行技术方案制订、岗位操作规程制定和新技术准备。

(4)生产物资准备。其主要是落实投产运营所需要的原材料、协作产品、工器具、备品备件和其他协作配合条件的准备。

(5)正常的生活福利设施准备。及时具体落实产品销售合同协议的签订,提高生产经营效益,为偿还债务和资产的保值增值创造条件。

(七)竣工验收阶段

竣工验收是工程完成建设目标的标志,是全面考核基本建设成果、检验设计和工程质量的重要步骤。竣工验收合格的项目,即从基本建设转入生产或使用。

为加强水利工程建设项目验收管理,明确验收责任,规范验收行为,结合水利工程建设项目的特点,水利部制定并公布了《水利工程建设项目验收管理规定》(水利部令第30号),自2007年4月1日起施行,并明确其适用于中央或者地方财政全部投资或者部分投资建设的大中型水利工程建设项目(含1、2、3级堤防工程)的验收活动。

水利工程建设项目验收,按验收主持单位性质不同分为法人验收和政府验收两类。法人验收是指在项目建设过程中由项目法人组织进行的验收。法人验收是政府验收的基础。政府验收是指由有关人民政府、水行政主管部门或者其他有关部门组织进行的验收,包括专项验收、阶段验收和竣工验收。水利工程建设项目具备验收条件时,应当及时组织验收。未经验收或者验收不合格的,不得交付使用或者进行后续工程施工。

竣工决算编制完成后,须由审计机关组织竣工审计,其审计报告作为竣工验收的基本资料。

1.水利工程建设项目验收的依据

(1)国家有关法律法规、规章和技术标准。

(2)有关主管部门的规定。

(3)经批准的工程立项文件、初步设计文件、调整概算文件。

(4)经批准的设计文件及相应的工程变更文件。

(5)施工图纸及主要设备技术说明书等。

法人验收还应当以施工合同为验收依据。

2. 验收的监督管理

水利部负责全国水利工程建设项目验收的监督管理工作。

水利部所属流域管理机构(简称流域管理机构)按照水利部授权,负责流域内水利工程建设项目验收的监督管理工作。

县级以上地方人民政府水行政主管部门按照规定权限负责本行政区域内水利工程建设项目验收的监督管理工作。

法人验收监督管理机关对项目的法人验收工作实施监督管理。

由水行政主管部门或者流域管理机构组建项目法人的,该水行政主管部门或者流域管理机构是本项目的法人验收监督管理机关;由地方人民政府组建项目法人的,该地方人民政府水行政主管部门是本项目的法人验收监督管理机关。

竣工验收的验收委员会由竣工验收主持单位、有关水行政主管部门和流域管理机构、有关地方人民政府和部门、该项目的质量监督机构和安全监督机构、工程运行管理单位的代表以及有关专家组成。工程投资方代表可以参加竣工验收委员会。竣工验收主持单位可以根据竣工验收的需要,委托具有相应资质的工程质量检测机构对工程质量进行检测。

项目法人全面负责竣工验收前的各项准备工作,设计、施工、监理等工程参建单位应当做好有关验收准备和配合工作,派代表出席竣工验收会议,负责解答验收委员会提出的问题,并作为被验收单位在竣工验收鉴定书上签字。竣工验收主持单位应当自竣工验收通过之日起30个工作日内,制作竣工验收鉴定书,并发送有关单位。竣工验收鉴定书是项目法人完成工程建设任务的凭据。

3. 验收遗留问题处理与工程移交

项目法人和其他有关单位应当按照竣工验收鉴定书的要求妥善处理竣工验收遗留问题和完成尾工。验收遗留问题处理完毕和尾工完成并通过验收后,项目法人应当将处理情况和验收成果报送竣工验收主持单位。项目法人与工程运行管理单位不同的,工程通过竣工验收后,应当及时办理移交手续。工程移交后,项目法人以及其他参建单位应当按照法律法规的规定和合同约定,承担后续的相关质量责任。项目法人已经撤销的,由撤销该项目法人的部门承接相关的责任。

(八)项目后评价阶段

项目后评价是固定资产投资管理工作的一项重要内容。1990年1月,国家发展和改革委员会发出通知,要求对国家重点建设项目开展后评价工作。

建设项目竣工投产后,一般经过1至2年生产运营后,要进行一次系统的项目后评价,主要内容包括:影响评价——对项目投产后对各方面的影响进行评价;经济效益评价——对项目投资、国民经济效益、财务效益、技术进步和规模效益、可行性研究深度等进行评价;过程评价——对项目的立项、设计施工、建设管理、竣工投产、生产运营等全过程进行评价。

项目后评价一般按三个层次组织实施,即项目法人的自我评价、项目行业的评价、计划部门(或主要投资方)的评价。项目后评价工作必须遵循客观、公正、科学的原则,做到分析合理、评价公正。通过建设项目的后评价以达到肯定成绩、总结经验、研究问题、吸取教训、提出建议、改进工作、不断提高项目决策水平和投资效果的目的。

任务二　水利建设项目法人责任制

实行项目法人责任制的目的是要落实项目建设责任主体,实行政事、政企分离,实现政府对工程建设的有效监督管理,用好、管好工程建设资金,充分发挥投资效益。实行项目法人责任制是适应社会主义市场经济的需要,是转变项目建设与经营管理体制,提高投资效益,实现我国建设管理模式与国际市场接轨,在项目建设与经营发展全过程中运用现代企业制度进行管理的一项具有战略意义的重大改革。项目法人作为建设项目的责任主体,在项目建设管理和维护建设市场秩序中具有举足轻重的地位,招标投标制、建设监理制及其他建设管理制度能否得到落实,工程建设能否顺利进行,关键在项目法人。

一、水利项目法人责任制发展历程

新中国成立后的几十年,由于我国长期实行计划经济,建设项目的投资和决策都是国家或地方政府,建设项目的任务用行政手段分配,投资靠国家拨款,其投资建设的责任主体不具体。

改革开放以后,随着我国社会主义市场经济体制的深入,工程项目的建设也纳入了市场经济的轨道,项目投资体制发生了重大变化,出现了多元化的投资格局,项目投资者由过去单一的国家或地方政府为主,变成了国家(中央)、地方政府、企业、个人、外商和其他法人团体的多种形式。1992 年,国家计委颁发了《关于建设项目实行业主责任制的暂行规定》(计建设〔1992〕2006 号);1995 年 4 月,水利部发布了《水利工程建设项目实行项目法人责任制的若干意见》(水建〔1995〕129 号);1996 年,国家计委进一步颁发了《关于实行建设项目法人责任制的暂行规定》(计建设〔1996〕673 号),推出了投资体制改革新举措,实行项目法人责任制。

实行项目法人责任制的目的,是要使各类投资主体形成自我发展、自主决策、自担风险和讲求效益的建设和运营机制,使各类投资主体成为从项目建设到生产经营均独立享有民事权利和承担民事义务的法人。

二、实行项目法人责任制的范围

1995 年 4 月,水利部《水利工程建设项目实行项目法人责任制的若干意见》(水建〔1995〕129 号)文件规定,根据水利行业特点和建设项目不同的社会效益、经济效益和市场需求等情况,将建设项目划分为生产经营性、有偿服务性和社会公益性三类项目。

生产经营性项目原则上都要实行项目法人责任制。其他类型的项目应积极创造条件,实行项目法人责任制。

三、项目法人的组建和基本条件

(一)项目法人组建

项目法人对项目建设的全过程负责,对项目的工程质量、工程进度、资金管理和生产安全负总责。

(1)项目主管部门应在可行性研究报告批复后、施工准备工程开工前完成项目法人

组建。

(2)组建项目法人要按项目的管理权限报上级主管部门审批和备案。

(3)按照相关规定,公益性水利工程建设项目、中央项目由水利部(或流域管理机构)负责组建项目法人(即项目责任主体),任命法人代表。流域管理机构负责组建项目法人的报水利部备案。地方项目由项目所在地的县级以上人民政府或其委托的同级水行政主管部门负责组建项目法人并报上级人民政府或其委托的水行政主管部门审批,其中总投资在2亿元以上的地方大型水利工程项目由项目所在地的省(自治区、直辖市及计划单列市)人民政府或其委托的水行政主管部门负责组建项目法人,任命法人代表。

(4)新建项目一般应按建管一体的原则组建项目法人。

(二)组建项目法人需上报材料的主要内容

(1)项目主管部门名称。

(2)项目法人名称、办公地址。

(3)法人代表姓名、年龄、文化程度、专业技术职称、参加工程建设简历。

(4)技术负责人姓名、年龄、文化程度、专业技术职称、参加工程建设简历。

(5)机构设置、职能及管理人员情况。

(6)主要规章制度。

(三)大中型建设项目的项目法人应具备的基本条件

(1)项目法人的组织机构和人员应与所承担水利工程的规模、重要性和技术复杂程度相适应。项目法人的建设管理定员编制,按照水利部的有关规定执行。

(2)法人代表应为专职人员。法人代表应熟悉有关水利工程建设的方针、政策和法规,有丰富的建设管理经验和较强的组织协调能力。(行政机关的党政主要负责人不适合担任水利工程建设项目的法人代表,在国家有关部门的多个文件中均有明确规定或者强调。)

(3)技术负责人应具有高级专业技术职称,有丰富的技术管理经验和扎实的专业理论知识,负责过中型以上水利工程的建设管理,能独立处理工程建设中的重大技术问题。

(4)人员结构合理,应包括满足工程建设需要的技术、经济、财务、招标、合同管理等方面的管理人员。大型工程的项目法人机构中具有高级专业技术职称的人员不少于总人数的10%,具有中级专业技术职称的人员不少于总人数的25%,具有各类专业技术职称的人员一般不少于总人数的50%;中、小型工程项目法人具有各级专业技术职称的人员比例,可根据工程规模的大小参照执行。

(5)凡实行建设监理制度的建设项目,其项目法人单位人员编制、机构设置可根据情况适当简化。

四、项目法人和现场建设管理机构的职责

(一)项目法人的职责

项目法人是项目建设的责任主体,对项目建设的工程质量、工程进度、资金管理和生产安全负总责,并对项目主管部门负责。项目法人在建设阶段的主要职责是:

(1)组织初步设计文件的编制、审核、申报等工作。

(2)按照基本建设程序和批准的建设规模、内容、标准组织工程建设。

(3)根据工程建设的需要组建现场管理机构并负责任免其主要行政、技术、财务负

责人。

(4)负责办理工程质量监督和主体工程开工报告报批手续。

(5)负责与项目所在地地方人民政府及有关部门协调解决好工程建设外部条件。

(6)依法对工程项目的勘察、设计、监理、施工和材料及设备等组织招标,并签订有关合同。

(7)组织编制、审核、上报项目年度建设计划,落实年度工程建设资金,严格按照概算控制工程投资,用好、管好建设资金。防止拖欠工程款和工人工资。

(8)负责监督检查现场管理机构建设管理情况,包括工程投资、工期、质量、生产安全和工程建设责任制情况等。

(9)负责组织制订、上报在建工程度汛计划、相应的安全度汛措施,并对在建工程安全度汛负责。

(10)负责组织编制竣工决算。

(11)负责按照有关验收规程组织或参与验收工作。

(12)负责工程档案资料的管理,包括对各参建单位所形成档案资料的收集、整理、归档工作进行监督、检查。

(二)现场建设管理机构职责

现场建设管理机构是项目法人的派出机构,其职责应根据实际情况由项目法人制定,一般应包括以下主要内容:

(1)协助、配合地方政府征地、拆迁和移民等工作。组织施工用水、电、通信、道路和场地平整等准备工作及必要的生产、生活临时设施的建设。

(2)编制、上报年度建设计划,负责按批准后的年度建设计划组织实施。

(3)加强施工现场管理,严格禁止转包、违法分包行为。按照项目法人与参建各方签订的合同进行合同管理。

(4)及时组织研究和处理建设过程中出现的技术、经济和管理问题,按时办理工程结算。

(5)组织编制度汛方案,落实有关安全度汛措施。

(6)负责建设项目范围内的环境保护、劳动卫生和安全生产等管理工作。

(7)按时编制和上报计划、财务、工程建设情况等统计报表。

(8)按规定做好工程验收工作。

(9)负责现场应归档材料的收集、整理和归档工作。

任务三　水利建设招标投标制

招标是商品经济高度发展的产物,它伴随着商品经济的发展而发展。商品经济的发展,带来了大宗商品交易,交易市场的竞争便产生了招标采购方式。招标是最富有竞争性的采购方式。招标采购能给招标者带来最佳的经济利益,所以它一诞生就具有强大的生命力。它自产生至今已有200多年的历史。在世界市场经济体制的国家和世界银行、亚洲开发银行、欧盟组织等国际组织的采购中,招标采购已成为一项事业,不断发展和完善,现在已经形成一套较成熟的可供借鉴的管理制度。

一、招标投标制概述

招标投标定义：招标投标是一种国际上普遍运用的、有组织的市场交易行为，是贸易中的一种工程、货物、服务的买卖方式。在这种采购方式中，买方（招标人）通过事先公开的采购要求，吸引众多的卖方（投标人）平等参与竞争，按照规定程序并组织技术、经济和法律等方面专家对众多的投标人进行综合评审，从中择优选定中标人。其实质是买方穷其办法选择卖方的过程。

1980年10月17日，国务院在《关于开展和保护社会主义竞争的暂行规定》中首次提出，为了改革现行经济管理体制，进一步开展社会主义竞争，对一些适于承包的生产建设项目和经营项目，可以试行招标投标的办法。1981年，吉林省吉林市和深圳特别行政区率先试行工程招标投标，并取得了良好的效果。这个尝试在全国起到了示范作用，并揭开了我国招标投标的新篇章。此后，随着改革开放形势的发展和市场机制的不断完善，我国在基本建设项目、机械成套设备、进口机电设备、科技项目、项目融资、土地承包、城镇土地使用权出让、政府采购等许多政府投资及公共采购领域，都逐步推行了招标投标制度。

招标投标制是市场经济体制下建设市场买卖双方的一种主要的竞争性交易方式。我国在工程建设领域推行招标投标制，是为了适应社会主义市场经济的需要，在建设领域引进竞争机制，形成公开、公正、公平和诚实信用的市场交易方式，择优选择承包单位，促使设计、施工、材料设备生产供应等企业不断提高技术和管理水平，以确保建设项目质量和建设工期，提高投资效益。

1999年8月30日，《中华人民共和国招标投标法》（简称《招标投标法》）经第九届全国人民代表大会常务委员会第十一次会议通过。该法的颁布实施，对规范招标投标行为，保护国家利益、社会公共利益和招标投标活动当事人的合法权益，提高经济效益，保证项目质量，具有重要的意义。

2017年12月27日，根据第十二届全国人民代表大会常务委员会第三十一次会议《关于修改〈中华人民共和国招标投标法〉〈中华人民共和国计量法〉的决定》修正，自2017年12月28日起施行。

二、招标投标有关法规制度

国家及其有关部门已颁发的法律法规和主要规章：

《中华人民共和国招标投标法》（1999年8月30日中华人民共和国主席令第21号发布，2017年修正）。

《中华人民共和国招标投标法实施条例》（2011年12月20日国务院令第613号发布，2019年第三次修订）。

《国务院办公厅印发〈国务院有关部门实施招标投标活动行政监督的职责分工意见〉的通知》（国办发〔2000〕34号）。

《工程建设项目勘察设计招标投标办法》（国家发展改革委等八部门令第2号）。

《工程建设项目施工招标投标办法》（国家计委等七部门令第30号，2013年修改）。

《工程建设项目招标范围和规模标准规定》（国家发展计划委员会令第3号）。

《招标公告发布暂行办法》(国家发展计划委员会令第4号)。

《工程建设项目自行招标试行办法》(国家发展计划委员会令第5号,2013年修订)。

《工程建设项目招标投标活动投诉处理办法》(国家发展改革委等七部门令第11号)。

《评标委员会和评标方法暂行规定》(国家发展计划委员会等七部门令第12号)。

《评标专家和评标专家库管理暂行办法》(国家计委令第29号,2013年修订)。

《水利工程建设项目招标投标管理规定》(中华人民共和国水利部令第14号)。

《水利工程建设项目施工分包管理暂行规定》(水建管〔1998〕481号),后以《水利建设工程施工分包管理规定》(水建管〔2005〕304号)替代。

《关于印发〈水利工程建设项目监理招标投标管理办法〉的通知》(水建管〔2002〕587号)。

《水利工程建设项目招标投标审计办法》(水审计〔2007〕560号)。

《关于印发〈招标投标违法行为记录公告暂行办法〉的通知》(发改法规〔2008〕1531号)。

《〈标准施工招标资格预审文件〉和〈标准施工招标文件〉试行规定》(国家发展和改革委员会等九部门令第56号)。

《关于印发〈评标专家专业分类标准(试行)〉的通知》(发改法规〔2010〕1538号)。

三、招标的范围

在中华人民共和国境内进行下列工程建设项目,包括项目的勘察、设计、施工、监理以及与工程建设有关的重要设备、材料等的采购,必须进行招标:

(1)大型基础设施、公用事业等关系社会公共利益、公众安全的项目。

(2)全部或者部分使用国有资金投资或者国家融资的项目。

(3)使用国际组织或者外国政府贷款、援助资金的项目。

《必须招标的工程项目规定》(国家发展和改革委员会令第16号)进一步规定了上述依法必须招标项目的具体范围和规模标准。

(一)招标项目的范围

关系社会公共利益、公众安全的基础设施项目的范围包括:

(1)煤炭、石油、天然气、电力、新能源等能源项目。

(2)铁路、公路、管道、水运、航空以及其他交通运输业等交通运输项目。

(3)邮政、电信枢纽、通信、信息网络等邮电通信项目。

(4)防洪、灌溉、排涝、引(供)水、滩涂治理、水土保持、水利枢纽等水利项目。

(5)道路、桥梁、地铁和轻轨交通、污水排放及处理、垃圾处理、地下管道、公共停车场和城市设施项目。

(6)生态环境保护项目。

(7)其他基础设施项目。

关系社会公共利益、公众安全的公用事业项目的范围包括:

(1)供水、供电、供气、供热等市政工程项目。

(2)科技、教育、文化等项目。

(3)体育、旅游等项目。

(4)卫生、社会福利等项目。

(5)商品住宅,包括经济适用住房。

(6)其他公用事业项目。

全部或者部分使用国有资金投资或者国家融资的项目包括:

(1)使用预算资金200万元人民币以上,并且该资金占投资额10%以上的项目。

(2)使用国有企业事业单位资金,并且该资金占控股或者主导地位的项目。

使用国际组织或者外国政府贷款、援助资金的项目包括:

(1)使用世界银行、亚洲开发银行等国际组织贷款、援助资金的项目。

(2)使用外国政府及其机构贷款、援助资金的项目。

(二)招标的规模标准

以上范围内的各类工程建设项目,其勘察、设计、施工、监理及与工程建设有关的重要设备、材料等的采购达到下列标准之一的,必须招标:

(1)施工单项合同估算价在400万元人民币以上。

(2)重要设备、材料等货物的采购,单项合同估算价在200万元人民币以上。

(3)勘察、设计、监理等服务的采购,单项合同估算价在100万元人民币以上。

同一项目中可以合并进行的勘察、设计、施工、监理及与工程建设有关的重要设备、材料等的采购,合同估算价合计达到前款规定标准的,必须招标。

四、招标

(一)招标人

招标人是指依照《招标投标法》规定提出招标项目,进行招标的法人或者其他组织。

(二)招标方式

招标分为公开招标和邀请招标两种。公开招标是指招标人以招标公告的方式邀请不特定的法人或者其他组织投标。邀请招标是指招标人以投标邀请书的方式邀请特定的法人或者其他组织投标。

国务院发展计划部门确定的国家重点项目和省、自治区、直辖市人民政府确定的地方重点项目不适宜公开招标的,经国务院发展计划部门或者省、自治区、直辖市人民政府批准,可以进行邀请招标。

(三)自行招标与招标代理

1. 招标人自行招标

招标人具有编制招标文件和组织评标能力的,可以自行办理招标事宜,任何单位和个人不得强制其委托招标代理机构办理招标事宜。依法必须进行招标的项目,招标人自行办理招标事宜的应当向有关行政监督部门备案。

2. 招标代理

招标人有权自行选择招标代理机构委托其办理招标事宜,任何单位和个人不得以任何方式为招标人指定招标代理机构。招标代理机构是依法设立从事招标代理业务并提供相关服务的社会中介组织。招标代理机构应当具备下列条件:

(1)有从事招标代理业务的营业场所和相应资金。

(2)有能够编制招标文件和组织评标的相应专业力量。

(3)有符合《招标投标法》第三十七条第三款规定的条件可以作为评委会成员人选的技术、经济等方面的专家库。从事工程建设项目招标代理业务的招标代理机构,其资格由国务院或者省、自治区、直辖市人民政府的建设行政主管部门认定。具体办法由国务院建设行政主管部门会同国务院有关部门制定。从事其他招标代理业务的招标代理机构,其资格认定的主管部门由国务院规定。

招标代理机构与行政机关和其他国家机关不得存在隶属关系或者其他利益关系。招标代理机构应当在招标人委托的范围内办理招标事宜并遵守《招标投标法》关于招标人的规定。

(四)招投程序

水利工程建设项目招标的一般程序如下(见图5-2):

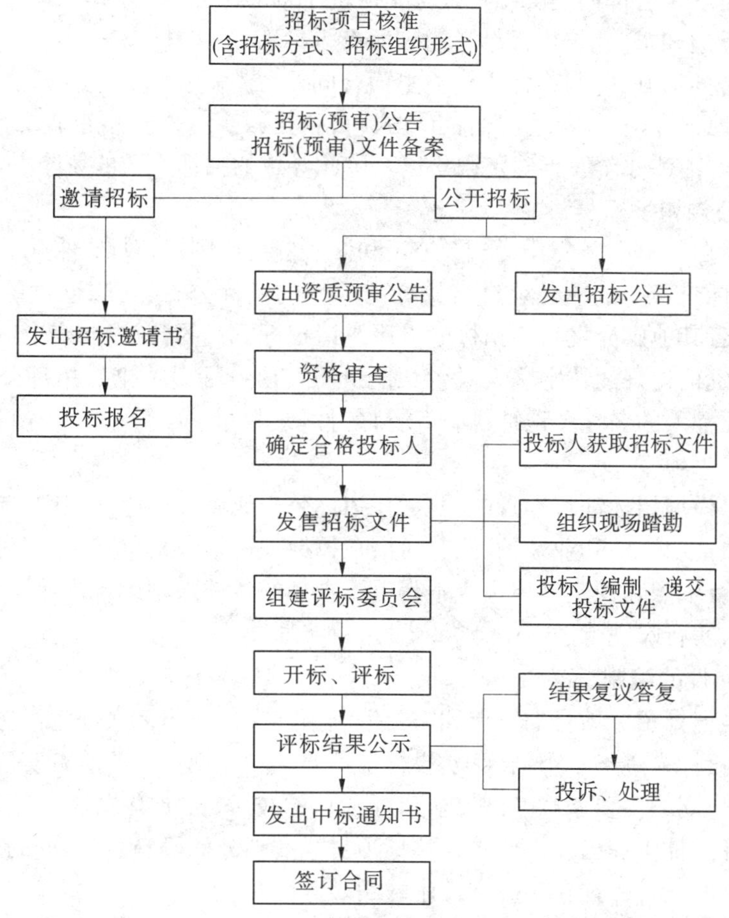

图5-2 水利工程建设项目招标程序示意图

(1)招标前,按项目管理权限向水行政主管部门提交招标报告备案(各省水利厅将其作为核准事项进行管理)。

(2)编制招标文件。

(3)发布招标信息(招标公告或投标邀请书)。

(4)发售资格预审文件。

(5)按规定日期,接收潜在投标人编制的资格预审文件。

(6)组织对潜在投标人资格预审文件进行审核。

(7)向资格预审合格的潜在投标人发售招标文件。

(8)组织购买招标文件的潜在投标人现场踏勘。

(9)对招标文件有关问题进行澄清,并书面通知所有潜在投标人。

(10)组织成立评标委员会,并在中标结果确定前保密。

(11)在规定时间和地点,接收符合招标文件要求的投标文件。

(12)组织开标评标会。

(13)在评标委员会推荐的中标候选人中,确定中标人。

(14)向水行政主管部门提交招标投标情况的书面总结报告。

(15)发中标通知书,并将中标结果通知所有投标人。

(16)进行合同谈判,并与中标人订立书面合同。

近年来,各地较多地采取了资格后审方式,目的是减少一次资格审查专门会议,但这种方式也增加了开、评标阶段不确定因素以及由此导致的招标失败的风险。

(五)招标公告和投标邀请书

招标投标活动应当遵循公开、公平、公正和诚实信用原则。招标人采用公开招标方式的,应当发布招标公告。依法必须进行招标的项目的招标公告,应当通过国家指定的报刊、信息网络或者其他媒介发布。招标人采用邀请招标方式的,应当向三个以上具备承担招标项目能力、资信良好的特定法人或者其他组织发出投标邀请书。招标公告或投标邀请书应当载明招标人的名称和地址,招标项目的性质、数量、实施地点和时间以及获取招标文件的办法等事项。

招标人可以根据招标项目本身的要求,在招标公告或者投标邀请书中,要求潜在投标人提供有关资质证明文件和业绩情况,并对潜在投标人进行资格审查;国家对投标人的资格条件有规定的,依照其规定。招标人不得以不合理的条件限制或者排斥潜在投标人,不得对潜在投标人实行歧视待遇。

(六)招标文件的编制

招标人应当根据招标项目的特点和需要编制招标文件。招标文件应当包括招标项目的技术要求、对投标人资格审查的标准、投标报价要求和评标标准等所有实质性要求和条件,以及拟签订合同的主要条款。国家对招标项目的技术、标准有规定的,招标人应当按照其规定在招标文件中提出相应要求。招标项目需要划分标段、确定工期的,招标人应当合理划分标段、确定工期,并在招标文件中载明。

招标文件不得要求或者标明特定的生产供应者以及含有倾向或者排斥其他内容。招标人不得向他人透露已获取招标文件的潜在投标人的名称、数量及可能影响公平竞争的有关招标投标的其他情况。招标人设有标底的标底必须保密。

招标人根据招标项目的具体情况可以组织潜在投标人踏勘项目现场。

(七)招标文件的澄清与修改

招标人对已发出的招标文件进行必要的澄清或者修改的,应当在招标文件要求提交投标文件截止时间至少15日前,以书面形式通知所有招标文件收受人。该澄清或者修改的内容为招标文件的组成部分。

(八)编制投标文件的时间

招标人应当确定投标人编制投标文件所需要的合理时间;但是,依法必须进行招标的项目,自招标文件开始发出之日起至投标人提交投标文件截止之日止,最短不得少于20日。

五、投标

(一)投标人

投标人是指响应招标,参加投标竞争的法人或者其他组织。依法招标的科研项目允许个人参加投标,投标的个人适用《招标投标法》有关投标人的规定。

投标人应当具备承担招标项目的能力;国家有关规定对投标人资格条件或者招标文件对投标人资格条件有规定的,投标人应当具备规定的资格条件。

两个以上法人或者其他组织可以组成一个联合体,以一个投标人的身份共同投标。联合体各方均应具备承担招标项目的相应能力,国家有关规定或者招标文件对投标人资格条件有规定的,联合体各方均应当具备规定的相应资格条件。由同专业的单位组成的联合体,按照资质等级较低的单位确定资质等级。联合体各方应当签订共同投标协议,明确约定各方拟承担的工作和责任,并将共同投标协议连同投标文件提交招标人。联合体中标的,联合体各方应当共同与招标人签订合同,就中标项目向招标人承担连带责任。招标人不得强制投标人组成联合体共同投标,不得限制投标人之间的竞争。

(二)编制投标文件

投标人应当按照招标文件的要求编制投标文件。投标文件应当对招标文件提出的实质性要求和条件作出响应。招标项目属于建设施工的,投标文件的内容应当包括拟派出的项目负责人与主要技术人员的简历、业绩和拟用于完成招标项目的机械设备等。

投标人根据招标文件载明的项目实际情况,拟在中标后将中标项目的部分非主体、非关键性工作进行分包的,应当在投标文件中载明。

(三)投标文件提交

投标人应当在招标文件要求提交投标文件的截止时间前,将投标文件送达投标地点。招标人收到投标文件后,应当签收保存,不得开启。投标人少于3个的,招标人应当依照《招标投标法》重新招标。在招标文件要求提交投标文件的截止时间后送达的投标文件,招标人应当拒收。

(四)投标文件的补充、修改

投标人在招标文件要求提交投标文件的截止时间前,可以补充、修改或者撤回已提交的投标文件,并书面通知招标人。补充、修改的内容为投标文件的组成部分。

(五)投标人的禁止行为

投标人不得相互串通投标报价,不得排挤其他投标人的公平竞争,损害招标人或者其他投标人的合法权益。

投标人不得与招标人串通投标,损害国家利益、社会公共利益或者他人的合法权益。

禁止投标人以向招标人或者评标委员会成员行贿的手段谋取中标。

投标人不得以低于成本的报价竞标,也不得以他人名义投标或者以其他方式弄虚作假,骗取中标。

六、开标、评标和中标

(一)开标

开标应当在招标文件确定的提交投标文件截止时间的同一时间公开进行,开标地点应当为招标文件中预先确定的地点。

开标由招标人主持,邀请所有投标人参加。开标时,由投标人或者其推选的代表检查投标文件的密封情况,也可以由招标人委托的公证机构检查并公证;经确认无误后,由工作人员当众拆封,宣读投标人名称、投标价格和投标文件的其他主要内容。招标人在招标文件要求提交投标文件的截止时间前收到的所有投标文件,开标时都应当当众予以拆封、宣读。开标过程应当记录并存档备查。

(二)评标

评标由招标人依法组建的评标委员会负责。

依法必须进行招标的项目,其评标委员会由招标人的代表和有关技术、经济等方面的专家组成,成员人数为5人以上单数,其中技术、经济等方面的专家不得少于成员总数的三分之二。评标专家应当从事相关领域工作满8年并具有高级职称或者具有同等专业水平。由招标人从国务院有关部门或者省、自治区、直辖市人民政府有关部门提供的专家名册或者招标代理机构的专家库内的相关专业的专家名单中确定;一般招标项目可以采取随机抽取方式,特殊招标项目可以由招标人直接确定。

《评标委员会和评标方法暂行规定》第十一条规定,评标专家应符合下列条件:

(1)从事相关专业领域工作满八年并具有高级职称或者同等专业水平。

(2)熟悉有关招标投标的法律法规,并具有与招标项目相关的实践经验。

(3)能够认真、公正、诚实、廉洁地履行职责。

与投标人有利害关系的人不得进入相关项目的评标委员会,已经进入的应当更换。评标委员会成员名单在中标结果确定前应当保密。

招标人应当采取必要的措施,保证评标在严格保密的情况下进行。任何单位和个人不得非法干预,影响评标的过程和结果。评标委员会可以要求投标人对投标文件中含义不明确的内容作必要的澄清或者说明,但是澄清或者说明不得超出投标文件的范围或者改变投标文件的实质性内容。评标委员会应当按照招标文件确定的评标标准和方法,对投标文件进行评审和比较;设有标底的,应当参考标底。评标委员会完成评标后,应向招标人提出书面评标报告,并应推荐合格的中标候选人。评标委员会成员应当客观、公正地履行职责,遵守职业道德,对所提出的评审意见承担个人责任。评标委员会成员不得私自接触投标人,不得收受投标人的财物或者其他好处。评标委员会成员不得透露对投标文件的评审和中标候选人的推荐情况,以及与招标有关的其他情况。

依法必须进行招标的项目的所有投标被否决的,以及经评标委员会评审,认为所有投标都不符合招标文件要求的,可以否决所有投标,依照《招标投标法》重新招标。

(三)中标

招标人根据评标委员会提交的书面评标报告和推荐的中标候选人确定中标人。

招标人也可以授权评标委员会直接确定中标人。国务院对特定招标项目有特别规定的,从其规定。

中标人的投标应当符合下列条件之一:

(1)能够最大限度地满足招标文件中规定的各项综合评价标准。

(2)能够满足招标文件的实质性要求,并且经评审的投标价格最低;但是投标价格低于成本的除外。

在确定中标人前,招标人不得与投标人就投标价格、投标方案等实质性内容进行谈判。中标人确定后,招标人应当向中标人发出中标通知书,并同时将中标结果通知所有未中标的投标人。中标通知书对招标人和中标人具有法律效力。中标通知书发出后,招标人改变中标结果的,或者中标人放弃中标项目的,应当依法承担法律责任。

(四)签订合同

招标人和中标人应当自中标通知书发出之日起30日内,按照招标文件和中标人的投标文件订立书面合同。招标人和中标人不得再行订立背离合同实质性内容的其他协议。招标文件要求中标人提交履约保证金的,中标人应当提交。

中标人应当按照合同约定履行义务,完成中标项目。中标人不得向他人转让中标项目,也不得将中标项目肢解后分别向他人转让。中标人按照合同约定或者经招标人同意,可以将中标项目的部分非主体、非关键性工作分包给他人完成。接受分包的人应当具备相应的资格条件,并不得再次分包。中标人应当就分包项目向招标人负责,接受分包的人就分包项目承担连带责任。

任务四　建设监理制

一、建设监理的概念

"监理":由一个执行机构或者执行者,依据一定的准则,对某一行为的有关主体进行督察、监控和评价;同时,这个执行机构或执行者还要组织、指挥、协调有关人员,更准确、更完整、更合理地达到预期目标。

所谓建设监理,是指具有相应资质的监理单位受工程项目建设单位的委托,依据国家有关工程建设的法律法规,以及经建设主管部门批准的工程项目建设文件、建设工程监理合同和建设工程合同,对工程建设实施的专业化管理。

二、水利工程建设监理的范围

《水利工程建设监理规定》第三条规定:水利工程建设项目依法实行建设监理。总投资200万元以上且符合下列条件之一的水利工程建设项目,必须实行建设监理:

(1)关系社会公共利益或者公共安全的。

(2)使用国有资金投资或者国家融资的。

(3)使用外国政府或者国际组织贷款、援助资金的。

铁路、公路、城镇建设、矿山、电力、石油天然气、建材等开发建设项目的配套水土保持工程,符合前款规定条件的,应当按照本规定开展水土保持工程施工监理。

其他水利工程建设项目可以参照本规定执行。

三、建设监理的特点

(一)建设监理是针对工程项目建设所实施的监督管理活动

建设监理活动是围绕工程项目建设来进行的,其对象为新建、扩建、改建、加固、修复、拆除等各种建设工程项目。

建设监理是直接为项目法人投资兴建的建设项目提供管理服务的行业,监理单位是建设项目管理服务的主体,而非建设项目管理主体。

(二)建设监理的行为主体

建设监理的行为主体是监理单位。监理单位是具有独立法人资格,并依法取得建设监理单位资质证书专门从事建设监理的社会中介组织。只有监理单位才能按照独立、自主的原则,以“公正的第三方”的身份开展建设监理活动。非监理单位所进行的监督管理活动一律不能称为工程建设监理。

(三)建设监理的被监理对象

对象:建设监理的被监理对象是与项目法人签订工程建设合同的设计、施工或设备材料生产供应单位。

关系:监理单位与设计、施工或设备材料生产供应单位的关系不是合同关系,他们之间不签订也不应该签订任何的合同或协议。他们之间的关系,只是工程建设中监理和被监理的关系,项目法人通过与工程承包单位签订的工程建设合同确立了这种关系。

依据:工程建设合同中明确地赋予了监理单位监督管理的权力,监理单位依照国家和部门颁发的有关法律法规、技术标准,以及批准的建设计划、设计文件,签订的工程建设合同和建设监理合同等进行监理。

合作:承包人在履行施工承包合同的过程中,必须接受监理单位的合法监理,并为监理工作的开展提供合作与方便,随时接受监理单位的监督和管理。

(四)建设监理的实施需要项目法人委托和授权

建设监理的产生源于市场经济条件下社会的需求,始于项目法人的委托和授权。而建设监理发展成为一项制度,是根据这样的客观实际建立的。通过项目法人委托和授权方式来实施建设监理是建设监理与政府对工程建设所进行的行政性监督管理的重要区别。这种方式也决定了在实施工程建设监理的项目中,项目法人与监理单位的关系是委托与被委托的关系,授权与被授权的关系,决定了它们之间是合同关系,是需求与供给的关系,是一种委托与服务的关系。

这种委托和授权方式说明,在实施建设监理的过程中,监理单位的权力主要是由作为建设项目管理主体的项目法人通过授权而转移过来的。在工程项目建设过程中,项目法人始终是以建设项目管理主体身份掌握着工程项目建设的决策权,并承担着主要风险。

（五）建设监理是有明确依据的工程建设行为

建设监理是严格地按照有关法律法规和其他有关准则实施的。建设监理的依据是国家批准的工程项目建设文件、有关工程建设的法律和法规、建设监理合同和其他工程建设合同。

（六）建设监理是社会化的、微观的监督管理活动

建设监理是社会化的、微观的监督管理活动，这一点与由政府进行的行政性监督管理活动有着明显的区别。建设监理活动是针对一个具体的工程项目展开的。项目法人委托监理的目的就是期望监理单位能够协助其实现项目投资目的。它是紧紧围绕着工程项目建设的各项投资活动和生产活动所进行的监督管理。它注重具体工程项目的实际效益。当然，根据建设监理制的宗旨，在开展这些活动的过程中应体现出维护社会公众利益和国家利益。

（七）建设监理与政府质量安全监督的区别

政府质量安全监督是政府的宏观执法监督行为，而建设监理是社会服务性的微观现场授权管理工作。概括起来，存在下列差别：

（1）从性质上看，政府质量安全监督机构是代表政府，从保障社会公共利益和国家法规执行的角度对工程质量安全进行第三方认证，其工作体现了政府对建设项目管理的职能。

监理单位则是受项目法人委托，从维护合同规定的建设意图、保证质量安全目标实现的角度对工程质量安全进行第三方控制，其工作体现了项目法人对建设项目管理的职能。

此外，政府监督机构是执法机构，其工作具有强制性，任何行政管辖范围内的建设项目必须接受其监督；而社会监理单位则是服务性机构，项目法人委托哪个监理单位从事监理、监理工程范围、监理内容、授权大小等都最终体现了项目法人的意图。

（2）从工作范围和深度方面看，政府质量安全监督机构的工作是工程质量安全的抽查和等级认定，因而其工作内容主要限于对设计、施工承包队伍的资质审查，开工条件审查，施工中对重要质量因素和关键部位进行控制，参与工程质量安全事故处理和竣工后工程质量等级的检验、认证等。

社会监理单位的工作范围，除保证质量安全目标的实现外，其工作要深入、具体得多，它包括审查设计文件及设计变更，原材料、设备和构配件质量检测，施工半成品检验，隐蔽工程和工程阶段产品的质量与数量检验，签发付款凭证，组织质量安全事故分析处理及其责任判别，调解有关质量纠纷。因此，监理单位的工作方式，不能像政府质量安全监督机构那样以抽查为主，而必须不间断地跟踪监控。

（3）从工作依据看，政府质量安全监督机构主要是依据国家方针、政策、法律、技术标准与规范、规程等开展监理工作的，而社会监理除依据上述法律法规和规章外，要具体地以设计文件和监理委托合同、工程承包合同为主要依据。

（4）从工作手段看，政府质量安全监督主要靠行政手段，而建设监理是依靠合同手段，包括拒绝质量、数量的签证，拒签付款等凭证等。

四、建设监理的性质

建设监理是一种特殊的工程建设活动。它与其他工程建设活动有着明显的区别和差异。也正是由于这个原因，工程建设监理在建设领域成为我国最新的独立行业。工程建

设监理具有以下性质。

(一)服务性

监理是在工程项目建设过程中,利用其工程建设方面的知识、技能和经验为客户提供高智能管理服务,以满足项目法人对项目管理的需要。其所获得的报酬也是技术服务性的报酬,是脑力劳动的报酬。工程建设监理是监理单位接受项目法人的委托而开展的技术服务性活动。因此,它的直接服务对象是项目法人,这是不容模糊的。这种服务性的活动是按工程建设监理合同来进行的,是受法律约束和保护的。

(二)独立性

从事工程建设监理活动的监理单位是直接参与工程项目建设的当事人之一。监理单位与项目法人、承包人之间的关系是平等的、横向的。在工程项目建设中,监理单位是独立的一方。我国的有关法规明确指出,监理单位应按照独立、自主的原则开展工程建设监理工作。

国际咨询工程师联合会(FIDIC)在《业主与咨询工程师标准服务协议书条件》中明确指出,监理单位是作为一个独立的专业公司受聘于业主去履行服务的一方,应当根据合同进行工作,它的监理工程师应当作为一名独立的专业人员进行工作。因此,监理单位要建立自己的组织,要确定自己的工作准则,要运用自己掌握的方法和手段,根据自己的判断,独立地开展工作。监理单位既要认真、勤奋、竭诚地为委托方服务,协助项目法人实现预定目标,也要按照公正、独立、自主的原则开展监理工作。

(三)公正性

监理单位和监理工程师在工程建设过程中,应当作为能够严格履行监理合同的各项义务,能够竭诚地为客户服务的"服务方",同时,应当成为"公正的第三方"。也就是在提供监理服务的过程中,监理单位和监理工程师应当排除各种干扰,以公正的态度对待委托方和被监理方。

(四)科学性

建设监理的科学性是由其任务所决定的。工程建设监理以协助业主实现其投资目的为己任,力求在预定的投资、进度、质量目标内实现工程项目。而当今工程规模日趋庞大,功能标准要求越来越高,新技术、新工艺、新材料不断涌现,参加组织和建设的单位越来越多,市场竞争日益激烈,风险日渐增加。因此,只有不断地采用新的更加科学的思想、理论、方法、手段,才能驾驭工程项目建设。

五、建设监理的主要任务

建设监理的主要工作内容是进行建设工程的合同管理,按照合同控制工程建设的资金、进度和质量,并协调建设各方的工作关系。采取组织管理、经济、技术、合同和信息管理措施,对建设过程及参与各方的行为进行监督、协调和控制,以保证项目建设目标最优的实现。

(一)资金控制

建设监理资金控制的任务,主要是在施工阶段,按照合同严格计量与支付管理,审查设计变更,进行工程进度款签证和控制索赔,在工程完工阶段审核工程结算。

资金控制并不是单一目标的控制,而是与质量控制和进度控制同时进行的,它是针对整个项目目标系统所实施的控制活动的一个组成部分,在实施资金控制的同时需要兼顾质量和进度目标。

(二)进度控制

建设监理所进行的进度控制是指在实现建设项目总目标的过程中,为使工程建设的实际进度符合项目计划进度的要求,使项目按计划要求的时间实施而开展的有关监督管理活动。

进度控制首先要在建设前期通过周密分析研究确定合理的工期目标,并在施工前将工期要求纳入承包合同;在建设实施期通过运筹学、网络计划技术等科学手段,审查、修改施工组织设计和进度计划,并在计划实施中紧密跟踪,做好协调与监督,排除干扰,使单项工程及其分阶段目标工期逐步实现,最终保证项目建设总工期的实现。

(三)质量控制

建设监理质量控制是指在力求实现工程建设项目总目标的过程中,为满足项目总体质量要求所开展的有关监督管理活动。质量是指产品、服务或过程满足规定或潜在要求(或需求)的特征和特性的总和。对工程建设而言,最终产品就是建成动用的工程项目,过程就是包括项目建设的各阶段的整个工程建设的过程,质量要求就是对整个建设项目及其建设过程提出的“满足规定或潜在要求(或需求)的特征和特性的总和”,即要达到的质量目标。所谓建设项目的质量目标,就是对包括工程项目实体、功能和使用价值、工作质量各方面的要求或需求的标准和水平,也就是对项目符合有关法律法规、规范、标准程度和满足业主要求程度作出的明确规定。

(四)合同管理

合同管理是进行投资控制、进度控制和质量控制的手段。合同是监理单位站在公正立场采取各种控制、协调与监督措施,履行纠纷调解职责的依据,也是实施三大目标控制的出发点和归宿。

(五)信息管理

信息管理是建设项目监理的重要手段。只有及时、准确地掌握项目建设中的信息,严格有序地管理各种文件、图纸、记录、指令、报告和有关技术资料,完善信息资料的接收、签发、归档和查询程序与制度,才能使信息及时、完整、准确和可靠地为建设监理提供工作依据,以便及时采取有效措施,有效地完成监理任务。计算机信息管理系统是现代工程建设领域信息管理的重要手段。

(六)安全管理

根据《中华人民共和国安全生产法》和监理合同、设计合同、施工承包合同,对建设全过程的安全、文明、标准化施工进行监督管理。根据项目需要,派驻安全工程师或安全监理师对施工准备阶段和施工阶段现场安全工作和安全防护工作进行监督管理。

(七)组织协调

在工程项目实施过程中,存在着大量组织协调工作,业主和承包商之间由于各自的经济利益和对问题的不同理解,就会产生各种矛盾和问题;在项目建设过程中,多部门、单位以不同的方式为项目建设服务,难免会发生各种冲突。因此,监理工程师要及时、合理地做好协调工作,这是项目顺利进行的重要保证。

六、建设监理的主要工作方法

（一）现场记录

监理机构应认真、完整记录每日施工现场的人员、设备和材料、天气、施工环境以及施工中出现的各种情况。

（二）发布文件

监理机构采用通知、指示、批复、签认等文件形式进行施工全过程的控制和管理。它是施工现场监督管理的重要手段，也是处理合同问题的重要依据，如开工通知、质量不合格通知、变更通知、暂停施工通知、复工通知和整改通知等。

（三）旁站监理

监理机构按照监理合同约定，在施工现场对工程项目的重要部位和关键工序的施工，实施连续性的全过程检查、监督与管理。需要旁站监理的重要部位和关键工序一般应在监理合同中明确规定。

（四）巡视检查

监理机构在实施监理过程中，为了全面掌握工程的进度、质量等情况，应当采取定期和不定期的巡视检查和检验。

（五）跟踪检测

在承包人进行试样检测前，监理机构对其检测人员、仪器设备以及拟定的检测程序和方法进行审核；在承包人对试样进行检测时，实施全过程的监督，确认其程序、方法的有效性及检测结果的可信性，并对该结果进行确认。

（六）平行检测

在承包人对试样自行检测的同时，监理机构独立抽样进行检测，核验承包人的检测结果。

（七）协调解决

监理机构应对参与工程建设各方之间的关系以及工程施工过程中出现的问题和争议进行调解。

七、建设监理的主要工作制度

（一）技术文件审核、审批制度

根据施工合同约定，由双方提交的施工图纸、施工组织设计、施工措施计划、施工进度计划、开工申请等文件均应通过监理机构核查、审核或审批方可实施。

（二）原材料、构配件和工程设备检验制度

进场的原材料、构配件和工程设备应有出厂合格证明和技术说明书，经承包人自检合格后，方可报监理机构检验。不合格的材料、构配件和工程设备，应按监理指示在规定时限内运离工地或进行相应处理。

（三）工程质量检验制度

承包人每完成一道工序或一个单元工程，都应经过自检，合格后方可报监理机构进行复核检验。上道工序或上一单元工程未经复核检验或复核检验不合格的，不得进行下道工序或下一单元工程的施工。

(四)工程计量付款签证制度

所有申请付款的工程量均应进行计量并经监理机构确认。未经监理机构签证的付款申请,发包人不应支付。

(五)会议制度

监理机构应建立会议制度,包括第一次工地会议、监理例会和监理专题会议。会议由总监理工程师或由其授权的监理工程师主持,工程建设有关各方应派员参加。各次会议应符合下列要求。

1. 第一次工地会议

第一次工地会议应在合同项目开工令下达前举行,内容应包括工程开工准备检查情况。

2. 监理例会

监理机构应定期主持召开由参建各方负责人参加的会议,会上应通报工程进展情况,检查上次监理例会中有关决定的执行情况,分析当前存在的问题,提出问题的解决方案或建议,明确会后应完成的任务。会议应形成会议纪要。

3. 监理专题会议

监理机构应根据需要,主持召开监理专题会议,研究解决施工中出现的涉及施工质量、施工方案、施工进度、工程变更、索赔、争议等方面的专门问题。总监理工程师应组织编写由监理机构主持召开的会议纪要,并分发给与会各方。

(六)施工现场紧急情况报告制度

监理机构应针对施工现场可能出现的紧急情况编制处理程序、处理措施等文件。当发生紧急情况时,应立即向发包人报告,并指示承包人立即采取有效措施进行处理。

(七)工作报告制度

监理机构应及时向发包人提交监理月报或监理专题报告;在工程验收时,提交监理工作报告;在监理工作结束后,提交监理工作总结报告。

(八)工程验收制度

在承包人提交验收申请后,监理机构应对其是否具备验收条件进行审核,并根据有关水利工程验收规程或合同约定,参与、组织或协助发包人组织工程验收。

思考题

1. 什么是水利工程建设程序?
2. 项目法人责任制的范围有哪些?
3. 现场建设管理机构的职责包括哪些?
4. 招标投标相关法规制度包括哪些内容?
5. 招标方式有哪些?
6. 建设监理的特点有哪些?
7. 建设监理的性质是什么?

思政园地

党的二十大报告提出，要全面推进依法治国，加强生态文明建设，实现高质量发展。我们要培养学生的法治意识和生态文明理念，引导他们深刻理解水利工程基本建设程序管理的重要性。通过学习水利工程的规划、设计、施工和运营等管理知识，杜绝“未批先建”“招标投标违规”“环评缺失”“质量把关不严”“安全管理疏忽”“资金使用不当”“违规设计变更”等违规行为的发生，激发学生对水利事业的热爱和责任感，确保水利工程建设和管理的规范性。通过本项目的学习，让学生成为具有专业素养、法治精神和社会责任感的水利工程管理人才。

项目六 水利工程施工

目前，我国水利工程项目建设，已形成了以项目法人责任制、招标投标制、建设监理制为核心的建设管理体系。其目的是促进参与工程建设的项目法人、承包商、监理单位科学系统地进行管理，确保工程质量和工期，减少风险和提高投资效益。一般来讲，水利工程施工的主要任务可归纳为以下几方面：

(1)编制施工组织计划。根据工程特点和施工条件，充分利用有限的资源，按网络计划原理，编制工程施工的组织计划，进行资源优化配置。

(2)精心组织施工，确保工程质量。施工开始后，按施工组织计划，严格管理。工程的质量是管理核心，施工管理工作要紧紧围绕此中心进行。

(3)开展观测、试验研究工作。根据工程的特点和管理要求，要卓有成效地开展工程原型观测和相关的科学试验研究工作，为工程设计、科学施工和运行管理提供可靠数据。针对水利工程的施工需要和特点，进一步研究安全、经济及快速施工的技术和方法。

任务一 水利工程施工概述

一、水利工程施工的特点

(1)受自然条件影响大。水利工程一般建在江河、湖泊上，受地形、地质、水文、气象等影响较大。为便于作业和保证工程质量，需采取施工导流、基坑排水等工程措施。另外，还应注意雨、雪天气和防洪度汛等问题。

(2)施工条件艰辛，工程量大。水利工程大多远离城市，施工、生活条件艰苦，工作地点不稳定，生活环境差。由于水利工程的土石方工程、混凝土工程、金属结构及机电设备安装工程量均较大，往往施工强度高，施工机械多，施工干扰大，施工组织复杂，施工工期较长。

(3)施工技术复杂，涉及专业多。水利工程施工涉及混凝土、钢结构、机电设备、计算机等技术领域，施工程序多且技术要求高。施工作业平面、立体交叉，存在一定安全隐患。因此，需精心组织，妥善安排，使工程在保证施工质量的前提下，施工连续、均衡、高效、安全。

(4)水利工程的重要性。水利工程规模大、投资多，在防洪、发电、经济等方面，具有重要影响。如施工质量不良，轻则影响其效益和寿命，重则可能给国家和人民带来严重危害。

(5)工程施工对生态环境有影响。工程建成后，可减轻水旱灾害，改善水质和局地气候，使生态系统向有利方向发展。但工程施工时，可能对环境带来不利影响，如土石方开挖，会砍伐树木和破坏植被，施工产生的废渣、废油等也会产生一些污染。因此，在施工时，特别要注意保护自然生态环境，使施工对生态的影响程度降低到最小。

二、水利工程施工内容及任务

(1)施工准备工程,包括施工交通、施工供水、施工供电、施工通信、施工供风及施工临时设施等。

(2)施工导流工程,包括导流、截流、围堰及度汛、临时孔洞封堵与初期蓄水等。

(3)地基处理,包括防渗墙、灌浆、沉井、沉箱以及锚喷等。

(4)土石方施工,包括土石方开挖、土石方运输、土石方填筑等。

(5)混凝土施工,包括混凝土原材料制备、储存,混凝土制备、运输、浇筑、养护,模板制作、安装,钢筋加工、安装,埋设件加工、安装等。

(6)金属结构安装,包括闸门安装、启闭机安装、钢管安装等。

(7)水电站机电设备安装,包括水轮机安装、水轮发电机安装、变压器安装、断路器安装以及水电站辅助设备安装等。

(8)施工机械,包括挖掘机械、铲土运输机械、凿岩机械、疏浚机械、土石方压实机械、混凝土施工机械、超重运输机械、工程运输车辆等。

(9)施工管理,包括施工组织、监督、协调、指挥和控制,按专业划分为计划、技术、质量、安全、供应、劳资、机械等管理工作。

任务二　施工导流与截流

一、施工导流

(一)导流设计流量的确定

已知导流设计流量的大小是施工导流的前提和保证,只有在保证施工安全的前提下才能进行施工导流。导流设计流量取决于洪水频率标准。施工期可能遭遇的洪水是一个随机事件。若导流设计标准太低,便不能保证工程的施工安全;反之,则会使导流工程设计规模过大,不仅导流费用增加,而且可能因其规模太大而无法按期完工,造成工程施工的被动局面。因此,导流设计标准的确定,实际上是要在经济性与风险性之间寻求平衡。导流建筑级别划分、洪水标准划分分别见表4-4、表6-1。

表6-1　导流建筑物洪水标准划分

导流建筑物	导流建筑物级别		
类型	3	4	5
	洪水重现期/年		
土石	50~20	20~10	10~5
混凝土	20~10	10~5	5~3

在确定导流建筑物的级别时,当导流建筑物根据表6-1指标分属不同级别时,应以其中最高级别为准,但当列为3级导流建筑物时,至少应有两项指标符合要求;当不同级别

的导流建筑物或同级导流建筑物的结构形式不同时,应分别确定洪水标准、堰顶超高值和结构设计安全系数;导流建筑物级别应根据不同的施工阶段按表4-4划分,同一施工阶段中的各导流建筑物的级别,应根据其不同作用划分;各导流建筑物的洪水标准必须相同,一般以主要挡水建筑物的洪水标准为准;当利用围堰挡水发电时,围堰级别可提高一级,但必须经过技术经济论证;当导流建筑物与永久性建筑物结合时,结合部分结构设计应采用永久性建筑物级别标准,但导流设计级别与洪水标准仍按表4-4及表6-1规定执行。

当4~5级导流建筑物地基的地质条件非常复杂,或工程具有特殊要求必须采用新型结构,或失事后淹没重要厂矿、城镇时,其结构设计级别可以提高一级,但设计洪水标准不相应提高。

导流建筑物设计洪水标准应根据建筑物的类型和级别在表6-1规定的幅度内选择,并结合风险度综合分析,使所选择标准经济合理;对失事后果严重的工程,要考虑对超标准洪水的应急措施。导流建筑物洪水标准在下述情况下可用表6-1中的上限值:

(1)河流水文实测资料系列较短(小于20年),或工程处于暴雨中心区。

(2)采用新型围堰结构形式。

(3)处于关键施工阶段,失事后可能导致严重后果。

(4)工程规模、投资和技术难度的上限值与下限值相差不大。

当枢纽所在河段上游建有水库时,导流设计采用的洪水标准应考虑上游梯级水库的影响及调蓄作用。过水围堰的挡水标准应结合水文特点、施工工期、挡水时段,经技术经济比较后,在重现期3~20年中选定。当水文序列较长(不小于30年)时,也可按实测流量资料分析选用。

过水围堰级别按各项指标以过水围堰挡水期情况作为衡量依据。围堰过水时的设计洪水标准应根据过水围堰的级别和表6-1选定。当水文系列较长(不小于30年)时,也可按实测典型年资料分析并通过水力学计算或水工模型试验选用。

(二)施工导流的方案选择

水利枢纽工程的施工,从开工到完建往往不是采用单一的导流方法,而是几种导流方法组合起来配合运用,以取得最佳的技术经济效果。例如,三峡工程采用分期导流方式,分三期进行施工,第一期土石围堰围护右岸,江水和船舶从主河槽通过;第二期围护主河槽,江水经导流明渠泄向下游;第三期修建碾压混凝土围堰拦断明渠,江水经由泄洪坝段的永久深孔和22个临时导流底孔下泄。这种不同导流时段、不同导流方法的组合,通常就称为导流方案。

导流方案的选择应根据不同的环境、施工目的和因素等综合确定。合理的导流方案,必须在周密地研究各种影响因素的基础上,拟订几个可能的方案,进行技术经济比较,从中选择技术经济指标优越的方案。

选择导流方案时考虑的主要因素如下。

(1)水文条件。水文条件是施工导流方案中的首要考虑因素。全年河流流量的变化情况、每个时期的流量大小和时间长短、水位变化的幅度、冬季的流冰及冰冻情况等,都是影响导流方案的因素。一般来说,对于河床单宽流量大的河流,宜采用分段围堰法导流。对于枯水期较长的河流,可以充分利用枯水期安排工程施工。对于流冰的河流,应充分注意流冰的宣泄问题,以免流冰壅塞,影响泄流,造成导流建筑物失事。

(2)地质条件。河床的地质条件对导流方案的选择与导流建筑物的布置有直接影响。若河流两岸或一岸岩石坚硬且有足够的抗压强度,则有利于选用隧洞导流。如果岩石的风化层破碎,或有较厚的沉积滩地,则选择明渠导流。河流的窄深对导流方案的选择也有直接的关系。当河道窄时,其过水断面的面积必然有限,水流流过的速度增大。对于岩石河床,其抗冲刷能力较强,河床允许束窄程度甚至可达到88%,流速增加到7.5 m/s;但对覆盖层较厚的河床,抗冲刷能力较差,其束窄程度不到30%,流速仅允许达到3.0 m/s。此外,选择的围堰形式,基坑能否允许淹没,能否利用当地材料修筑围堰等,也都与地质条件有关。

(3)水工建筑物的形式及其布置。水工建筑物的形式和布置与导流方案相互影响,因此在决定建筑物的形式和枢纽布置时,应该同时考虑并拟订导流方案,而在选定导流方案时,又应该充分利用建筑物形式和枢纽布置方面的特点。若枢纽组成中有隧洞、涵管、泄水孔等永久泄水建筑物,在选择导流方案时应尽可能利用。在设计永久泄水建筑物的断面尺寸及其布置位置时,也要充分考虑施工导流的要求。

就挡水建筑物的形式来说,土坝、土石混合坝和堆石坝的抗冲能力小,除采取特殊措施外,一般不允许从坝身过水,所以多利用坝身以外的泄水建筑物(如隧洞、明渠等)或坝身范围内的泄水建筑物(如涵管等)来导流,这就要求枯水期将坝身抢筑到拦洪高程以上,以免水流漫顶,发生事故。对于混凝土坝,特别是混凝土重力坝,由于抗冲能力较强,允许流速达到25 m/s,故不但可以通过底孔泄流,而且可以通过未完建的坝身过水,使导流方案选择的灵活性大大增加。

(4)施工期间河流的综合利用。施工期间,为了满足通航、筏运、渔业、供水、灌溉或水电站运行等的要求,使导流问题的解决变得更加复杂。在通航河流上大多采用分段围堰法导流。要求河流在束窄以后,河宽仍能便于船只的通行,水深要与船只吃水深度相适应,束窄断面的最大流速一般不得超过2.0 m/s。

对于浮运木筏或散材的河流,在施工导流期间,要避免木材壅塞泄水建筑物或者堵塞束窄河床。在施工中后期,水库拦洪蓄水时,要注意满足下游供水、灌溉用水和水电站运行的要求,有时为了保证渔业的要求,还要修建临时的过鱼设施,以便鱼群能洄游。影响施工导流方案的因素有很多,但水文条件、地形地质条件和坝型是考虑的主要因素。河谷形状系数在一定程度上综合反映地形地质情况,当该系数较小时,表明河谷窄深,地质多为岩石。

(三)围堰

1. 围堰的分类

(1)按其所使用的材料,最常见的围堰有土石围堰、混凝土围堰、草土围堰、钢板桩格型围堰等。

(2)按围堰与水流方向的相对位置,围堰可以分为大致与水流方向垂直的横向围堰和大致与水流方向平行的纵向围堰。

(3)按围堰与坝轴线的相对位置,围堰可分为上游围堰和下游围堰。

(4)按导流期间基坑淹没条件,围堰可以分为过水围堰和不过水围堰。过水围堰除需要满足一般围堰的基本要求外,还要满足堰顶过水的专门要求。

(5)按施工分期可以分为一期围堰和二期围堰等。

在实际工程中,为了能充分反映某一围堰的基本特点,常以组合方式对围堰命名,如一期下游横向土石围堰、二期混凝土纵向围堰等。

2. 围堰的基本形式

1) 土石围堰

土石围堰是水利水电工程中应用最广泛的一种围堰形式,其断面与土石坝相仿,通常用土和石渣(或砾石)填筑而成(见图 6-1)。它能充分利用当地材料或废弃的土石方,构造简单,施工方便,对地形地质条件要求低,可以在动水中、深水中、岩基上或有覆盖层的河床上修建。

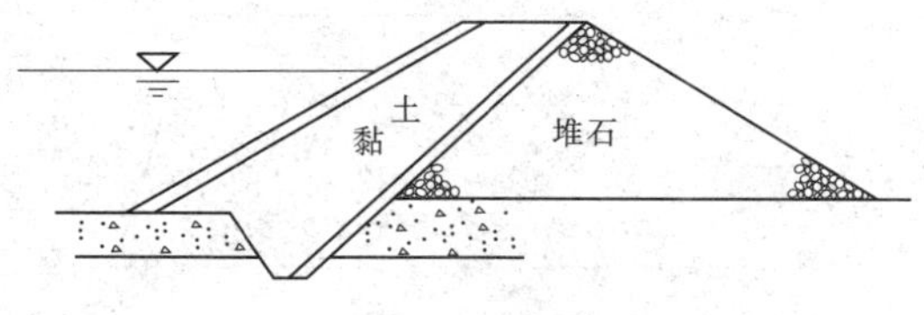

图 6-1　土石围堰

2) 混凝土围堰

混凝土围堰的抗冲与抗渗能力强,挡水水头高,断面尺寸较小,易于与永久性混凝土建筑物相连接,必要时还可以过水,因此采用得比较广泛。在国外,采用拱形混凝土围堰的工程较多。国内贵州省的乌江渡、湖南省的凤滩等水利水电工程也采用过拱形混凝土围堰作为横向围堰,但多数还是以重力式混凝土围堰作纵向围堰,如我国的三门峡、丹江口、三峡工程的混凝土纵向围堰均为重力式混凝土围堰。

(1) 拱形混凝土围堰。拱形混凝土围堰由于利用了混凝土抗压强度高的特点,与重力式相比,断面较小,可节省混凝土工程量。一般适用于两岸陡峻、岩石坚实的山区河流,常采用隧洞及允许基坑淹没的导流方案。通常围堰的拱座是在枯水期的水面以上施工的。对围堰的基础处理,当河床的覆盖层较薄时,需进行水下清基;当覆盖层较厚时,则可灌注水泥浆防渗加固。堰身的混凝土浇筑要进行水下施工,在拱基两侧要回填部分砂砾料以便灌浆,形成阻水帷幕,因此难度较高。

(2) 重力式混凝土围堰。采用分段围堰法导流时,重力式混凝土围堰往往可兼作第一期和第二期纵向围堰,两侧均能挡水,还能作为永久性建筑物的一部分,如隔墙、导墙等。纵向围堰需抵御高速水流的冲刷,所以一般修建在岩基上。为保证混凝土的施工质量,一般可将围堰布置在枯水期出露的岩滩上。如果这样还不能保证干地施工,则通常需另修土石低水围堰加以围护。重力式混凝土围堰现在有普遍采用碾压混凝土浇筑的趋势,如三峡工程三期上游的横向围堰及纵向围堰均采用碾压混凝土。

重力式混凝土围堰可做成普通的实心式,与非溢流重力坝类似;也可做成空心式,如三门峡工程的纵向围堰。

3) 草土围堰

草土围堰是一种草土混合结构,多种捆草法修筑(见图 6-2),是我国人民长期与洪水作斗争的智慧结晶,至今仍用于黄河流域的水利水电工程中。例如,黄河的青铜峡、盐锅峡、八盘峡水电站和汉江的石泉水电站都成功地应用过草土围堰。草土围堰施工简单,施

工速度快，可就地取材，成本低，还具有一定的抗冲、防渗能力，能适应沉陷变形，可用于软弱地基；但草土围堰不能承受较大水头，施工水深及流速也受到限制，草料还易于腐烂，一般水深不宜超过 6 m，流速不超过 3.5 m/s。草土围堰使用期约为两年。八盘峡工程修建的草土围堰最大高度达 17 m，施工水深达 11 m，最大流速 1.7 m/s，水深突破了上述范围。草土围堰适用于岩基或砂砾石基础。若河床大孤石过多，草土体易被架空，形成漏水通道，使用草土围堰时应有相应的防渗措施。细砂或淤泥基础因易被冲刷，稳定性差，不适宜采用草土围堰。

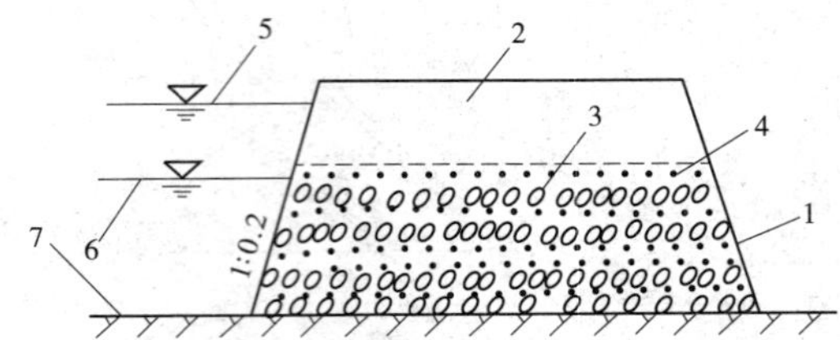

1—水下堰体；2—水上加高部分；3—草捆；4—散草铺土层；5—设计挡水位；6—施工水位；7—河床。

图 6-2　草土围堰

3. 围堰的平面布置

围堰的平面布置是一个很重要的问题。如果围护基坑的范围过大，就会使得围堰工程量大并且增加排水设备容量和排水费用；如果范围过小，又会妨碍主体工程施工，进而影响工期；如果分期导流的围堰外形轮廓不当，还会造成导流不畅，冲刷围堰及其基础，影响主体工程安全施工。

围堰的平面布置主要包括堰内基坑范围确定和围堰轮廓布置两个问题。堰内基坑范围大小主要取决于主体工程的轮廓及其施工方法。当采用一次拦断的不分期导流时，基坑是由上、下游围堰和河床两岸围成的。当采用分期导流时，基坑是由纵向围堰与上、下游横向围堰围成的。在上述两种情况下，上、下游横向围堰的布置都取决于主体工程的轮廓。通常围堰坡趾距离主体工程轮廓的距离不应小于 20~30 m，以便布置排水设施、交通运输道路、堆放材料和模板等。至于基坑开挖边坡的大小，则与地质条件有关。当纵向围堰不作为永久性建筑物的一部分时，围堰坡趾与主体工程轮廓的距离一般不小于 2.0 m，以便布置排水导流系统和堆放模板。如果无此要求，只需留 0.4~0.6 m。

在实际工程中，基坑形状和大小往往是很不相同的。有时可以利用地形来减小围堰的高度和长度；有时为照顾个别建筑物施工的需要，将围堰轴线布置成折线形；有时为了避开岸边较大的溪沟，也采用折线布置。为了保证基坑开挖和主体建筑物的正常施工，布置基坑范围应当留有一定富余。

（四）施工导流

在河流上修建水利水电工程时，为了使水工建筑物能在干地上进行施工，需要用围堰围护基坑，并将河水引向预定的泄水建筑物往下游宣泄，这就是施工导流。

施工导流是水利水电工程施工中的关键问题之一，情况复杂，影响因素多，且直接关系到整个工程的施工进度及完工日期、施工方法、施工场地布置和工程造价，有时甚至影响到水工建筑物的形式选择和布置。在设计中应认真分析资料，合理选择导流方案和程

序,确定导流设计流量,选择导流建筑物的形式及其布置,对导流方案进行技术经济比较。

影响施工导流的因素有河流的水文特性,地形、地质条件,施工中的供水、灌溉、通航、交通和过木要求,水工建筑物的组成与布置,以及施工方法、施工布置、当地材料供应条件等。

1. 导流方式

施工导流的基本方式大体上可分为两类:一类是分段围堰法,即河床内导流,水流通过被束窄的河床、坝体底孔、缺口或涵管等往下游宣泄;另一类是全段围堰法导流,即河床外导流,水流通过河床外的临时或永久的隧洞、明渠等往下游宣泄。

1) 分段围堰法

分段围堰法也称为分期围堰法,即用围堰将全河床的水工建筑物分为若干段,分期分段完成整个工程施工。第一期一般围住河床的左(或右)岸或两岸,使河水从束窄的河床通过;后期再完全截断河流,使河水从已经建成的建筑物通过,如图 6-3 所示。

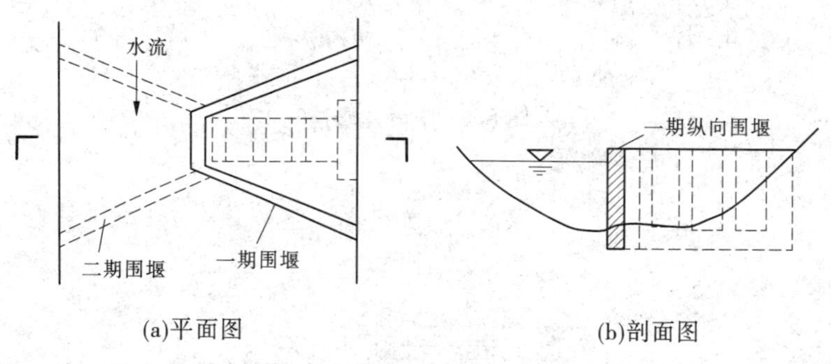

图 6-3　分段围堰法

分段围堰法前期由束窄的河道导流,后期利用事先修建好的泄水道导流。此法适用于河床较宽、流量大、施工期较长的工程。我国的新安江、丹江口、葛洲坝等水电站均采用这种方法导流。

在分段围堰导流布置中,垂直于水流方向的围堰称为横向围堰,平行于水流方向的围堰称为纵向围堰。纵向围堰的位置选定要满足河床束窄后的河水流速对施工通航、河床冲刷的要求,不得超过允许流速。各期主体工程的工程量和施工强度要相对均衡。一般束窄后的河床宽度是原河床宽度的 40%~70%。

2) 全段围堰法

全段围堰法是指在主体工程的上下游各修建一道拦河围堰,一次性截断河流,使河水从其他临时性或永久性泄水建筑物(如隧洞、明渠、涵管或渡槽等)通过。全段围堰法适用于狭窄河谷地区,如图 6-4 所示。

2. 导流方法

导流方法是指导流过程中泄水道的类型或途径。一般有如下几种。

1) 底孔导流

底孔导流(见图 6-5)多作为分期导流法的后期导流通道。

在前期施工时,在混凝土坝体的底部预留临时底孔或修好永久底孔。后期导流时,让全部或部分导流流量通过底孔宣泄到下游,保证工程继续施工。

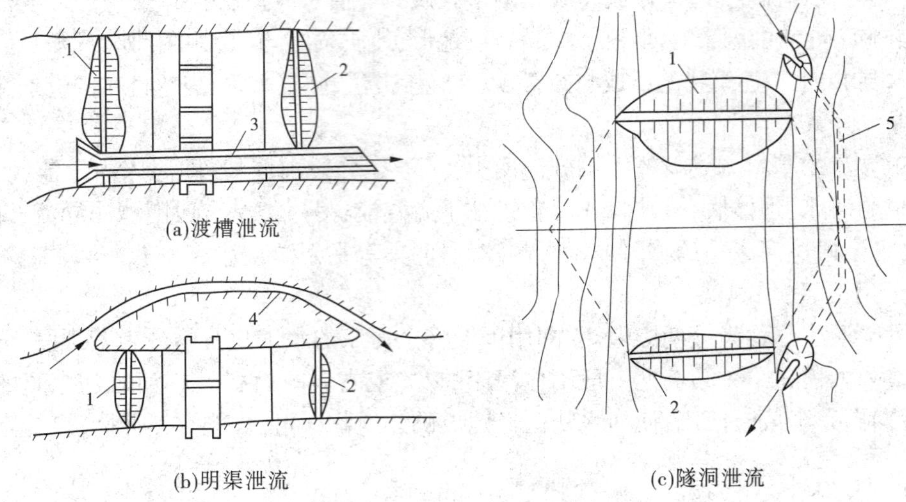

1—上游围堰;2—下游围堰;3—渡槽;4—明渠;5—隧洞。

图 6-4 全段围堰法

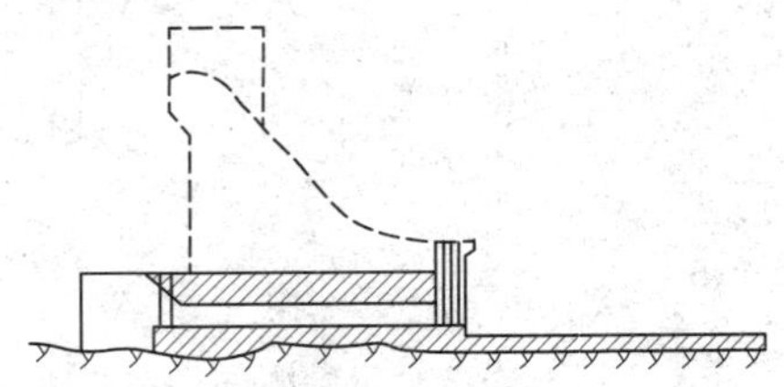

图 6-5 底孔导流示意图

采用临时底孔时,底孔的尺寸、数目和布置要通过相应的水力学计算确定。同时,要考虑到后期的封堵,往往在底孔上游面设置闸门门槽,下闸封堵。当底孔数目较多时,可以将底孔高程分置在不同位置,封堵从最低高程的底孔开始,逐步向上进行,减少封堵时所承受的水压力。底孔导流的优点是永久建筑物的上部施工可以不受水流干扰,有利于均衡连续施工,适用于修建高坝。在坝体内设有永久底孔比较理想,缺点是钢材用量增加,封堵质量不好时会削弱坝体的整体性,并且漏水,底孔有被漂浮物堵塞的危险,水头较高时封堵有困难。

2) 坝体缺口导流

在全段围堰法和分段围堰法的后期,如果使洪水完全从导流隧洞或导流底孔等导流建筑物通过,势必造成导流建筑物的工程量和工程投资急剧增加。将导流隧洞等导流建筑物按照枯水期的标准设计相应流量。在洪水期,将部分坝体停止施工,预留出缺口,使其配合其他导流建筑物宣泄洪峰流量。其余部分坝体继续上升,枯水期再将缺口继续上升到与其他坝体相近的高程。坝体缺口导流可以大大降低导流隧洞或导流底孔等建筑物的尺寸,降低造价。图 6-6 为坝体缺口导流示意图。

3) 隧洞导流

隧洞导流多用于山区性河流河谷狭窄、山体坚实的情况。隧洞泄水能力有限,汛期洪水常需另找出路,如缺口、底孔、坝体过水等。隧洞导流多用于全段围堰法。与明渠导流

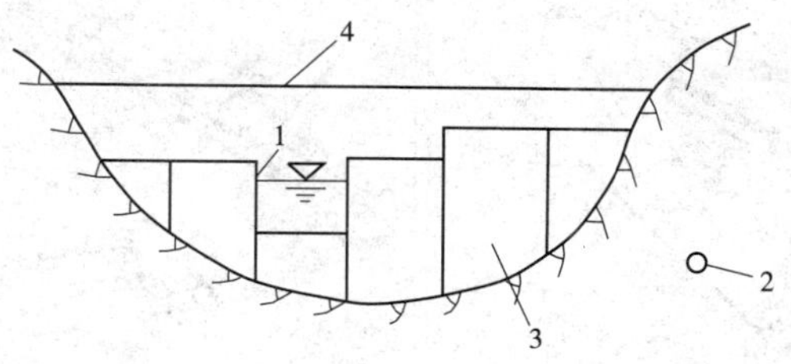

1—过水缺口;2—导流隧洞;3—坝体;4—坝顶。

图 6-6 坝体缺口导流示意图

相比,隧洞导流的流量较小,但随着施工技术的发展,导流隧洞直径有增大的趋势。2021年乌东德工程的导流隧洞群创造了新的纪录:开挖断面达到高 27.2 m、宽 19.9 m,为世界上最大的导流洞。

4)明渠导流

在河岸或河滩开挖渠道,在基坑上下游修筑围堰,河水经渠道下泄,适用于岸坡平缓或有宽广滩地的平原河道上。如果当地有老河道可利用或可裁弯取直,开挖明渠经济合理。

5)涵管导流

涵管导流用于土坝、堆石坝枢纽,一般用在导流量较小的河流上。涵管通常布置在河岸岩滩上,其位置常在枯水位以上。可以在枯水期不修围堰或只修一个小围堰,先将涵管建好,然后修上下游全段围堰。

二、施工截流

(一)截流的基本程序

截流是施工导流中的一个关键环节,截流若不完成或不能如期完成,主体工程的河槽部分就不能施工,整个枢纽工程施工就无法展开,工程便无法完工,所以截流是整个枢纽施工中不可逾越的环节。同时,截流又是短时间、小范围、高强度的施工,是人与激流的一场决战,故常把截流视为影响工程进度最重要的控制性项目之一。截流一般要经历以下几道施工程序:

(1)进占。当导流泄水建筑物完建后,在河床的一侧或两侧向河床中填筑截流戗堤,戗堤把河床束窄到一定程度后,形成了一个流速较大的龙口,如图 6-7 所示。

(2)龙口范围的加固。为了等待最佳封堵龙口的时机,在合龙前对龙口河床及戗堤端部布设防冲措施,这两项工作也称护底和裹头。

(3)合龙。即封堵龙口的工作。

(4)闭气。合龙以后,龙口部位的戗堤虽已高出水面,但其本身仍然漏水,这时需在上游坡面抛投反滤和防渗材料,截断戗堤内的渗流。闭气工作结束后,全部水流经过已建成的泄水建筑物宣泄至下游,即完成了戗堤截流的全过程。截流完成后,再对戗堤加高培厚,即形成了围堰。

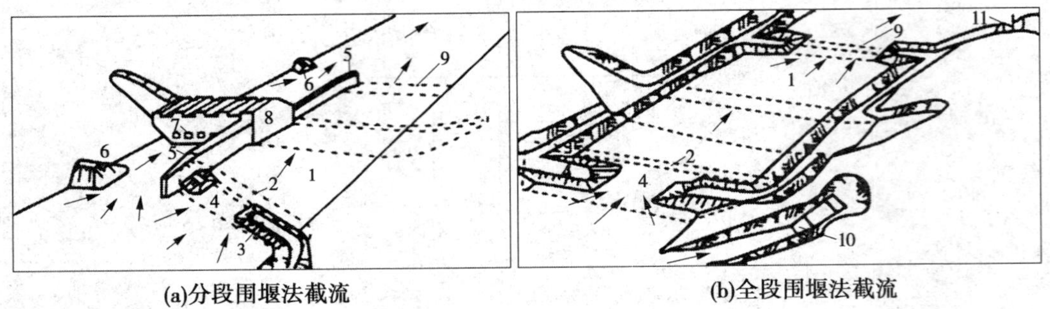

1—大坝基坑;2—上游围堰;3—戗堤;4—龙口;5—二期纵向围堰;6—一期围堰的残留部分;
7—底孔;8—已浇混凝土坝体;9—下游围堰;10—导流隧洞进口;11—导流隧洞出口。

图 6-7　截流布置示意图

(二)截流的基本方法

1. 立堵法截流

立堵法截流(见图 6-8)是将截流材料从龙口一端向另一端或从两端向中间抛投进占,逐渐束窄龙口,直至全部拦断。通常用自卸汽车在进占戗堤的端部直接卸料入水,或先在堤头卸料,再用推土机推入水中。

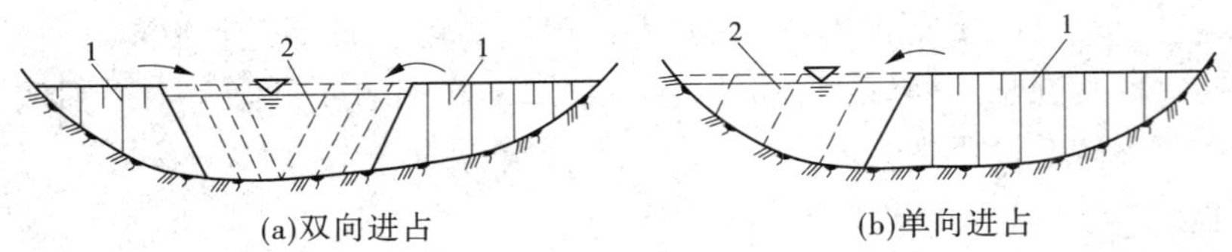

1—截流戗堤;2—龙口。

图 6-8　立堵法截流示意图

立堵法截流不需要在龙口架设浮桥或栈桥,准备工作比较简单,费用较低。但截流时龙口的单宽流量较大,出现的最大流速较高,而且流速分布很不均匀,需用单个重量较大的截流材料。截流时工作前线狭窄,抛投强度受到限制,施工进度受到影响。根据国内外截流工程的实践和理论研究,立堵法截流一般适用于大流量、岩基或覆盖层较薄的岩基河床。对于软基河床,只要护底措施得当,采用立堵法截流也同样有效。如宁夏青铜峡工程截流时,河床覆盖层厚达 8~12 m,采用护底措施后,最大流速虽达 5.52 m/s,未遇特殊困难而取得立堵截流的成功。立堵法截流是我国的一种传统方法,在大、中型截流工程中,一般采用立堵法截流,如著名的三峡工程大江截流和三峡工程三期导流明渠截流。立堵法截流又可以进一步分为单戗截流(一般是指戗堤顶宽小于 30 m 的窄戗堤)、双戗截流(或多戗截流)和宽戗截流。采用哪种截流方式,必须根据工程的具体情况而定。

2. 平堵法截流

平堵法截流(见图 6-9)要事先在龙口架设浮桥或栈桥,用自卸汽车沿龙口全线从浮桥或栈桥上均匀、逐层抛填截流材料,直至戗堤高出水面。平堵法截流时,龙口的单宽流量较小,出现的最大流速较低,且流速分布比较均匀,截流材料单个重量也较小,截流时工作战线长,抛投强度较大,施工进度较快。平堵法截流通常适用于软基河床。

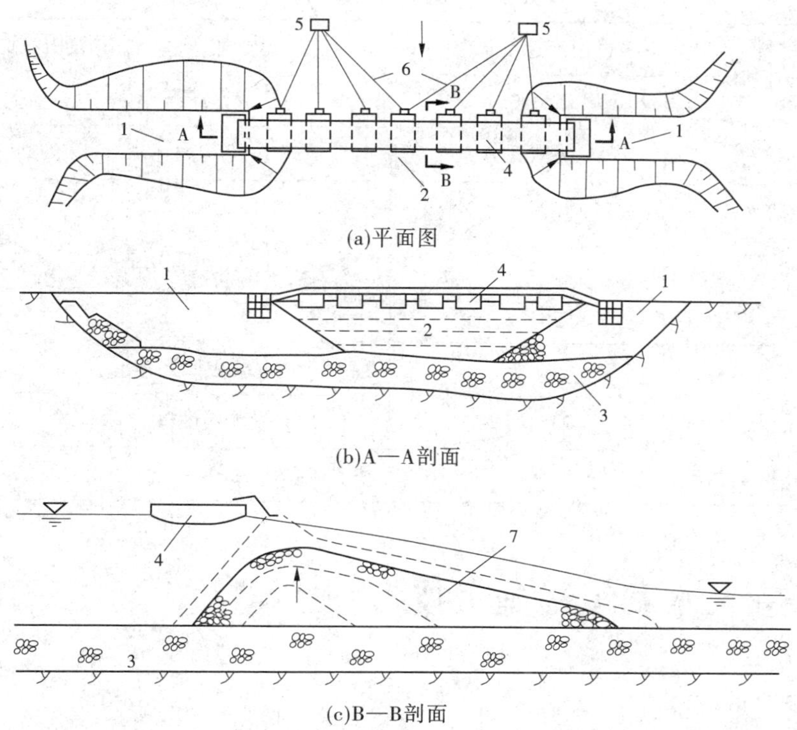

1—截流戗堤;2—龙口;3—覆盖层;4—浮桥;5—锚墩;6—钢缆;7—平堵截流抛石体。

图 6-9　平堵法截流示意图

由于上述一些优点,在流量大的河流上,大多采用浮桥平堵法截流。罗马尼亚-南斯拉夫的铁门水电站采用了钢桥平堵法截流,中国辽宁大伙房水库采用了木栈桥平堵法截流等。但一般来说,平堵法截流由于需架栈桥或浮桥,在通航河道上会碍航,而且技术复杂、费用较高。因此,我国大型工程中除大伙房、二滩等少数工程外,一般采用立堵法截流。

(三)截流材料

截流材料要充分利用当地材料,特别是尽可能利用开挖弃渣料。抛投料级配满足戗堤稳定要求,入水稳定,流失量少。开采、制作、运输方便,费用低。

目前,国内外大河截流一般首选块石作为截流的基本材料。当截流水力条件较差时,使用混凝土六面体、四面体、四脚体及钢筋混凝土构架等材料(见图 6-10)。如葛洲坝工程在进行大江截流时,关键时刻采用了铁链连接在一起的混凝土四面体,取得截流的成功。

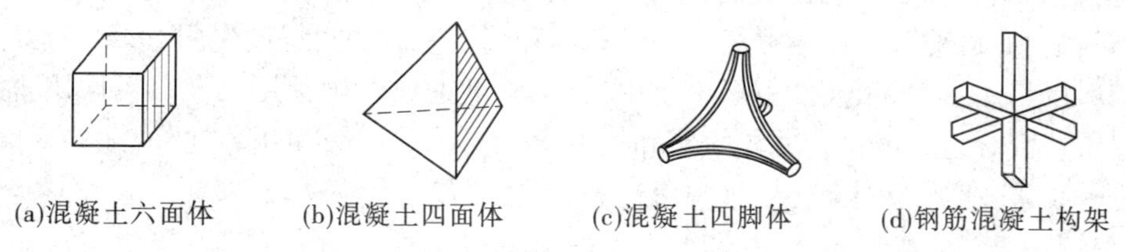

(a)混凝土六面体　(b)混凝土四面体　(c)混凝土四脚体　(d)钢筋混凝土构架

图 6-10　常用截流材料示意图

对平原地区也可采用打混凝土桩、木桩等方法进行截流。截流材料的尺寸或质量主要取决于龙口水流的流速。各种材料的适用流速见表 6-2。

表 6-2　截流材料的适用流速

<table>
<tr><th>截流材料</th><th>适用流速/(m/s)</th><th>截流材料</th><th>适用流速/(m/s)</th></tr>
<tr><td>土料</td><td>0.5~0.7</td><td>3 t 重大块石或钢筋石笼</td><td>3.5</td></tr>
<tr><td>20~30 kg 重石块</td><td>0.8~1.0</td><td>4.5 t 重混凝土六面体</td><td>4.5</td></tr>
<tr><td>50~70 kg 重石块</td><td>1.2~1.3</td><td rowspan="2">5 t 重大块石、
大石串或钢筋石笼</td><td rowspan="2">4.5~5.5</td></tr>
<tr><td>麻袋装土
(0.7 m×0.4 m×0.2 m)</td><td>1.5</td></tr>
<tr><td>φ0.5 m×2 m 装石竹笼</td><td>2.0</td><td>12~15 t 重混凝土四面体</td><td>7.2</td></tr>
<tr><td>φ0.6 m×4 m 装石竹笼</td><td>2.5~3.0</td><td>20 t 重混凝土四面体</td><td>7.5</td></tr>
<tr><td>φ0.8 m×6 m 装石竹笼</td><td>3.5~4.0</td><td>φ1.0 m×15 m 装石枕</td><td>7~8</td></tr>
</table>

任务三　水利工程施工技术

一、土石坝工程施工

(一)料场规划

1. 空间规划

料场的空间规划是指对料场的空间位置、高程做出恰当选择和合理布置。为加快运输速度,提高效率,土石料的运距要尽可能短些。高程要利于重车下坡,避免因料场的位置高,运输坡陡而引起事故。坝的上下游和左右岸都有料场,这样可以上下游和左右岸同时采料,减少施工干扰,保证坝体均衡上升。料场位置要有利于开采设备的放置,保证车辆运输的通畅及地表水和地下水的排水通畅。取料时离建筑物的轮廓线不要太近,不影响枢纽建筑物防渗。在石料场选取时,还要与重要建筑物和居民区有一定的防爆、防震安全距离,以减少安全隐患。

2. 时间规划

料场的时间规划要考虑施工强度和坝体填筑部位的变化。随着季节及坝前蓄水情况的变化,料场的工作条件也在变化。在用料规划上应力求做到上坝强度高时用近料场,低时用远料场,使运输任务比较均衡。对近料场和上游易淹的料场应先用,远料场和下游不易淹的料场后用;含水量高的料场旱季用,含水量低的料场雨季用。在料场使用规划中,还应保留一部分近料场供合龙段填筑和拦洪度汛高峰强度时使用。此外,还应对时间和空间进行统筹规划,否则会产生事与愿违的后果。

3. 质与量规划

料场的质与量规划是指对料场的质量和储料量的合理规划,它是料场规划最基本的要求。在选择和规划料场时,要对料场进行全面的勘测,包括料场的地质成因、产状、埋藏深度、储量和各种物理力学指标等。料场的总储量要满足坝体总方量的要求,并且用料要满足各阶段施工中的最大用料强度要求。勘探精度要随设计深度的加深而提高。

(二)土石料开挖与运输

1. 土石料开挖

1)挖掘机械

(1)单斗式挖掘机(见图6-11)。单斗式挖掘机是只有一个铲土斗的挖掘机械,其工作装置有正向铲、反向铲、拉铲和抓铲四种。

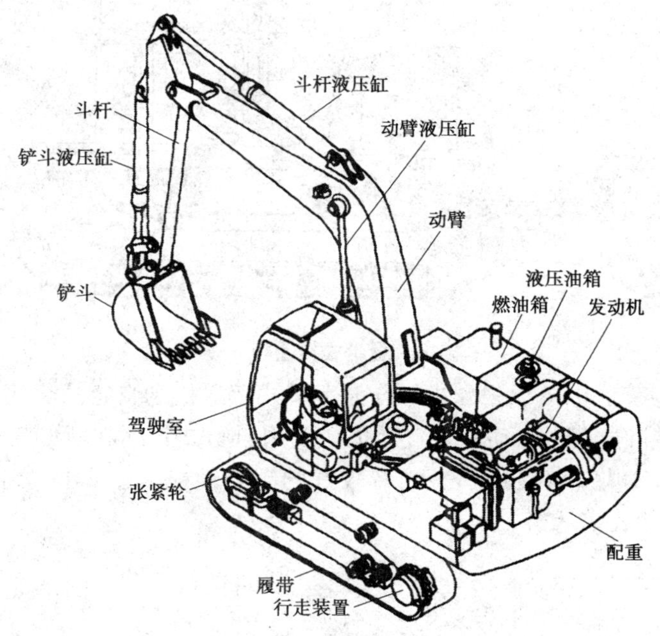

图6-11　反向铲单斗式挖掘机示意图

(2)多斗式挖掘机。多斗式挖掘机是一种由若干个挖斗依次连续循环进行挖掘的专用机械,生产效率和机械化程度较高,在大量土方开挖工程中运用。它的生产率从每小时几十立方米到上万立方米,主要用于挖掘不夹杂石块的Ⅰ~Ⅲ级土。多斗式挖掘机按工作装置不同,可分为链斗式和斗轮式(见图6-12)两种。链斗式挖掘机是多斗式挖掘机中最常用的形式,主要进行下采式工作。

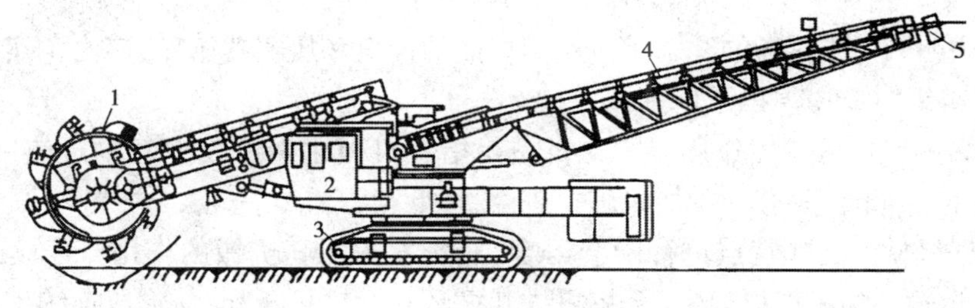

1—斗轮;2—机房;3—履带行驶机构;4—皮带运输机;5—卸料装置。

图6-12　斗轮式挖掘机示意图

2)铲运机械

(1)推土机。推土机是以拖拉机为原动机械,另加切土刀片的推土器,既可薄层切土,又能短距离推运。推土机按行走方式分为履带式推土机和轮胎式推土机,按动力传动方式分为机械式推土机、液力机械式推土机和全液压式推土机,按工作装置分为直铲推土机、角铲推土机和 U 形铲推土机等。图 6-13 为履带式推土机示意图。

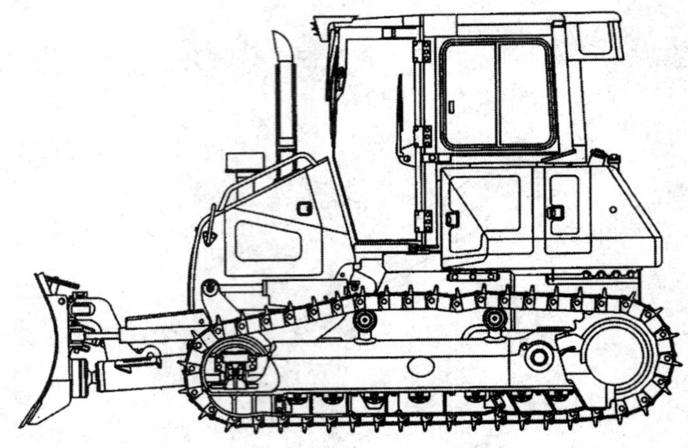

图 6-13 履带式推土机示意图

(2)铲运机。铲运机按行驶方式可分为牵引式铲运机和自行式铲运机。前者用拖拉机牵引铲斗,后者自身有行驶动力装置。现在多用自行式铲运机,因其结构轻便,可带较大的铲斗,行驶速度快,多用低压轮胎,有较好的越野性能。图 6-14 为铲斗容量为 7 m^3 的国产 CL7 型自行式铲运机。

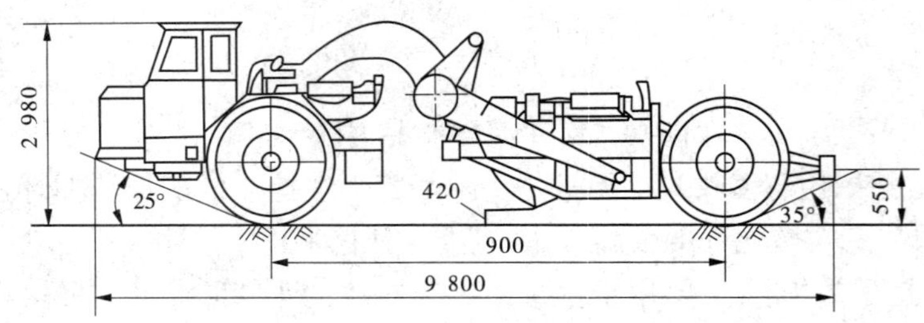

图 6-14 CL7 型自行式铲运机 (单位:mm)

3)土石方开挖的综合原则

土石坝施工中,从料场的开采、运输,到坝面的铺料和压实各工序,应力争实现综合机械化。施工组织时应遵循以下原则:

(1)确保主要机械发挥作用。主要机械是指在机械化生产线中起主导作用的机械,充分发挥它的生产效率,有利于加快施工进度、降低工程成本。

(2)根据机械的工作特点进行配套组合,充分发挥配套机械的作用。连续式开挖机械和连续式运输机械配合,循环式开挖机械和循环式运输机械配合,形成连续生产线。在选择配套机械,确定配套机械的型号、规格和数量时,其生产能力要略大于主要机械的生产能力,以保证主要机械的生产能力。

(3)加强保养,合理布置,提高工效。严格执行机械保养制度,使机械处于最佳状态;合理布置流水作业工作面和运输道路,能极大地提高工效。

2. 土石料运输

1)运输机械

运输机械分为循环式和连续式两种。前者有有轨机车和机动灵活的汽车。一般工程自卸汽车的吨位是10~35 t,汽车吨位大小应根据需要并结合路况条件来考虑。最常用的连续式运输机械是带式运输机。根据有无行驶装置,分为移动式和固定式两种,前者多用于短程运输和散体材料的装卸堆存,后者多用于长距离运输。固定式常采用分段布置,每段一般在200 m以内。

2)运输道路布置原则及要求

(1)运输道路宜自成体系,并尽量与永久道路相结合。运输道路不要穿越居民点或工作区,尽量与公路分离。根据地形条件、枢纽布置、工程量大小、填筑强度、自卸汽车吨位,应用科学的规划方法进行运输网络优化,统筹布置场内施工道路。

(2)连接坝体上下游交通的主要干线,应布置在坝体轮廓线以外。干线与不同高程的上坝道路相连接,应避免穿越坝肩处岸坡。坝面内的道路应结合坝体的分期填筑规划统一布置,在平面与立面上协调好不同高程的进坝道路的连接,使坝面内临时道路的形成与覆盖(或削除)满足坝体填筑要求。

(3)运输道路的标准应符合自卸汽车吨位和行车速度的要求。实践证明,用于高质量标准道路增加的投资,足以用降低的汽车维修费用及提高的生产率来补偿。要求路基坚实,路面平整,靠山坡一侧设置纵向排水沟,顺畅排出雨水和泥水,避免雨天运输车辆将路面泥水带入坝面,污染坝料。

(4)道路沿线应有较好的照明设施,运输道路应经常维护和保养,及时清除路面上影响运输的杂物,并经常洒水,这样能减少运输车辆的磨损。

3. 坝体填筑与压实

当坝基、岸坡及隐蔽工程验收合格并经监理工程师批准后,就可开始填筑坝体。填筑坝体时,防渗心墙应与上下游反滤料及部分坝壳料平起填筑,跨缝碾压,宜采用先填反滤料后填土料的平起填筑法施工。防渗斜墙宜与下游反滤料及部分坝壳料平起填筑,斜墙可滞后于坝壳料填筑,但需预留斜墙、反滤料和部分坝壳料的施工场地,且已填筑坝壳料必须削坡至合格面,经监理工程师验收后方可填筑。由于碾压式土石坝的坝体是分层填筑起来的,所以坝体填筑主要是进行坝面作业。坝面作业包括基本作业和辅助作业,基本作业包括铺料、压实和质检等主要工序,辅助作业包括洒水和刨毛等工序。坝面作业各工序通过流水作业在不同坝段完成。

压实机械采用碾压、夯实、振动三种作用力来达到压实的目的。碾压的作用力是静压力,其大小不随作用时间而变化。夯实的作用力为瞬时动力,其大小跟高度有关系。振动的作用力为周期性的重复动力,其大小随时间呈周期性变化,振动周期的长短随振动频率的大小而变化。常用的压实机械有羊脚碾、振动碾、夯实机械。

(1)羊脚碾。羊脚碾是指碾的滚筒表面设有交错排列的截头圆锥体,状如羊脚。碾压时,羊脚碾的羊脚插入土中,不仅使羊脚端部的土料受到压实,也使侧向土料受到挤压,从而达到均匀压实的效果。羊脚碾的开行方式有两种:进退错距法和圈转套压法。进退错距法操作简便,碾压、铺土和质检等工序协调,便于分段流水作业,压实质量容易保证。圈转套压法适合于多碾滚组合碾压,其生产效率高,但碾压中转弯套压交接处重压过多,

容易超压;当转弯半径小时,容易引起土层扭曲,产生剪力破坏;在转弯的角部容易漏压,质量难以保证。

(2)振动碾。振动碾是一种静压和振动同时作用的压实机械。它是由起振柴油机带动碾滚内的偏心轴旋转,通过连接碾面的隔板,将振动力传至碾滚表面,然后以压力波的形式传到土体内部。非黏性土的颗粒比较粗,在这种小振幅、高频率的振动力的作用下,内摩擦力大大降低,由于颗粒不均匀,受惯性力大小不同而产生相对位移,细粒滑入粗粒空隙而使空隙体积减小,从而使土料达到密实。然而,黏性土颗粒间的黏结力是主要的,且土粒相对比较均匀,在振动作用下,不能取得像非黏性土那样的压实效果。

(3)夯实机械。夯实机械是一种利用冲击能来击实土料的机械,用于夯实砂砾料或黏性土。其适用于在碾压机械难以施工的部位压实土料。强夯机是由高架起重机和铸铁块或钢筋混凝土块做成的夯砣组成的。夯砣的质量一般为 10~40 t,由起重机提升一定高度后自由下落冲击土层,压实效果好,生产率高,用于杂土填方、软基及水下地层。夯实机械夯板一般做成圆形或方形,面积约 1 m^2,质量为 1~2 t,提升高度为 3~4 m。主要优点是压实功能大,生产率高,有利于雨季、冬季施工。但当被夯石块直径大于 50 cm 时,工效大大降低,压实黏土料时,表层容易发生剪力破坏,目前有逐渐被振动碾取代之势。

4. 土石坝施工质量控制

1)料场质量控制

各种坝料质量应以料场控制为主,必须是合格坝料才能运输上坝,不合格材料应在料场处理合格后才能上坝,否则应废弃。应在料场设置控制站,按设计要求和施工技术规范进行料场质量控制,主要包括以下几点:

(1)坝料是否在规定的料区范围内开采,开采前是否将草皮、覆盖层清除干净。

(2)坝料开采、加工方法是否符合规定。

(3)排水系统、防雨措施、低温下施工措施是否完善。

(4)坝料性质、级配、含水量是否符合设计要求。反滤料铺筑前应取样检查,规定每 200~500 m^3 取一个样,检查颗粒级配、含泥量及软弱颗粒含量。当不符合设计要求和规范规定时,应重新加工,经检查合格后方可使用。

2)坝体填筑质量控制

坝体填筑质量应重点检查以下项目是否符合要求:

(1)各填筑部位的边界控制及坝料质量,防渗体与反滤料、部分坝壳料的平起关系。

(2)碾压机具规格、重量,振动碾振动频率、气胎碾气胎压力等。

(3)铺料厚度和施工参数。

(4)防渗体碾压面有无光面、剪切破坏、弹簧土、漏压或欠压、裂缝等。

(5)防渗体每层铺土前,压实表面是否按要求进行了处理。

(6)与防渗体接触的岩石上的石粉、泥土及混凝土表面乳皮等杂物的处理情况。

(7)与防渗体接触的岩石或混凝土表面是否涂有泥浆等。

(8)过渡料、堆石料有无超径石、大块石集中和夹泥等现象。

(9)坝体与坝基、岸坡、刚性建筑物等的结合,纵横向接缝的处理与结合,土砂结合处的压实方法及施工质量。

(10)坝坡控制情况。

二、混凝土坝体施工

(一)模板工程作业

1. 模板的作用

模板的主要作用是对新浇塑性混凝土起成形和支撑作用,同时还具有保护和提高混凝土表面质量的作用。

2. 模板的基本类型

根据制作材料的不同,模板可分为木模板、钢模板、混凝土模板和钢筋混凝土模板;根据结构和工作特征,模板可分为固定式模板、拆移式模板、移动式模板和滑动式模板。固定式模板多用于起伏的基础部位或特殊的异形结构;拆移式模板、移动式模板和滑动式模板可重复或连续在形状一致或变化不大的结构上使用,有利于实现标准化和系列化。

(1)拆移式模板。它适用于浇筑块表面为平面的情况,可做成定形的标准模板。桁架梁多用方木和钢筋制作。立模时,将桁架梁下端插入预埋在下层混凝土块内的U形埋件中。当浇筑块薄时,上端用钢拉条对拉;当浇筑块大时,则采用斜拉条固定,以防模板变形。这种模板费工、费料,由于拉条的存在,有碍仓内施工。

(2)移动式模板。对定形的建筑物,根据建筑物外形轮廓特征,做一段定形模板,在支撑钢架上装上行驶轮,沿建筑物长度方向铺设轨道分段移动,分段浇筑混凝土。移动时,只需将顶推模板的花篮螺丝或千斤顶收缩,使模板与混凝土面脱开,模板可随同钢架移动到拟浇混凝土部位,再用花篮螺丝或千斤顶调整模板至设计浇筑尺寸。移动式模板多用钢模,作为浇筑混凝土墙和隧洞混凝土衬砌使用。

(3)自升式模板。这种模板是由面板、围囹、支承桁架和爬杆等组成的,这种模板的突出优点是自重轻,自升电动装置具有力矩限制与行程控制功能,运行安全可靠,升程准确。模板采用插挂式锚钩,简单实用,定位准,拆装快。

(4)滑升模板。这类模板的特点是在浇筑过程中,模板的面板紧贴混凝土面滑动,以适应混凝土连续浇筑的要求。这样避免了立模、拆模工作,提高了模板的利用率,同时省掉了接缝处理工作,使混凝土表面平整光洁,增强了建筑物的整体性。

(5)混凝土模板和钢筋混凝土模板。它们既是模板,也是建筑物的护面结构,浇筑后作为建筑物的外壳,不予拆除。素混凝土模板靠自重稳定,可作直壁模板,也可作倒悬模板。

混凝土模板既可作建筑物表面的镶面板,也可作厂房、空腹坝空腹和廊道顶拱的承重模板。这样避免了高架立模,既有利于施工安全,又有利于加快施工进度,节约材料,降低成本。预制混凝土模板和预制钢筋混凝土模板重量均较大,常需起重设备起吊,所以在模板预制时都应预埋吊环供起吊用。对于不拆除的预制模板,对模板与新浇混凝土的接合面需进行凿毛处理。

3. 模板安装

模板安装的内容有内业和外业之分。内业是指模板设计,即根据图纸上建筑物形状与尺寸选定模板的类型和数量,确定模板的连接与支撑方式,并制定模板安装和拆除的操作规程。外业包括模板的制作、运输、安装、拆除和维修等内容。模板安装前,必须按设计图纸测量放样,测量的精度应高于模板安装的允许偏差,但模板安装偏差须在允许范围内。安装大跨度承重模板宜适当起拱,以使承载变形后的形状能符合设计要求。

立模方法因模板类型和安装部位而异。大型整装模板常采用专门的模板起重机吊装或利用浇筑混凝土的起重机吊装,其他模板则可利用 50 kN 以下的汽车式起重机等小型起重设备吊装。模板安装作业,必须严格遵守起重安全技术规程,谨防事故发生。模板拆除标准见表 6-3。

表 6-3　模板拆除标准

结构类型	结构跨度/m	达到设计的混凝土立方体抗压强度标准值的百分率/%
板	≤2	50
	>2,≤8	75
	>8	100
梁、拱、壳	≤8	75
	>8	100
悬臂构件	≤2	75
	>2	100

(二)钢筋工程作业

1. 钢筋的加工

1)调直和除锈

盘条状的细钢筋,通过绞车冷拉调直后方可使用。呈直线状的粗钢筋,当发生弯曲时才需用弯筋机调直,直径在 25 mm 以下的钢筋可在工作台上手工调直。钢筋除锈的主要目的是保证其与混凝土间的握裹力。因此,在钢筋使用前需对钢筋表层的鱼鳞锈、油渍和漆皮加以清除。钢筋去锈的方法有多种,可借助钢丝刷或砂堆手工除锈,也可用风砂枪或电动去锈机械除锈,还可用酸洗法化学除锈。新出厂的或保管良好的钢筋一般无须除锈。采用闪光对焊的钢筋,其接头处则要用除锈机严格除锈。

2)配料与画线

钢筋配料是指施工单位根据钢筋结构图计算出各钢筋的直线下料长度、总根数以及钢筋总重量,据以编制出钢筋配料单,作为备料加工的依据。施工中钢筋品种或规格与设计要求不相符合时,应征得设计部门同意并按规范指定的原则进行钢筋替换。从降低钢筋损耗率考虑,钢筋配料要按照长料长用、短料短用和余料利用的原则下料。画线是指按配料单上标明的下料长度用粉笔或石笔在钢筋应剪切的部位进行勾画的工序。

3)切断与弯曲

钢筋切断有手工切断、切断机切断和氧炔焰切割等方法。手工切断采用钢筋钳,一般只能用于直径不超过 12 mm 的钢筋,直径 12~40 mm 的钢筋一般都采用切断机切断,而直径大于 40 mm 的圆钢则采用氧炔焰切割或用型材切割机切割。钢筋的弯制包括画线、试弯、弯曲成型三道工序。钢筋弯制分手工弯制和机械弯制两种,手工弯制只能弯制直径小于 20 mm 的钢筋。工程中,除了直径小的钢筋,一般钢筋都采用机械弯制。

2. 钢筋的安装

根据建筑物结构尺寸,加工、运输、起重设备的能力,钢筋的安装可采用散装和整装两种方式。散装是将加工成型的单根钢筋运到工作面,按设计图纸绑扎或电焊成型。散装对运输要求相对较低,不受设备条件限制,但工效低,高空作业安全性差,且质量不易保证。对机械化程度较高的大中型工程,已逐步为整装所代替。整装是将加工成型的钢筋,在焊接车间用点焊焊接交叉节点,用对焊接长,形成钢筋网和钢筋骨架。整装件由运输机械成批运至现场,用起重机具吊运入仓就位,按图拼合成型。整装在运、吊过程中要采取加固措施,合理布置支承点和吊点,以防过大的变形和破坏。实践证明:整装不仅有利于提高安装质量,而且有利于节约材料,提高工效,加快进度,降低成本。无论整装还是散装,钢筋都应避免油污,安装的位置、间距、保护层及各部位钢筋的大小尺寸均应符合设计要求,其偏差不应超过表6-4的规定。

表6-4　钢筋安装的允许偏差

项次	偏差名称	允许偏差
1	钢筋长度方向的偏差	1/2倍净保护层厚
2	同一排受力钢筋间距的局部偏差 (1)柱及梁 (2)板、墙	 0.5d(d为受力钢筋直径) 0.1倍间距
3	双排钢筋,其排与排间距的局部偏差	0.1倍排距
4	梁与柱中钢箍间距的偏差	0.1倍箍筋间距
5	保护层厚度的局部偏差	1/4倍净保护层厚

(三)坝体混凝土质量控制

(1)原材料的质量检测与控制。混凝土原材料的质量应满足国家颁布或部委颁发的水泥、混合材料、砂石骨料和外加剂的质量标准,必须对原材料的质量进行检测与控制,并建立一套科学的质量管理方法。对原材料进行检测的目的是检查材料的质量是否符合标准,并根据检测结果调整混凝土配合比和提高生产工艺,评定原材料的生产控制水平。

(2)拌和混凝土质量的检测与控制。混凝土质量检测与控制的重点是出拌和机后未凝固的新拌混凝土的质量,目的是及时发现施工中的失控因素,避免造成质量事故,同时也成型一定数量的强度检测试件,用来评定是否满足要求。

(3)浇筑过程中混凝土的检测与控制。混凝土出拌和机以后,经运输到达仓内,不同环境条件和运输工具对混凝土的和易性产生不同影响。由于水泥水化作用的影响,仓面应进行混凝土坍落度检测。另外,检查已浇筑混凝土的状况,判断其是否已初凝,从而决定是否继续浇筑,是仓面质量控制的重要内容。混凝土温度检测也是仓面质量控制的内容。

(4)硬化混凝土的检测。混凝土硬化以后,是否符合设计要求,可进行以下各项内容检查:

①用物理方法(超声波、射线、红外线等)检测裂缝、孔隙和弹性模量等。

②钻孔压水,并对芯样进行抗压、抗拉、抗渗等各种试验。

③大钻孔取样,1 m或更大直径的钻孔不仅可把芯样加工后进行各种试验,而且人可以进入孔内检查。

④由坝内埋设的仪器(如温度计、测缝计、渗压计、应力应变计、钢筋计等)观测建筑运行时各种性状的变化。

(5)混凝土施工质量评定。混凝土施工质量的好坏,最终反映在它的抗压、抗拉、抗渗及抗冻等指标上。由于其余各项指标均与抗压指标有一定联系,同时抗压强度又便于在实验室测定,所以评定混凝土的施工质量,统一以抗压强度作为主要指标,具体指标参见有关施工规范。

三、新技术、新材料、新工艺

(一)土工合成材料

土工合成材料是一种新型的岩土工程材料,大致分为土工织物、土工膜、特种土工合成材料和复合型土工合成材料四大类。特种土工合成材料又包括土工垫、土工网、土工格栅、土工格室、土工模袋和土工泡沫塑料等。复合型土工合成材料则是由上述有关材料复合而成的。土工合成材料具有过滤、排水、隔离、加筋、防渗和防护等六大功能及作用。目前,国内已经广泛应用于建筑或土木工程的各个领域,并且已成功研究、开发出了成套的应用技术,大致包括:

(1)土工织物滤层应用技术。

(2)土工合成材料加筋垫层应用技术。

(3)土工合成材料加筋挡土墙、陡坡及码头岸壁应用技术。

(4)土工织物软体排应用技术。

(5)土工织物充填袋应用技术。

(6)模袋混凝土应用技术。

(7)塑料排水板应用技术。

(8)土工膜防渗墙和防渗铺盖应用技术。

(9)软式透水管和土工合成材料排水盲沟应用技术。

(10)土工织物治理路基和路面病害应用技术。

(11)土工合成材料三维网垫边坡防护应用技术等。

(二)混凝土技术

1. 纤维混凝土

纤维混凝土是指掺加短钢纤维或合成纤维作为增强材料的混凝土,纤维的掺入能显著提高混凝土的抗拉强度、抗弯强度、抗疲劳特性及耐久性;合成纤维的掺入可提高混凝土的韧性,特别是可以阻断混凝土内部毛细管通道,因而减少了混凝土暴露面的水分蒸发,可大大减少混凝土塑性裂缝和干缩裂缝。

2. 清水混凝土模板技术

清水混凝土模板是按照清水混凝土技术要求进行设计加工,满足清水混凝土质量要求和表面装饰效果的模板。

(三)基坑施工封闭降水技术

基坑施工封闭降水技术是指采用基坑侧壁帷幕或基坑侧壁帷幕+基坑底封闭的截水措施,阻截基坑侧壁及基坑底面的地下水流入基坑,同时采取降水措施抽取或引渗基坑开挖范围内的现存地下水的降水方法。在我国南方沿海地区宜采取地下连续墙或护坡桩+

搅拌桩止水帷幕的地下水封闭措施。北方内陆地区宜采取护坡桩+旋喷桩止水帷幕的地下水封闭措施。河流阶地地区宜采用双排或三排搅拌桩或旋喷桩对基坑进行封闭同时兼作支护的地下水封闭措施。

任务四　水利工程施工组织设计

一、施工组织设计的作用

施工组织设计是水利水电工程设计文件的重要组成部分,是优化工程设计、编制工程总概算、编制投标文件、编制施工成本及国家控制工程投资的重要依据,是组织工程建设、选择施工队伍、进行施工管理的指导性文件。做好施工组织设计,对正确选定坝址、坝型及工程设计优化,合理组织工程施工,保证工程质量,缩短建设工期,降低工程造价,提高工程的投资效益等都有十分重要的作用。

水利水电工程由于建设规模大,涉及专业多、范围广,面临洪水的威胁和受到某些不利的地质、地形条件的影响,施工往往较困难。因此,水利工程施工组织设计工作就显得更为重要。在设计阶段,施工组织设计往往影响投资、效益,决定着方案的优劣。招标投标阶段,在编制投标文件时,施工组织设计是确定施工方案、施工方法的依据,是确定标底和标价的技术依据。其质量好坏直接关系到能否在投标竞争中取胜,承揽到工程。施工阶段,施工组织设计是施工实施的依据,是控制投资、质量、进度以及安全施工和文明施工的保证,也是施工企业控制成本、增加效益的保证。

二、工程建设项目划分

水利水电工程建设项目是指按照经济发展和生产需要提出,经上级主管部门批准,具有一定的规模,按总体进行设计施工,由一个或若干个互相联系的单项工程组成,经济上统一核算,行政上统一管理,建成后能产生社会经济效益的建设项目。

水利水电建设项目通常可逐级划分为若干个单项工程、单位工程、分部和分项工程。单项工程由几个单位工程组成,具有独立的设计文件,具有同一性质或用途,建成后可独立发挥作用或效益,如拦河坝工程、引水工程、水力发电工程等。

单位工程是单项工程的组成部分,可以有独立的设计、可以进行独立的施工,但建成后不能独立发挥作用的工程部分。单项工程可划分为若干个单位工程,如大坝的基础开挖、坝体混凝土浇筑施工等。

分部工程是单位工程的组成部分。对于水利水电工程,一般将人力、物力消耗定额相近的结构部位归为同一分项工程。如溢流坝的混凝土工程可分为坝身、闸墩、胸墙、工作桥、护坦等分项工程。建设项目划分如图 6-15 所示。

三、施工组织设计的分类

(一)按工程项目编制阶段分类

1. 设计阶段的施工组织设计

这里所说的设计阶段主要是指设计阶段中的初步设计。在做初步设计时,采用的设

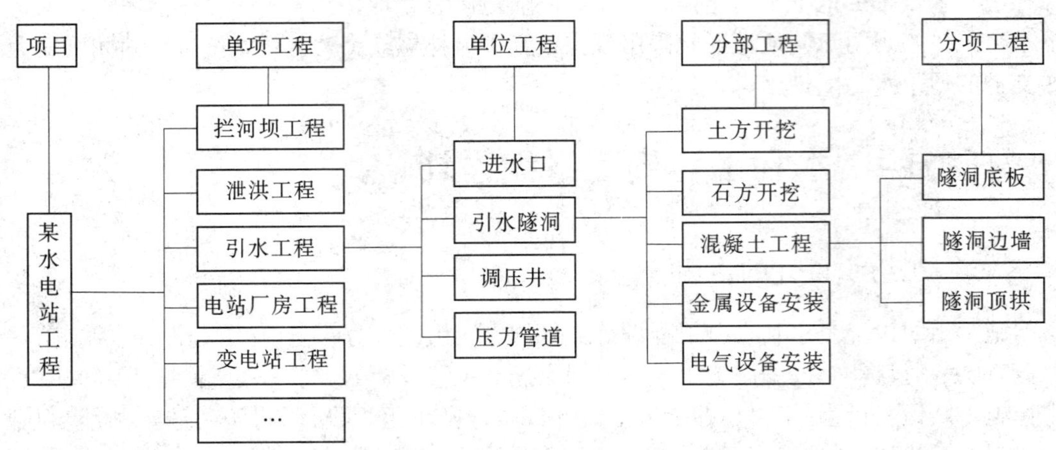

图 6-15 建设项目划分示意图

计方案必然联系到施工方法和施工组织,不同的施工组织,所涉及的施工方案是不一样的,所需投资也就不一样。设计阶段的施工组织设计是整个项目的全面施工安排和组织,涉及范围是整个项目,内容要重点突出,施工方法拟定要经济可行。这一阶段的施工组织设计,是初步设计的重要组成部分,也是编制总概算的依据之一,由设计部门编写。

2. 施工投标阶段的施工组织设计

水利水电工程施工投标文件一般由技术标和商务标组成,其中技术标就是施工组织设计部分。这一阶段的施工组织设计是以招标文件为主要依据,是投标文件的重要组成部分,也是投标报价的基础,以在投标竞争中中标为主要目的。施工投标阶段的施工组织设计主要由施工企业技术部门负责编写。

3. 施工阶段的施工组织设计

施工企业通过竞争,取得对工程项目的施工建设权,从而也就承担了对工程项目建设的责任。这个建设责任,主要是在规定的时间内,按照双方合同规定的质量、进度、投资、安全等要求完成建设任务。这一阶段的施工组织设计,主要以分部工程为编制对象,以指导施工、控制质量、控制进度、控制投资,从而顺利完成施工任务为主要目的。施工阶段的施工组织设计,是对前一阶段施工组织设计的补充和细化,主要由施工企业项目经理部技术人员负责编写,以项目经理为批准人,并监督执行。

(二)按工程项目编制的对象分类

1. 施工组织总设计

施工组织总设计是以整个建设项目为对象编制的,用以指导整个工程项目施工全过程的各项施工活动的全局性、控制性文件。它是对整个建设项目施工的全面规划,涉及范围较广,内容比较概括。

施工组织总设计用于确定建设总工期、各单位工程项目开展的顺序及工期、主要工程的施工方案、各种物资的供需设计、全工地临时工程及准备工作的总体布置、施工现场的布置等工作,同时也是施工单位编制年度施工计划和单位工程项目施工组织设计的依据。

2. 单位工程施工组织设计

单位工程施工组织设计是以一个单位工程(一个建筑或构筑物)为编制对象,用以指导其施工全过程的各项施工活动的指导性文件,是施工单位年度施工设计和施工组织总设计的具体化,也是施工单位编制作业计划和制订季、月、旬施工计划的依据。单位工程施工组织设计一般在施工图设计完成后,根据工程规模、技术复杂程度的不同,其编制内容深度和广度亦有所不同。对于简单单位工程,施工组织设计一般只编制施工方案并附以施工进度和施工平面图,即“一案、一图、一表”。在拟建工程开工之前,由工程项目的技术负责人负责编制。

3. 分部工程施工组织设计

分部工程施工组织设计也称分部工程施工作业设计。它是以分部工程为编制对象,用以具体指导其分部工程施工全过程的各项施工活动的技术、经济和组织的实施性文件。一般在单位工程施工组织设计确定了施工方案后,由施工队(组)技术人员负责编制分部工程施工组织设计,其内容具体、详细、可操作性强,是直接指导分部工程施工的依据。施工组织总设计、单位工程施工组织设计和分部工程施工组织设计,是同一工程项目不同广度、深度和作用的三个层次。

四、施工组织设计的编制原则、依据

(一)施工组织设计的编制原则

(1)严格执行国家基本建设程序和有关技术标准、规程规范,并符合国内招标、投标规定和国际招标、投标惯例。

(2)结合国情积极开发和推广新材料、新技术、新工艺和新设备,凡经实践证明技术经济效益显著的科研成果,应尽量采用。

(3)统筹安排,综合平衡,妥善协调各分部分项工程,达到均衡施工。

(4)结合实际,因地制宜。

(二)施工组织设计的编制依据

(1)可行性研究报告及审批意见、设计任务书、上级单位对本工程建设的要求或批文。

(2)工程所在地区有关基本建设的法规或条例、地方政府对本工程建设的要求。

(3)国民经济各有关部门(交通、林业、环保等)对本工程建设期间的有关要求及协议。

(4)当前水利水电工程建设的施工装备、管理水平和技术特点。

(5)工程所在地区和河流的地形、地质、水文、气象特点和当地建材情况等自然条件,施工电源、水源及水质、交通、环保、旅游、防洪、灌溉排水、航运、过木、供水等现状和近期发展规划。

(6)当地城镇现有状况,如加工能力、生产物资和劳动力供应条件、居民生活卫生习惯等。

(7)施工导流及通航等水工模型试验、各种材料试验、混凝土配合比试验、重要结构模型试验、岩土物理力学试验等成果。

(8)工程有关工艺试验或生产性试验成果。

(9)勘测、设计各专业有关成果。

(三)施工组织设计的编制方法

(1)进行施工组织设计前的资料准备。

(2)进行施工导流、截流设计。

(3)分析研究并确定主体工程施工方案。

(4)进行施工交通运输设计。

(5)进行施工工厂设施设计。

(6)进行施工总体布置。

(7)编制施工进度计划。

五、施工组织设计的工作步骤

(1)根据枢纽布置方案,分析研究坝址施工条件,进行导流设计和施工总进度的安排,编制出控制性进度表。

(2)提出控制性进度之后,各专业根据该进度提供的指标进行设计,并为下一道工序提供相关资料。单项工程进度是施工总进度的组成部分,与施工总进度之间是局部与整体的关系,其进度安排不能脱离总进度的指导,同时它又能检验施工总进度是否合理可行,从而为调整、完善施工总进度提供依据。

(3)施工总进度优化后,计算提出分年度的劳动力需要量、最高人数和总劳动力量,计算主要建筑材料需要总量及分年度供应量、主要施工机械设备需要总量及分年度供应量。

(4)进行施工方案设计和比选。施工方案是指选择施工方法、施工机械、工艺流程,划分施工阶段。在编制施工组织设计时,需要经过比较才能确定最终的施工方案。

(5)进行施工布置,是指对施工现场进行分区设置,确定生产生活设施、交通线路的布置。

(6)提出技术供应计划,指人员、材料、机械等施工资料的供应计划。

(7)编制文字说明。文字说明是对上述各阶段的成果进行说明。

六、施工组织设计的编制内容

(一)施工条件分析

1. 自然条件

(1)洪水枯水季节的时段、各种频率下的流量及洪峰流量、水位与流量关系、洪水特征、冬季冰凌情况(北方河流)、施工区支沟各种频率洪水、泥石流及上下游水利水电工程对本工程施工的影响。

(2)枢纽工程区的地形、地质、水文地质条件等资料。

(3)枢纽工程区的气温、水文、降水、风力及风速、冰情和雾等资料。

2. 工程条件

(1)枢纽建筑物的组成、结构形式、主要尺寸和工程量。

(2)泄流能力曲线、水库特征水位及主要水能指标、水库蓄水分析计算、库区淹没及移民安置条件等规划设计资料。

(3)工程所在地对外交通运输条件、上下游可利用的场地面积及分布情况。

(4)工程的施工特点及与其他有关部门的施工协调。

(5)施工期间的供水、环保及大江大河上的通航、过木、鱼群洄游等特殊要求。

(6)主要天然建筑材料及工程施工中所用大宗材料的来源和供应条件。

(7)当地水源、电源、通信的基础条件。

(8)国家、地区或部门对本工程施工准备、工期等的要求。

(9)承包市场的情况,有关社会经济调查和其他资料等。

(二)施工导流

1. 导流标准

导流建筑物的级别、各期施工导流的洪水频率及流量、坝体拦洪度汛的洪水频率及流量。

2. 导流方式

(1)导流方式及选定方案的各期导流工程布置及防洪度汛、下游供水措施,大江大河上的通航、过木和鱼群洄游措施,北方河流上的排冰措施。

(2)水利计算的主要成果,必要时对一些导流方案进行模型试验的成果资料。

3. 导流建筑物设计

(1)导流挡水、泄水建筑物布置形式的方案比较,以及选定方案的建筑物布置、结构形式及尺寸、工程量、稳定分析等主要成果。

(2)导流建筑物与永久工程结合的可能性,以及结合方式和具体措施。

4. 导流工程施工

(1)导流建筑物(如隧洞、明渠、涵管等)的开挖、衬砌等施工程序、施工方法、施工布置、施工进度。

(2)选定围堰的用料来源、施工程序、施工方法、施工进度及围堰的拆除方案。

(3)基坑的排水方式、抽水量及所需设备。

5. 截流

(1)截流时段和截流设计流量。

(2)选定截流方案的施工布置、备料计划、施工程序、施工方法措施;必要时所进行的截流试验的成果资料。

6. 施工期间的通航和过木等

(1)在大江大河上,有关部门对施工期(包括蓄水期)通航、过木等的要求。

(2)施工期间过闸(坝)通航船只、木筏的数量、吨位、尺寸及年运量、设计运量等。

(3)分析可通航的天数和运输能力。

(4)分析可能碍航、断航的时段及其影响,并研究解决措施。

(5)经方案比较,提出施工期各导流阶段通航、过木的措施、设施、结构布置和工程量。

(6)论证施工期通航与蓄水期永久通航的过闸(坝)设施相结合的可能性及相互间的衔接关系。

(三)料场的选择、规划与开采

1. 料场选择

分析块石料、反滤料与垫层料、混凝土骨料、土料等各种用料的料场分布、质量、储量、开采加工条件及运输条件、剥采比、开挖弃渣利用率和其主要技术参数,通过试验成果及技术经济比较选定料场。

2. 料场规划

根据建筑物各部位、不同高程的用料数量及技术要求,各料场的分布高程、储量及质量、开采加工及运输条件、受洪水和冰冻等影响的情况,拦洪蓄水和环境保护、占地及迁建

赔偿，以及施工机械化程度、施工强度、施工方法、施工进度等条件，对选定料场进行综合平衡和开采规划。

3. 料场开采

对用料的开采方式、加工工艺、废料处理与环境保护，开采、运输设备选择，储存系统布置等进行设计。

（四）主体工程施工

1. 闸、坝等挡水建筑物施工

闸、坝等挡水建筑物施工包括土石方开挖及基础处理的施工程序、方法、布置及进度；各分区混凝土的浇筑程序、方法、布置、进度及所需的准备工作；碾压混凝土坝上游防渗面板的施工方案、分缝分块及通仓碾压的施工措施；混凝土温控措施的设计；土石坝的备料、运输、上坝卸料、填筑碾压等的施工程序、工艺方法、机械设备、布置、进度及拦洪度汛、蓄水的计划措施；土石坝各施工期的物料开采、加工、运输、填筑的平衡及施工强度和进度安排，开挖弃渣的利用计划；施工质量控制的要求及冬雨季施工的措施意见。

2. 输（排）水、泄（引）水建筑物施工

输水、排水及泄洪、引水等建筑物的开挖、基础处理、浆砌石或混凝土衬砌的施工程序、方法、布置及进度；预防坍塌、滑坡的安全保护措施。

3. 河道工程施工

土石方开挖及岸坡防护的施工程序、工艺方法、机械设备、布置及进度；开挖料的利用、堆渣地点及运输方案。

4. 渠系建筑物施工

渠道、渡槽等渠系建筑物的施工，可参照上述相关主体工程施工的相关内容。

（五）施工总布置

（1）施工总布置的规划原则。

（2）选定方案的分区布置，包括施工工厂、生活设施、交通运输等，提出施工总布置和房屋分区布置一览表。

（3）场地平整土石方量，土石方平衡利用规划及弃渣处理。

（4）施工永久占地和临时占地面积，分区分期施工的征地计划。

（六）施工总进度

1. 设计依据

（1）施工总进度安排的原则和依据，以及国家或建设单位对本工程投入运行期限的要求。

（2）主体工程、施工导流与截流、对外交通、场内交通及其他施工临建工程、施工工厂设施等建筑安装任务及控制进度因素。

2. 施工分期

工程筹建期、工程准备期、主体工程施工期、工程完建期四个阶段的控制性关键项目、进度安排、工程量及工期。

3. 工程准备期进度

工程准备期的内容与任务，拟定准备工程的控制性施工进度。

4. 施工总进度内容

(1)主体工程施工进度计划协调、施工强度均衡、投入运行(蓄水、通水、第一台机组发电等)日期及总工期。

(2)分阶段工程形象面貌的要求,提前发电的措施。

(3)导截流工程、基坑抽排水、拦洪度汛、下闸蓄水及主体工程控制进度的影响因素及条件。

(4)通过附表,说明主体工程及主要临建工程量、逐年(月)计划完成主要工程量、逐年最高月强度、逐年(月)劳动力需用量、施工最高峰人数、平均高峰人数及总工日数。

(5)施工总进度图表(横道图、网络图等)。

(七)主要技术供应

(1)主要建筑材料。对主体工程和临建工程,按分项列出所需钢材、木材、水泥、油料、火工材料等主要建筑材料需用量和分年度(月)供应期限及数量。

(2)主要施工机械设备。对施工所需主要机械和设备,按名称、规格型号、数量列出汇总表,并提出分年度(月)供应期限及数量。

(八)附图

在以上设计内容的基础上,还应结合工程实际情况提出如下附图:

(1)施工场地内外交通图。

(2)施工转运站规划布置图。

(3)施工场地规划范围图。

(4)施工导流方案图。

(5)施工导流分区布置图。

(6)导流建筑物结构布置图。

(7)导流建筑物施工方法示意图。

(8)施工期全场布置图。

(9)主要建筑物土石方开挖施工程序及基础处理示意图。

(10)主要建筑物土石方填筑施工程序、施工方法及施工布置示意图。

(11)主要建筑物混凝土施工程序、施工方法及施工布置示意图。

(12)地下工程开挖、衬砌施工程序、施工方法及施工布置示意图。

(13)机电设备、金属结构安装施工示意图。

(14)当地建筑材料开采、加工及运输路线布置图。

(15)砂石料系统生产工艺布置图。

(16)混凝土拌和系统及制冷系统布置图。

(17)施工总布置图。

(18)施工总进度表及施工关键路线图。

思考题

1. 水利工程施工的主要特点是什么?

2. 施工导流的方案选择中主要考虑的影响因素有哪些?
3. 围堰的分类及其特点是什么?
4. 土石坝施工主要的挖掘机械和运输机械有哪些?
5. 土石坝施工的质量控制内容有哪些?
6. 施工组织设计的分类有哪些? 有哪些内容?
7. 水利工程施工组织设计的编制工作步骤及主要内容是什么?

思政园地

"百年大计,质量为本"。中国是建筑大国,有在历史上举世闻名的万里长城,它是两千多年前用"秦砖汉瓦"建造的世界上最伟大的砌体工程之一;有在春秋战国时期就已兴修的,如今仍然起灌溉作用的都江堰水利工程;有 1 747 km 的京杭大运河,是世界上最长的人工河流,对中国古代的经济和文化交流起到了重要作用;有在 1 400 年前由料石修建的现存河北赵县安济桥,这是世界上最早的敞肩式拱桥,该桥已被美国土木工程学会选入世界第 12 个土木工程里程碑。这些都是值得我们自豪和继承的,体现了大国工匠精神,也对弘扬我国文化遗产起到了积极作用。

项目七　现代农田水利

任务一　我国农田水利的发展

植物生长必须依靠雨露的滋润，但自然降水往往不能完全满足作物生长的需要。劳动人民在与自然灾害作斗争中，创造和发展了农田水利工程，进一步由引水沟流发展成为较大型的渠系工程。

一、新中国成立前的灌溉排水事业

（一）先秦时期

早在夏商时期，中国人民在作农田规划的时候，已经注意到了水源问题。他们对水源情况进行调查并作出农田灌溉规划。到了商代，沟洫工程有了文字记载。西周时，沟洫工程有了发展，技术水平也有了新的进步。但总体来说，此时的农田水利工程还处于较低的水平。

中国史书记载的最早的渠系工程是淮河流域上的期思雩娄灌区，它是楚国孙叔敖在公元前 605 年主持修建的。《淮南子》中记载："孙叔敖决期思之水，而灌雩娄之野。"期思之水就是今天的史河和灌河。在战国时期修建的渠系工程还有都江堰、郑国渠、引漳十二渠、智伯渠、芍陂等。

秦在未统一全国前，大力加强关中农业经济基础，辅以成都平原的开发，以及西北的畜牧、林、矿业等的利用。水利建设重点在泾、渭流域和岷江上游，最著名的是岷江上的都江堰和引泾灌溉的郑国渠。

1. 都江堰

都江堰位于岷江自峡谷进入冲积平原的交接点，在今四川都江堰市区西部。都江堰工程灌溉着都江堰市以东成都平原上的万顷农田。在都江堰工程兴建之前，这里是水旱灾害频发之地。秦昭襄王五十一年（公元前 256 年），李冰为蜀郡守，他在蜀大兴水利，主持兴建了都江堰这一著名水利工程。工程引岷江水灌溉成都平原广大地区，渠道同时发挥着通航、漂木等作用。成都平原自此"水旱从人，不知饥馑，时无荒年，天下谓之天府也"。都江堰工程渠道遍布成都平原各县，现在还穿过山区丘陵向东、南、北各区发展。到 1949 年可灌田为二三百万亩，现在已扩大到八九百万亩。都江堰能够历经 2 000 多年而不废，效益有增无减，这同它的地点选择优越、布置合理、维护简便易行等是分不开的。现在看到的都江堰的布置结构是经过 2 000 多年整修、改进的成果，但基本技术原理古今无根本区别。

除都江堰外，李冰还有平滩险、通航运、建索桥等事迹。他在岩石开挖的施工方法上也有所创造，就是用火烧岩石，然后趁热浇冷水或醋，使岩石在热胀冷缩中炸裂，便于开凿。

2. 郑国渠

郑国渠于公元前246年动工兴建。郑国渠之所以著称于世,除规模大、兴建时间早外,还由于它对增强秦国的经济实力和完成统一大业有着直接的关系。

随着都江堰的兴建,秦国的强盛与日俱增,特别是在秦庄襄王三年(公元前247年),秦又攻取河东,设置了太原、上党二郡,至此,东方诸强国均受挫败,秦统一六国的条件日臻成熟。在东方诸国处于危急之时,韩国更是首当其冲,但又无可奈何,遂使用"疲秦"之计,派水工郑国劝秦国兴建大型灌溉工程。韩以为在开挖大型渠道过程中,秦会疲乏不堪,因而无力东伐,秦果然中计,命郑国主持兴建引泾水灌溉的水利工程,全长300余里❶。在渠道施工中此计被秦发觉,秦王欲杀郑国。郑国此人颇有胆略与远见,他对秦王说,修此渠道工程只能"为韩延数岁之命,而为秦建万世之功"。秦王认为有理,命令继续施工。用了十多年的时间,渠道终于建成,并以郑国的名字命名为郑国渠。表面看来,这似乎是一件偶然事件,其实韩国的"疲秦"之计只不过是一种外因罢了。修建郑国渠的根本原因在于秦的本身,那就是为了实现统一准备物质条件的需要。

由于泾水中含有大量有机质和泥沙,随着灌溉水一起输送到农田里,可以起到改良盐碱化农田的作用,并大大提高土壤的肥力,因此郑国渠引水灌溉,实际上超出了一般灌水的意义,而具有改良盐碱地、施肥和灌水一举三得的好处。郑国渠建成后,泾水沿着渠道源源不断地灌溉着沿线的大片农田,使原来贫瘠的渭北平原,变为"无凶年"的沃野,郑国渠所经的今三原、高陵、泾阳、富平等地的土地得到了灌溉,亩产高达125 kg,这在当时生产力条件下是了不起的产量。郑国渠的建成,有力地促进了当地农业生产的发展,增强了秦国的经济实力。公元前221年,秦终于完成了统一大业。

(二)秦汉时期

郑国渠修成后百余年,汉武帝时期为了灌郑国渠旁边的高地,采纳倪宽的建议,并令他主持在郑国渠上游北岸开凿六条辅助性渠道,叫六辅渠。倪宽在领导兴修水利之际,在六辅渠的管理方面也积极探索创造,其主持制定的"水令"是见于记载的中国最早水利法规。又过了十几年,到西汉太始二年(公元前95年)由赵中大夫白公主持修建了另一引泾灌溉工程,名白公渠。渠首在郑国渠之南,渠道向东至栎阳(今高陵区东北)南入渭水,长200里,灌田约4 500 hm^2。灌区和郑国渠相连,后人合称郑白渠。这一渠道时有兴废,绵延200多年,为今泾惠渠的前身。

秦汉时期是中国封建社会巩固和发展的重要时期。秦统一六国,结束了诸侯割据的分裂局面,建立了中国历史上第一个统一的多民族的封建专制国家,封建经济文化得到了高速发展,而这一发展又是与当时的水利事业的发展密切相关的。

水利建设事业在秦汉时期有了蓬勃的发展,其中以建成了一系列的大型农田灌溉工程为这一时期的显著特点,显示了水利工程技术新的水平。农田水利工程的分布以关中地区为中心,同时也扩展到了西北、西南等边远地区。

随着地区经济的不断发展,黄河中下游地区的经济地位显得越来越重要,对黄河的治理要求也就更为迫切。西汉时期,黄河水灾的记载明显增多,古代劳动人民在对黄河的治理中,付出了艰巨的劳动,在治黄规划和治黄技术上,都有显著的成就,其中以东汉初年的

❶ 1里=500 m,全书同。

王景治河最为著称。此外，在这一时期中，还发明了许多水力机械，灌溉水车出现了，排水的发明也比欧洲早1 000多年，这些都体现了中国劳动人民的勤劳和智慧。

秦王朝的统一和中央集权为动员更广大的人力、物力进行经济建设提供了有利的条件，促进了水利事业的发展。西汉前期政权巩固，经济发展较快，为水利发展奠定了基础。到汉武帝时期，水利建设达到了高潮，工程分布以关中为中心。当时为了支援抗击匈奴的战争，着重发展西北水利；随着经济领域的进一步开发，汉水南阳地区和淮河上游地区水利也开始繁荣，尤其是汉水支流唐白河发展最为显著。唐白河一带由于气候温和，降水量较大，适合农作物生长，所以开发较早，西汉中期，这里经济已相当发达。西汉后期这里的水利发展更是突飞猛进，成为两汉水利发展的重点地区之一。汉元帝时期的南阳太守召信臣对这一带水利有突出贡献，他在任时提出了发展经济的种种措施，尤其是大力发展灌溉。在他的领导下，几年之内建设了数十处引水渠道，灌溉面积达200多万亩。召信臣不仅注意新建工程，还重视灌溉管理，制定了灌溉制度。由于发展水利。再加上其他措施，南阳地区面貌有了很大改观，召信臣因而受到百姓拥戴，被誉为召父。

两汉400年水利发展形成一个高潮。三国、两晋、南北朝也是400年，由于各民族大融合，个别少数民族是由奴隶社会刚刚进入封建社会的，而各民族统治阶级对劳动人民加紧镇压剥削，又互相争夺杀伐，整个国家动荡分裂，社会因而发展迟缓。水利事业自然受到影响，成就远不如前。但劳动人民反抗阶级压迫和向自然作斗争是不会停止的，水利还是向前发展了。北方战乱较多，人口大量南迁，并带入了较先进的农业技术，促进了江淮之间和长江以南地区的水利事业发展。和前期不同的是，北方灌溉事业在这一期间有兴有废，虽有不少创新但多为前代的延续和修复改建。南方灌溉此期多为创始，由于自然条件的差异，水利工程与北方多有不同。沿海水利、海塘及鉴湖水利，一般推源于这一时期。

（三）隋唐时期

隋代是一个短暂的朝代，在其统治的30年中，也陆续兴修了一批农田水利工程，著名的有陕西的永丰渠、沁水的利民渠、芍陂灌溉系统的整修等。唐代是中国历史上一个空前强盛和繁荣的时期，此时国土辽阔，国力雄厚，生产力发达。唐代的繁荣强大是建立在其发达农业的基础上的，而发达的农业与水利是分不开的。唐代所兴修的农田水利工程，无论是数量还是质量，都比前代有很大的前进和突破。中国农田水利工程的发展历史，在地理上有一个由点到面、由北到南的逐步扩大和南移的过程。隋代以前，中国兴建的农田水利工程，多集中在黄河两岸的广阔地区，而长江两岸及以南地区较为少见。到了唐代，这种情况发生了根本性的变化，黄河两岸老农业区农田水利工程仍有续建，但农田水利建设的重心开始向南方转移，特别是向太湖流域转移。从此中国历史上形成了一个新的格局，即北方开始落后于南方。农田水利工程发展的这种重心转移，成为中国人口重心向南方转移的先导。人口与水利工程的重心转移，推进了江南经济的空前繁荣，终于使江南成为中、晚唐财政收入的重点地区。

隋唐初期，黄河流域仍然是中国的经济和文化中心。但从中唐开始，特别是到了五代十国，情况就发生了重大变化，经济文化中心明显地向南方的长江流域转移。唐末农民的大起义，瓦解了李唐王朝，之后中国历史上又出现了近半个世纪的五代十国的大分裂局面。黄河流域再次遭到严重的破坏，中原地区的水利随着战争的起伏，在破坏和恢复中挣扎。南方由于未沦为战场，经济继续有所发展。当时黄河流域由于继续受到战争的严重

破坏，田畴荒废，人口南迁，而建立在长江流域及其以南地区的各封建小王朝，却由于未受战乱影响，政局相对安定，同时由于采取了某些有利于发展生产的政策，如奖励耕织、兴修水利等，使南方经济有较大的发展。

(四)宋元明清时期

到了宋代，中国经济和人口的重心南移已经完成。北宋政权建立后，结束了五代十国的分裂局面，加强了中央集权制。北宋初期的农田水利建设，集中在引水灌田和疏治旧塘老堰等工程方面。熙宁三年至熙宁九年(1070—1076年)，宋神宗任用王安石进行变法。王安石大力鼓励开荒，兴修水利，并颁布农田水利法，全国很快形成水利建设的高潮。其规模之大、地区之广，实为古代所罕见。著名水利工程木兰陂灌溉工程就是这一时期修建的。木兰陂位于福建莆田西南的木兰溪上，这项工程布局巧妙，因地制宜，至今仍滋润着莆田平原20多万亩农田，是中国沿用至今而未废的少数水利工程之一。

南宋偏安江南，对农田水利建设比较重视，积极运用国家政权进行干预，有力地促进了长江水利事业的发展。南宋兴修的农田水利，比较集中在修治陂塘沟洫、整治湖区和扩建海塘等方面。经过历代劳动人民的开发，特别是唐、宋两代以来，中国南方的经济迅速发展，成为统治政权财政收入的主要来源。

金据北方几乎无农田水利而言。元初统治阶级中有少部分保守、落后的豪门贵族，坚持游牧习惯，并企图用单一的牧业经济来代替农业经济，曾给中原的农业带来了很大的破坏。元代农田水利就是在农牧矛盾斗争中曲折发展的。在元代，虽然元世祖即位之始就在内地颁布了提倡农业和抑制纵牧的政策，但遇到来自蒙古游牧贵族的很大阻力。元代前期屡次下诏令重申劝农政策，正说明政策贯彻很不容易。尽管元代(特别是前期)水利灌溉事业在不少地方受到政府劝农政策的推动而取得一定的成绩，但到中期以后，还是向游牧贵族做了一些让步，这使元代农田水利事业的全面恢复和发展受到一定的限制。此外，元代在统一战争过程中，对边远地区水利事业的开发曾做出了一定的成绩。王祯的《农书》总结了这一时期劳动人民在农田水利建设方面的成就，是中国农田水利发展史上的一份珍贵的遗产。

明代开国之初即大力推动农田水利建设，特别注意恢复因战乱破坏的水利工程，农田水利因此有了长足的进步。这一时期，南方成就较北方明显，特别是长江中游圩垸的成绩最为突出。江南水利已发展到珠江流域，浙、闽、两广(广东、广西)之利超过北方。北方古灌区反而萎缩，远逊前代。定都北京后，粮食主要依仗江南。

明清两代，黄河、淮河和海河流域农田水利仍维持不废，并做过新的努力。大型工程虽少见，但水利进一步普及，总的趋势是地方化和小型化。明末清初，曾力图扭转南粮北运的困难局面，在海河流域一再大规模兴修水利，种植水稻；在淮河流域，解决淮入海出路问题的里下河区水利治理，都是涉及流域范围的农田水利问题，不过成效极为有限；在黄河流域，著名的郑国渠引泾灌溉日益困难，以致被迫改引泉水灌溉，是一项重大变化；而宁夏内蒙古河套地区的渠系建设，本期都取得了引人注目的成就。清前期稳定了西北边疆，康熙后期开始恢复新疆农田灌溉工程。乾隆、嘉庆和道光年间又取得超出前代的成就，其中以坎儿井的发展最为引人注目。内蒙古河套地区也陆续建成了后套八大渠，灌溉面积共计100多万亩。珠江流域特别是珠江三角洲堤围在前代的基础上突飞猛进，成为全国又一个重点农业区。清末西方技术陆续引入，水利中虽采取了不少新手段，但工程实施得并不多。

20世纪30—40年代，近代水利先驱李仪祉先生等，学习、引进、吸收西方先进水利科技，规划和兴建了如陕西关中泾惠渠、渭惠渠等一批著名灌溉工程，缩小了我国灌溉工程技术与西方工业发达国家的差距。到新中国成立的1949年，全国有标准不高的农田灌溉面积2.4亿亩，占耕地面积的16.3%。利用近代工业和科技成果发展起来的机电排灌，起步于20世纪20—30年代的东南沿海地区，到1949年新中国成立前，动力设备保有量只有7万kW，灌排面积380万亩，其中2/3集中于江苏南部。在漫长的封建社会和半封建半殖民地社会，我国农业基础设施十分脆弱，农业生产力水平低下，大部分地方的农业"靠天吃饭"，粮食不能自给，几亿农民长期处于缺吃少穿、不得温饱的贫困状态。农业基础的不稳，制约着整个经济社会的发展。

二、新中国成立后的灌溉排水事业

新中国成立以后，国家提出了"农业是国民经济的基础""水利是农业的命脉"等方针，对兴建水利、发展灌溉排水给予高度重视，采取了一系列促进灌溉排水事业发展的政策和措施，组织广大农民坚持不懈地兴修水利，先后建成了多种类型的蓄水、引水、提水灌溉工程，几十年发展的灌溉面积超过了以往数千年的总和。根据《2020年全国水利发展统计公报》，截至2020年底，全国设计灌溉面积2 000亩及以上的灌区共22 822处，耕地灌溉面积37 940 hm^2。其中，50万亩及以上灌区172处，耕地灌溉面积1 234.4万 hm^2；30万~50万亩大型灌区282处，耕地灌溉面积547.8万 hm^2。全国灌溉面积7 568.7万 hm^2，耕地灌溉面积6 916.1万 hm^2，占全国耕地面积的51.3%。全国节水灌溉工程面积3 779.6万 hm^2，其中喷灌、微灌面积1 181.6万 hm^2，低压管灌面积1 137.5万 hm^2。

伴随着大规模的灌溉排水工程建设与改造，灌溉排水新技术的研究开发和应用推广也取得了很大成绩。如地表水与地下水互补、联合调配使用的井渠结合技术，丘陵山区蓄引提结合多水源综合开发、联合调度利用技术，灌区中低产田旱涝碱综合治理技术，渍害低产田改造技术，喷灌技术，微灌技术，沟畦地面灌溉改进技术，水稻控制灌溉技术，旱作物非充分灌溉技术，雨水集蓄利用技术，计划用水优化调配管理技术等。与此同时，在灌溉排水基础理论和应用技术基础研究方面也取得了一批有价值的成果，如节水灌溉条件下农作物需水规律、作物水分生产函数与节水机制，大气水、地表水、地下水、土壤水四水转化，饱和-非饱和土壤水和溶质运移规律，土壤-作物-大气连续体水分传输机制与计算模型等。

为了适应新形势、新任务、新要求，今后灌溉排水事业发展的工作重点将放在已有灌溉设施的改造和管理体制的改革上，使灌溉水利用率大幅度提高。充分考虑水资源承载力和供水条件，以非充分灌溉、节水灌溉为主，既重视提高用水效率，同时更重视提高水分生产率、单位水量创造的价值和纯收益；既重视生产实践经验，更重视科学技术的应用。

任务二　灌溉分区与常见的灌溉方法

一、灌溉分区

我国幅员辽阔，水土资源分布和组合很不均匀，各地的农作物组成和农业生产条件差异很大，对灌溉排水的要求也不相同。按照对农作物灌溉排水的要求，可以将全国划分为三个地带。

(一)常年灌溉地带

该地带指多年平均年降水量少于 400 mm 的地带,约占国土面积的 45%,主要包括内蒙古、新疆、青海、甘肃、陕西、宁夏、山西的大部分地区。这部分地区为干旱、半干旱地区,降水量偏少,由于缺乏足够的雨水淋洗,土壤多属碱性,并且需要常年灌溉,以保证农作物的生长需求,其灌溉需要指数(灌溉水量与农作物需水量的比值)一般大于 0.5。由于多数为碱性土地,所以需要排水,以防治盐碱地。

该地区中的西北内陆地区,大部分为戈壁沙漠,水资源主要由高山冰川和融雪形成,非常短缺。利用这些水资源开发了很少的耕地,形成了沙漠绿洲。但这一部分地区人烟稀少,每公顷土地占有河川径流 24 450 m^3,人均占有量为 5 330 m^3,都高于全国水平,可以进一步挖掘潜力,扩大耕地面积和粮食产量,发展畜牧业。该地区中的黄河中上游地区,绝大部分为黄土高原,水土流失严重,是黄河泥沙的主要来源区,降水量 200~400 mm,不足以有效地补给土壤中的水分,十年九旱;河川径流总量 629 亿 m^3,人均 678 m^3,平均每公顷 4 710 m^3,农作物必须灌溉才能保证生长;水利工作的重点是水土保持和发展灌溉,平原地区要注意排水治碱。

(二)不稳定灌溉地带

该地带平均年降水量介于 400~1 000 mm,主要包括黄淮海地区和东北地区,土地面积 196 万 km^2,约占国土面积的 20.5%。这部分地区是我国主要的农产区,土壤肥沃,农业机械化程度高。该地区由于受季风气候的影响,降水量的频次、强度等具有随机性,因此降水在年际的变化很大,一般表现为连续多年丰水或连续多年枯水,因而农作物的灌溉需水量年际变化较大,各地区差异也很大。对于旱作物,黄淮海地区和东北的西部灌溉需要指数可达到 0.5 以上,而黄河以南地区和东北的东部,基本上不需要灌溉;水稻则必须灌溉才能保证生长,其灌溉需要指数为 0.5 左右。该地区内的旱作区排涝要求很高,且不稳定,与降水量有关,不稳定灌溉地带的农业发展必须有灌溉保证和排涝保证。

(三)水稻灌溉地带

该地带平均年降水量大于 1 000 mm,主要包括长江中下游地区,珠江、闽江地区和西南部分地区。该地区水量充沛,土壤多为酸性,土地面积 344 万 km^2,是我国主要的农作区,特别是水稻种植区,农业十分发达,人口密集。水稻一般都需要补充灌溉,灌溉需要指数一般在 0.3~0.6。一般年份旱作物不需要灌溉,但遇到干旱年份则需要灌溉,灌溉需要指数为 0.1~0.3。由于水量充沛,所以排水要求高于前两个地带。总体来看,该地区虽然水量较多,但由于面积较大,地形复杂,降水时空分布不均,所以不同的地区有不同的特点,灌溉要求也不尽相同。如多数平原地区,主要以防洪排涝为主,而丘陵坡地则以发展灌溉和防洪、排渍为主。有的地方还会发生秋旱和伏旱,所以本地区内灌溉的作用主要是扩大水稻种植面积、提高复种指数和粮食产量。

二、常见的灌溉方法

良好的灌溉方法不仅可以保证灌水均匀,而且可以节省用水,有利于保持土壤结构和肥力。不正确的灌溉方法或灌水量过大而形成深层渗漏,造成用水的浪费,引起地下水位上升,招致土壤恶化;或灌水量不足,土壤湿润不均匀,影响作物的正常生长。因此,正确地选择灌溉方法是进行合理灌溉、保证作物丰产的重要环节。

灌溉方法是指灌溉水进入田间并湿润植物根区土壤的方式与方法，即灌溉水湿润田面或田间土壤的形式。

灌溉方法一般按照是否全面湿润整个农田、水输送到田间的方法和湿润土壤的方式来分类，常见的灌水方法可分为全面灌溉与局部灌溉两大类，如图 7-1 所示。

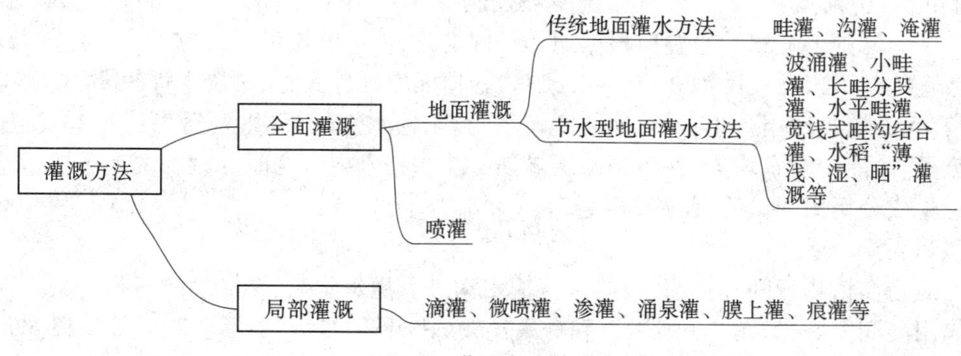

图 7-1 灌溉方法的分类

(一) 全面灌溉

全面灌溉是指灌溉时湿润整个农田根系活动层内的土壤，传统的常规灌水方法都属于这一类。全面灌溉主要有地面灌溉和喷灌两类。

1. 地面灌溉

地面灌溉方法是使灌溉水通过田间渠沟或管道输入田间，水流在田面上呈连续水层或细小水流沿田面流动，主要借重力作用和毛细管作用湿润土壤的灌水方法，又称重力灌水方法或全面灌水方法。

地面灌溉方法具有田间工程简单、需要设备少、投资省、技术简单、操作方便、群众容易掌握、水头要求低、能耗少等优点，但存在易破坏土壤团粒结构、表土容易板结、水的利用率低、平整土地工作量大等缺点。它是最古老的，也是目前应用最广、最主要的一种灌水方法。

1) 传统地面灌水方法

(1) 畦灌。

畦灌是用临时修筑的土埂将灌溉土地分隔成一系列的长方形田块，即灌水畦，又称畦田，如图 7-2 所示。灌溉水从输水垄沟或直接从田间毛渠引入畦田后，在畦田田面上形成很薄的水层，沿畦长坡度方向均匀流动，在流动的过程中主要借重力作用，以垂直下渗的方式逐渐湿润土壤。

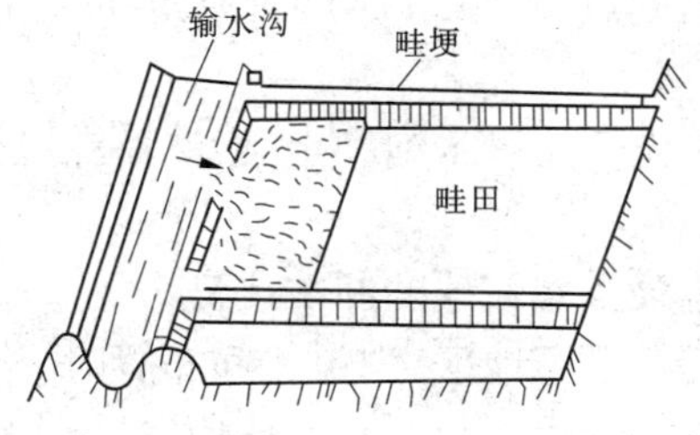

图 7-2 畦灌示意图

畦灌主要适用于灌溉窄行距密植作物。各种作物的播前灌溉或储水灌溉也常用畦灌方法，以加大灌溉水向土壤中下渗的水量，使土壤中储存更多的水分。

采用畦灌时要注意提高灌水技术，即要合理地选定畦田规格和控制入畦流量、放水时间。畦田的规格和入畦流量与地面坡度、土地平整情况、土壤透水性能、农业机具等有关。一般自流灌区畦长 30~100 m，畦宽应按照当地农业机具宽度的整数倍确定，一般为 2~4 m。每亩 5~10 个畦田，入畦单宽流量一般控制在 3~6 L/(s · m)，以使水分布均匀和不冲刷土壤为原则。畦田的布置应根据地形条件变化，保证畦田沿长边方向有一定的坡度。一般适宜的畦田田面坡度为 0.001~0.003。如地面坡度较大，土壤透水性较弱，畦田可适当加长，入畦流量适当减小；如地面坡度较小，土壤透水性较强，则要适当缩短畦长，加大入畦流量，才能使灌水均匀，并防止深层渗漏。灌水技术要素之间的正确关系应根据总结实践经验或分析田间试验资料来确定。

(2)沟灌。

沟灌是在植物行间开挖灌水沟，水从输水沟进入灌水沟后，在流动的过程中主要借毛细管作用湿润土壤，如图 7-3 所示。和畦灌比较，其明显的优点是不会破坏植物根部附近的土壤结构，不导致田面板结，能减少土壤蒸发损失，多雨季节还可以起排水作用。

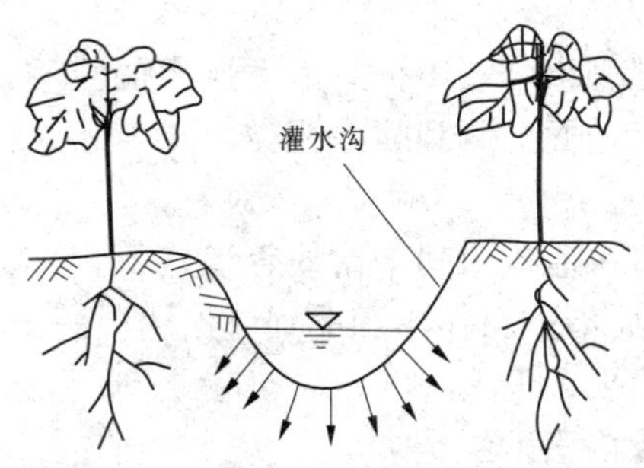

图 7-3 沟灌示意图

沟灌适用于宽行距的中耕植物。如棉花、玉米等中耕作物，番茄、茄子等茄果类蔬菜和黄瓜、南瓜等瓜类蔬菜。

为了使土壤湿润均匀，灌水沟的间距应使土壤的浸润范围相互连接。因此，在透水性较强的轻质土壤上，其沟距应适当缩窄。陕西省总结分析得出了不同土质条件下的灌水沟间距，沙壤土为 45~60 cm，黏壤土为 60~75 cm，黏土为 75~90 cm。灌水沟的长度与土壤的透水性和地面坡度有直接关系，根据灌溉试验结果和生产实践经验，一般沙壤土上的灌水沟长度为 30~50 m，黏性土壤上的沟长在 50~100 m，蔬菜作物的灌水沟长度一般较短，农作物的沟长较长。但灌水沟长度不宜超过 100 m，以防止产生田间灌水损失，影响田间灌水质量。

(3)淹灌。

淹灌又称格田灌，灌水时先使灌溉水饱和土壤，然后在土壤表面建立并维持一定深度的水层，主要借重力作用湿润土壤。

淹灌适用于水稻、水生蔬菜及盐碱地的冲洗改良。

格田的形状一般为方形，在平原地区，沟渠相间布置时，格田长度一般为 100~150 m；沟渠相邻布置时，格田长度一般为 200~300 m。格田宽度则按田间管理要求而定，不要影响通风、透光，一般为 15~20 m。在山丘地区的坡地上，格田的长度应根据机耕要求而定；格田的宽度随地面坡度而定，坡度越大，格田越窄。格田地面坡度一般小于 0.000 2，而且田面平整。格田应有独立的进水口,避免串灌串排,防止灌水或排水时彼此互相依赖、互相干扰,达到能按植物生长要求控制灌水和排水。

2)节水型地面灌水方法

(1)波涌灌。

波涌灌又称间歇灌溉,它是把灌溉水断续交替地按一定周期向灌水沟(畦)供水,逐段湿润土壤,直到水流推进到灌水沟(畦)末端的一种节水型地面灌溉新技术。涌流灌可划分为涌流畦灌和涌流沟灌两类。与传统的地面沟(畦)不同,它向灌水沟(畦)供水不是连续的,其灌溉水流也不是一次灌水就推进到灌水沟(畦)末端的,而是灌溉水在第一次供水输入灌水沟(畦)达一定距离后,暂停供水,过一定时间后,再继续供水,如此分几次间歇反复地向灌水沟(畦)供水。

波涌灌适用于沟(畦)长度大、地面坡度平坦、透水性较好且含有一定黏粒的土质的灌溉,具有灌水均匀,灌水质量高,田面水流推进速度快,省水、节能和保肥,可实现自动控制等优点。

(2)小畦灌。

小畦灌又称小畦"三改"灌水技术,即"长畦改短畦、宽畦改窄畦、大畦改小畦"的灌水方法。其优点是灌水均匀,省时,减少灌溉水流失,从而使作物生长健壮,增产节水。

小畦灌灌水技术主要是确定合理的畦长、畦宽和入畦单宽流量。一般自流灌区畦宽为2~3 m,畦长为30~50 m,最长不超过80 m;机井提水灌区畦宽为1~2 m,畦长为30 m左右。畦埂高度一般为0.2~0.3 m,底宽为0.4 m左右,田头埂和路边埂可适当加宽培厚。地面坡度1/400~1/1 000时,单宽流量为2~4.4 L/(s·m),灌水定额为300~675 m^3/hm^2。

(3)长畦分段灌。

长畦分段灌将一条长畦分成若干个没有横向畦埂的短畦,采用地面纵向输入沟或塑料薄壁软管,将灌溉水输入畦田,然后自下而上或自上而下依次逐段向短畦内灌水,直至全部短畦灌完的灌水方法,如图7-4所示。

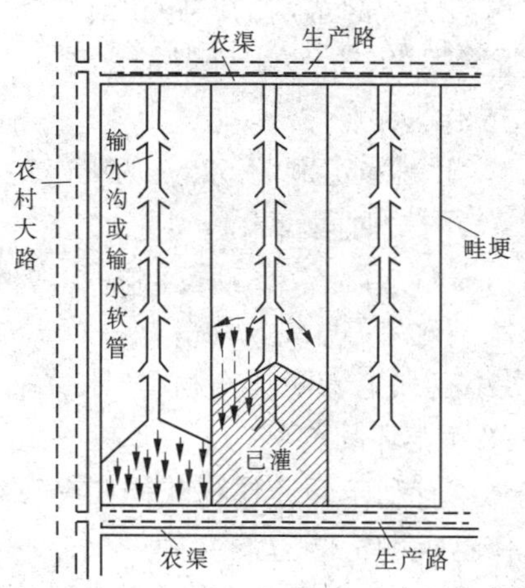

图7-4　长畦分段灌

长畦分段灌适用于畦长度大、地面坡度平坦的灌溉。其优点是节约水量,容易实现小定额灌水,灌水均匀、田间水有效利用率高,灌溉设施占地少,土地利用率高。

(4)水平畦灌。

水平畦灌是在短时间内给大面积地块灌水的一种新的地面灌水方法,也是一种节约灌溉用水的先进灌水技术。水平畦灌的主要特点如下:

①畦田田面各方向的坡度都很小(≤1/3 000)或为 0,整个畦田田面可看作是水平田面。所以,水平畦田上的薄层水流在田面上的推进过程,将不受畦田田面坡度的影响,而只借助于薄层水流沿畦田流程上水深变化所产生的水流压力向前推进。

②进入水平畦田的总流量很大,以便入畦薄层水流能在短时间内迅速布满整个畦田地块。

③由于水平畦田首末两端地面高差很小或为 0,所以对水平畦田田面的平整程度要求很高,从而一般情况下,水平畦田不会产生田面泄水流失或出现畦田首端渗水量不足及畦田末端发生深层渗漏现象,灌水均匀度高。在土壤入渗速度较低的条件下,灌溉田间水利用率可达 98%以上。

(5)宽浅式畦沟结合灌。

宽浅式畦沟结合灌水技术,是一种适应间作套种或立体栽培作物,“二密一稀”种植的灌水畦与灌水沟相结合的灌水技术。已证实这是一项高产、节水、低成本的优良的节水灌溉技术。

A. 宽浅式畦沟结合灌水技术的特点。

①畦田和灌水沟相间交替更换,畦田面宽为 0.4 m,可以种植两行小麦(二密),行距 0.1~0.2 m。

②小麦播种于畦田后,可采用常规畦灌或长畦分段灌水技术进行灌溉。

③小麦乳熟期,每隔两行小麦开挖浅沟,套种一行玉米(一稀),套种玉米的行距为 0.9 m。在此期间,土壤水分不足,可利用浅沟灌水,为玉米播种和发芽出苗提供良好的土壤水分条件。

④小麦收获后,玉米已近拔节期,可在小麦收割后的空白畦田田面处开挖灌水沟,并结合玉米中耕培土,把挖出的畦田田面上的土覆在玉米根部,形成垄梁及灌水沟沟埂,而原来的畦田田面则成为灌水沟沟底。灌水沟的间距正好是玉米的行距,灌水沟的上口宽则为 0.5 m。这样既能牢固玉米根部、防止倒伏,又能多蓄水分、增强耐旱能力。

B. 宽浅式畦沟结合灌水技术的优点。

①节水,灌水均匀度高。一般灌水定额为 525 m^3/hm^2 左右,而且玉米全生育期灌水次数比一般玉米地减少 1~2 次,耐旱时间较长。

②有利于保持土壤结构。灌溉水流入浅沟后,就由浅沟沟壁向畦田土壤侧渗湿润土壤,对土壤结构破坏少,蓄水保墒效果好。

③能促使玉米早播,解决小麦和玉米两茬作物“争水、争时、争劳”的尖锐矛盾和随后秋夏两茬作物“迟种迟收”的恶性循环问题。

④施肥集中,养分利用充分,有利于两茬作物获得稳产、高产。

⑤通风透光好,覆土厚,作物抗倒伏能力强。

这是我国北方广大旱作物灌区值得推广的节水灌溉技术。但该技术也存在一定缺点,即田间沟、畦多,沟和畦要轮番交替更换,劳动强度较大,比较费工。

(6)水稻“薄、浅、湿、晒”灌溉。

水稻“薄、浅、湿、晒”灌溉根据水稻移植到大田后各生育期的需水特性和要求进行灌溉排水，为水稻生长创造良好的生态环境，达到节水、增产的目的。具体指的是薄水插秧，浅水返青，分蘖前期湿润，分蘖后期晒田，拔节孕穗期回灌薄水，抽穗开花期保持薄水，乳熟湿润，黄熟期湿润晒干。

2. 喷灌

喷灌是喷洒灌溉的简称，是一种利用喷头等专用设备将有压水流送到灌溉地段，通过喷头以均匀喷洒方式进行灌溉的方法。喷灌的主要特点如下：

(1)省水。喷灌可以控制喷洒水量和均匀性，避免产生地面径流和深层渗漏，水的利用率高，一般比地面灌溉节省水量30%～50%。对于透水性强、保水能力差的砂质土地，其节水效果更为明显，用同样的水能浇灌更多的土地。

(2)省工。喷灌取消了田间的输水沟渠，提高了灌溉机械化程度，大大减轻了灌水劳动强度，便于实现机械化、自动化，同时还可以结合施入化肥和农药，大量节省劳动力。

(3)节约用地。采用喷灌可以大量减少土石方工程，无须田间的灌水沟渠和畦埂，可以腾出田间沟渠占地用于种植作物。比地面灌溉更能充分利用耕地，一般可增加耕种面积7%～10%。

(4)增产。喷灌可以采用较小的灌水定额进行浅浇勤灌，便于严格控制土壤水分，使土壤湿度维持在作物生长最适宜的范围，使土壤疏松多孔、通气性好，保持土壤肥力。还可以调节田间的小气候，有利于植物的呼吸和光合作用，达到增产效果。大田作物可增产20%，经济作物可增产30%，同时还可以改变产品的品质。

(5)适应性强。喷灌对各种地形的适应性强，不需要像地面灌溉那样进行土地平整，在坡地和起伏不平的地面均可进行喷灌。在采用地面灌水方法难以实现的场合，都可以采用喷灌的方法，特别是土层薄、透水性强的砂质土，非常适合使用喷灌。

喷灌系统主要由水源工程、水泵及动力设备、输配水管网系统、喷头和附属工程、附属设备等部分组成，如图7-5所示。

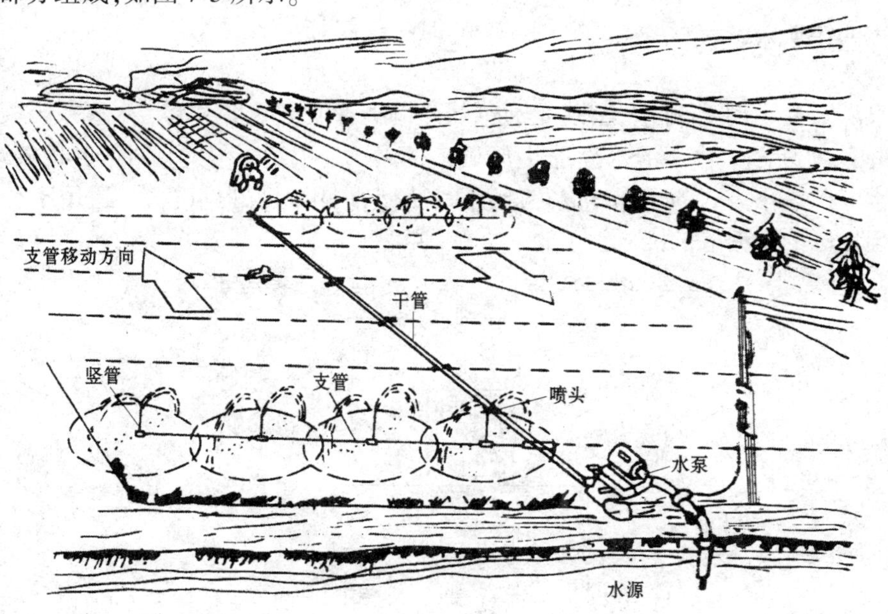

图7-5　喷灌系统示意图

(二)局部灌溉

1. 滴灌

滴灌是利用塑料管道和安装在直径约10 mm毛管上孔口非常小的灌水器(滴头或滴灌带等),消杀水中具有的能量,使水一滴一滴缓慢而又均匀地滴在作物根区土壤中进行局部灌溉的灌水形式。由于滴头流量很小,只湿润滴头所在位置的土壤,水主要借助土壤毛管张力入渗和扩散。目前,它是干旱缺水地区最有效的一种节水灌溉方式,其水的利用率可达95%,因此较喷灌具有更高的节水增产效果,同时还可以结合灌溉给作物施肥,提高肥效1倍以上。

滴灌适用于果树、蔬菜、经济植物及温室大棚灌溉,在干旱缺水的地方也可用于大田作物灌溉。

2. 微喷灌

微喷灌是利用塑料管道输水,通过微喷头将水喷洒在土壤或作物表面进行局部灌溉。与喷灌相比,微喷头的工作压力明显下降,有利于节约能源、节省设备投资,同时具有调节田间小气候的优点,又可结合灌溉为作物施肥,提高肥效,可使作物增产30%。与滴灌相比,微喷头的工作压力与滴头相近,不同的是微喷头利用水中能量,将水喷到空中,在空气中消耗能量,且微喷头不仅比滴头湿润面积大,流量和出流孔口都较大,水流速度也明显加快,大大减小了堵塞的可能性。可以说,微喷灌是扬喷灌和滴灌之所长、避喷灌和滴灌之所短的一种理想灌水形式。

微喷灌主要应用于果树、花卉、草坪、温室大棚等的灌溉。

3. 渗灌

渗灌又称地表下滴灌,地表下滴灌是将全部滴灌管道和灌水器都埋在地表下面的灌水形式,或者由发泡塑料管制作的渗水管埋入地下一定深度,水分主要依靠毛细管作用渗入管道或灌水器周围的土壤。这种形式可减缓毛管和灌水器老化,并防止损坏和丢失,同时方便田间作业。但若有堵塞和破损,不易查找、维修、清洗和更换。

4. 涌泉灌

涌泉灌又称为涌灌、小管灌溉,是通过从开口小管涌出的小水流将水灌入土壤的灌水方式,如图7-6所示。由于灌水流量较大(但一般不大于220 L/h),有时需在地表筑埂,来控制灌水。此灌水方式的工作压力很低,不易堵塞,但田间工程量较大,适用于种植在地形较平坦地区的果树等的灌溉。

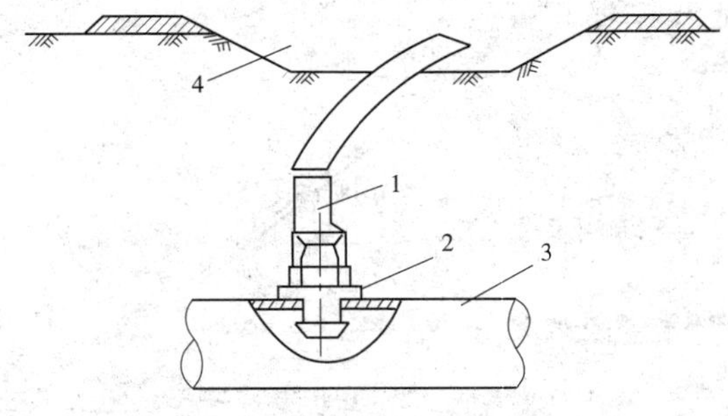

1—直径4 mm小管;2—接头;3—毛管;4—灌水沟。

图7-6 涌泉灌示意图

5. 膜上灌

膜上灌是在地膜覆盖栽培的基础上，把膜侧灌水改为膜上灌水，使水流在膜上推进过程中，通过放苗孔、专门打在膜上的渗水孔或膜缝渗水，进行浸润土壤的方法来满足作物生长需水，达到节水、增产效果的一种灌水技术。

膜上灌在新疆等地已大面积推广，采用膜上灌，深层渗漏和蒸发损失少，节水显著，在地膜栽培的基础上不需要再增加材料费用，并能起到对土壤增温和保墒的作用。在地膜栽培条件下的棉花、玉米、花生、豆类、瓜类，以及粮棉套种（小麦+棉花）、粮油套种（小麦+花生）等，均可采用膜上灌溉。

6. 痕灌

痕灌是利用土壤的毛细管力和现代膜过滤技术进行灌溉的新型节水灌溉技术。它是以毛细管力为基础，按照作物需求，以极其微小的速率（1～500 mL/h）直接将水或营养液输送到植物根系附近，均匀、适量不断地湿润作物根层土壤，直至作物土壤、灌水器系统水势重新达到平衡的新型灌溉技术。

痕灌技术的核心节水部件是痕灌控水头，由具有良好导水性能的毛细管束和具有过滤功能的痕灌膜组成，控水头埋在作物根系附近，毛细管束一端与充满水的管道相连，另一端与土壤的毛细管相连，感知土壤水势的变化。作物吸水导致根系周围的水势降低，即发出需水信号，控水头内的水不断以毛细管水的形式流向根系周围，直至作物停止吸水；控水头内的痕灌膜可防止毛细管束因杂质而堵塞，保证系统长期稳定工作。

痕灌可按作物需水主动给水且对水质要求不高，适于葡萄、枣树、番茄、马铃薯、蘑菇等作物的种植灌水。

任务三　常见的农田排水方式

农田排水方式一般有水平排水和垂直排水两种。水平排水主要指明沟排水和地下暗管排水。垂直排水也叫井排水，若把灌溉和排水结合起来，又称为井灌井排。暗管排水与明沟排水组合，以及暗管排水与井排水组合，又形成组合排水方式。

一、明沟排水

在农田中开挖明沟进行排水。明沟排水系统包括干、支、斗、农、毛各级排水沟道，以及相应的排水控制建筑物。明沟排水工程具有施工简单、排水速度快、排水效果好等优点，但明沟排水工程量大、地面建筑物多、占地面积大、沟坡易坍塌、不利于交通和机械化耕作，排渍效果不如暗管排水和竖井排水。因此，许多地方用明沟排地面水，用暗管或竖井排地下水。

按照排水任务的不同，明沟排水可分为除涝（排地面积水）、防渍（控制地下水位）、防止土壤盐碱化（控制地下水位）。

二、暗管排水

暗管排水是在地下埋设管壁有多孔或缝隙的管道，排除土壤中多余的水分，降低地下水位，以利于农作物生长的排水技术措施。暗管排水系统一般包括吸水管、集水管（明沟)、检修井和排水控制设备。

暗管排水的特点是地下水排得快、降得深。与明沟排水相比,具有工程量小、地面建筑物少、土地利用率高、有利于交通和田间机械化作业等优点,并可避免边坡坍塌、沟深不易保持等缺陷。与竖井排水相比,暗管排水的优点是能有效地解决水平不透水隔层的排水问题,同时在自然地形许可的地区,可自流排水,节省能源。但暗管排水对于除涝的效果比较差。

三、竖井排水

竖井是指地面向下垂直开挖的井筒,也称立井。竖井排水是指在田间按一定的间距打井,井群抽水时在较大的范围内形成地下水位降落漏斗,从而起到降低和控制地下水位的作用。如果地下水水质较好,则可将排出来的水补充到灌溉水中,但如果地下水矿化度较高(咸水地区),则需要将排出来的水排出区外,不能用于灌溉。

利用竖井进行灌溉排水具有以下特点:

(1)降低地下水位,防止土壤返盐。

(2)腾空地下库容用以除涝防渍。

(3)促进土壤脱盐和地下水淡化。

四、鼠道排水

鼠道排水是指在地面以下适当深度借鼠道犁(塑孔器)挤压土壤形成不加防护的洞道,用以排除地下水和控制土壤水的工程措施,如图 7-7 所示。鼠道断面一般是圆形或椭圆形。

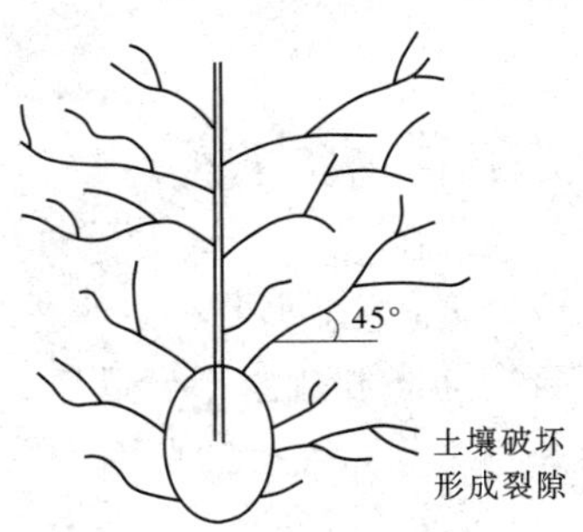

图 7-7 鼠道排水示意图

鼠道排水适用于施工深度内不含较大卵砾石的黏性土地区的田间治渍。

鼠道布设应符合下列规定:

(1)鼠道宜相互平行布设,应具有通畅的排水出路。

(2)鼠道排出水宜流入排水沟。流入暗管时,应在其交汇处设置滤层。

(3)能使用多年的鼠道,宜在每块田头埋设横向管道将多条鼠道连通,集中于一个出水口通向集水沟,并根据需要设置排水控制设施。

思考题

1. 我国农田水利工程的发展历程中有哪些重要时期?

2. 常年灌溉地带在我国农田水利中扮演什么角色?

3. 水稻灌溉地带的灌溉方法有哪些特别之处?
4. 地面灌溉技术包括哪些类型?
5. 滴灌技术为什么在干旱地区非常有效?
6. 明沟排水和暗管排水各有什么优缺点?

思政园地

党的二十大报告中强调了农业现代化和乡村振兴战略的重要性。我们要培养学生的现代农业意识,引导他们深刻理解农田水利在保障粮食安全和推动农业高质量发展中的关键作用。

大国工匠精神要求我们对待每一项水利工程都要有极致的专注和严谨的态度,无论是灌溉系统的优化设计,还是节水技术的创新应用,都要力求达到最高标准。要培养学生的责任感和使命感,鼓励他们在实践中不断探索,勇于解决实际问题,为提高农田水利效率、保障国家粮食安全、建设美丽乡村、实现农业农村现代化作出贡献。

项目八　水土流失与防治

任务一　水土流失与防治概述

一、水土流失基本概念

（一）水土流失

水土流失在《中国百科大辞典》的定义为：由水、重力和风等外界力引起的水土资源破坏和损失；在《中国水利百科全书·第一卷》中定义为：在水力、重力、风力等外营力作用下，水土资源和土地生产力的破坏和损失，包括土地表层侵蚀及水的损失，亦称水土损失。

水土流失的形式除雨滴溅蚀、片蚀、细沟侵蚀、浅沟侵蚀、切沟侵蚀等典型的土壤侵蚀形式外，还包括河岸侵蚀、山洪侵蚀、泥石流侵蚀以及滑坡侵蚀等形式。有些国家的水土保持文献中，水土损失是指植物截留损失、地面及水面蒸发损失、植物蒸腾损失、深层渗漏损失、坡地径流损失。在中国，水土损失主要是指坡地径流损失。

我国判断水土流失有三条标准：一是水土流失发生的场所是陆地表面，除海洋外的地球表面都有可能发生水土流失；二是水土流失产生的原因必须是外营力，最主要的外营力是水力、风力、重力和人为活动；三是水土流失产生的结果是水土资源和土地生产力的损失和破坏。

（二）土壤侵蚀

水土保持的工作对象是土壤侵蚀。土壤侵蚀是国际通用的土壤学学术用语，国际通用的土壤侵蚀是指水、风、重力等作用下土壤的流失。

《中国大百科全书·水利卷》（1992 年 3 月）对土壤侵蚀的定义为：土壤及其母质在水力、风力、冻融、重力等外营力作用下，被破坏、剥蚀、搬运和沉积的过程。同时，该百科全书还指出：土壤在外营力作用下产生位移的物质量，称土壤侵蚀量。单位面积单位时间内的土壤侵蚀量称为土壤侵蚀模数。在特定时段内通过小流域出口某一观测断面的泥沙总量，称为流域产沙量。

（三）土地荒漠化

土地荒漠化概念有狭义和广义之分。狭义的土地荒漠化是指在脆弱的生态系统下，由于人为过度的经济活动，破坏其平衡，使原非沙漠地区出现了类似沙漠景观的环境变化过程。因此，凡是具有发生沙漠化过程的土地都被称为沙漠化土地。沙漠化土地还包括沙漠边缘风力作用下沙丘前移入侵的地方和后来的固定、半固定沙丘由于植被破坏发生流沙活动的沙丘活化地区。

广义的土地荒漠化是指由于人为和自然因素的综合作用，使得干旱、半干旱甚至半湿润地区自然环境退化(包括盐渍化、草场退化、水土流失、土壤沙化、植被荒漠化、历史时期沙丘迁移入侵等以某一环境因素为标志的具体的自然环境退化)的总过程。

(四)生态破坏

生态破坏主要是由于人为活动对生态环境造成的破坏,是人类不合理地开发利用自然资源和兴建工程项目而引起的生态环境的退化及由此而衍生的有关环境效应,从而对人类的生存环境产生不利影响的现象,如水土流失、土地荒漠化、土壤盐碱化、生物多样性减少等。

(五)土壤侵蚀模数

土壤侵蚀模数表示单位面积和单位时段内的土壤侵蚀量,其单位为 $t/(km^2 \cdot a)$,或采用单位时段内的土壤侵蚀厚度,其单位为 mm/a。各地可按当地土壤密度建立土壤侵蚀模数与土壤侵蚀厚度之间的换算关系。土壤侵蚀厚度=土壤侵蚀模数/土壤密度。河流输沙模数不能直接引用为侵蚀模数,必须用泥沙输移比加以换算。

(六)土壤侵蚀强度

土壤侵蚀强度是指地壳表层土壤在自然营力(水力、风力、重力及冻融等)和人类活动综合作用下,单位面积和单位时段内被剥蚀并发生位移的土壤侵蚀量,以土壤侵蚀模数表示。

(七)土壤侵蚀程度

土壤侵蚀程度是指任何一种土壤侵蚀形式在特定外营力作用和一定环境条件影响下,自其发生开始到目前为止的发展状况。土壤遭受侵蚀的过程中所达到的不同阶段,并不直接反映现状侵蚀强度的大小。诊断土壤侵蚀的程度,是根据土壤剖面中 A 层(表土层)、B 层(心土层)及 C 层(母质层)的丧失情况加以判别的,土壤侵蚀程度反映土壤肥力和土地生产力现状,为土地利用改良和防治土壤侵蚀提供科学依据。

(八)正常侵蚀与土壤容许流失量

我国的环境问题是多方面的,不仅包括水土流失,还包括城市空气污染,河流水质污染,工业的废水、废气、废渣(三废)污染等,但是,分布最广泛、危害最严重的是水土流失。我国山区、丘陵区面积约占国土总面积的 2/3,大部分区域都有水土流失,据 2023 年全国水土保持公报,全国的水土流失面积 262.76 万 km^2,约占国土总面积的 27%,较 2002 年下降 10 个百分点。

正常侵蚀指的是在不受人类活动影响下的自然环境中,所发生的土壤侵蚀速率小于或等于土壤形成速率的那部分土壤侵蚀。这种侵蚀不易被人们所察觉,实际上也不至于对土地资源造成危害。

土壤容许流失量(允许土壤侵蚀量)是指小于或等于成土速度的年土壤侵蚀量,即在长时期内能保持土壤肥力和维持土地生产力基本稳定的最大土壤流失量。也就是说,容许土壤流失量是不至于导致土地生产力降低而允许的年最大土壤流失量。由于不同地区的成土速度不同,因此允许土壤侵蚀量也不同。小于允许土壤侵蚀量的侵蚀,属正常侵蚀(微度侵蚀);大于或等于允许土壤侵蚀量的侵蚀,属加速侵蚀(水土流失),在土壤侵蚀强度上分为轻度侵蚀、中度侵蚀、强度侵蚀、极强度侵蚀、剧烈侵蚀。

二、水土流失的危害

水土流失在我国的危害已达到十分严重的程度,它不仅造成土地资源的破坏,导致

农业生产环境恶化，生态平衡失调，水旱灾害频繁，而且影响各业生产的发展。具体危害如下。

（一）破坏土地资源，蚕食农田，威胁群众生存

土壤是人类赖以生存的物质基础，是环境的基本要素，是农业生产的最基本资源。年复一年的水土流失，使有限的土地资源遭受严重的破坏，地形破碎，土层变薄，地表物质"沙化""石化"，特别是土石山区，由于上层殆尽、基岩裸露，有的群众已无生存之地。据初步估计，由于水土流失，全国每年损失土地约 13.3 万 hm^2，按每公顷造价 1.5 万元统计，每年就损失 20 亿元。更严重的是，水土流失造成的土地损失，已直接威胁到水土流失区群众的生存，其价值是不能单用货币计算的。

（二）削弱地力，加剧干旱发展

由于水土流失，坡耕地成为跑水、跑土、跑肥的"三跑田"，致使土地日益瘠薄，而且土壤侵蚀造成的土壤理化性状的恶化，土壤透水性、持水力的下降，加剧了干旱的发展，使农业生产低而不稳，甚至绝产。据统计，黄土高原多年平均每年流失的 16 亿 t 泥沙中含有氮、磷、钾总量约 4 000 万 t，东北地区因水土流失多年平均每年流失的氮、磷、钾总量约 317 万 t。资料表明，全国多年平均受旱面积约 2 000 万 hm^2，成灾面积约 700 万 hm^2，成灾率达 35%，而且大部分在水土流失严重区，这更加剧了粮食和能源等基本生活资料的紧缺。

（三）泥沙淤积河床，洪涝灾害加剧

水土流失使大量泥沙下泄，淤积下游河道，削弱行洪能力，一旦上游来洪量增大常引起洪涝灾害。近几十年来，特别是最近几年，长江、松花江等发生的洪涝灾害，所造成的损失令人触目惊心。这都与水土流失使河床淤高有非常重要的关系。

任务二　土壤侵蚀

侵蚀是土壤及其母质在水力、风力、冻融、重力等外营力作用下，被破坏、剥蚀、搬运和沉积的过程。简单地说，侵蚀是土壤物质从一个地方移动至另一个地方的过程。土壤侵蚀与土壤学及土地资源学的关系体现在土壤、母质及浅层基岩是土壤侵蚀作用破坏的主要对象。不同的土壤具有不同的蓄水、透水和抗蚀能力。

土壤侵蚀与流体力学、水力学、水文学学科的关系更为密切，无论是水力侵蚀、风力侵蚀，还是重力侵蚀导致的径流、泥沙、风沙流等，都与以上学科有紧密联系。土壤侵蚀与环境科学的关系在于土壤侵蚀所研究的问题正是山区、丘陵区和风沙区的生态环境问题。

一、土壤侵蚀类型

划分土壤侵蚀类型的目的在于反映和揭示不同类型的侵蚀特征及其区域分异规律，以便采取适当措施防止或减轻侵蚀危害。土壤侵蚀类型的划分以外力性质为依据，通常分为水力侵蚀、重力侵蚀、冻融侵蚀和风力侵蚀等。其中，水力侵蚀是最主要的一种形式，习惯上称为水土流失。水力侵蚀分为面蚀和沟蚀，重力侵蚀表现为滑坡、崩塌和山剥皮，风力侵蚀分悬移风蚀和推移风蚀。

(一)水力侵蚀

水力侵蚀或流水侵蚀是指由降雨及径流引起的土壤侵蚀,简称水蚀,包括面蚀、潜蚀、沟蚀和冲蚀。

(二)重力侵蚀

重力侵蚀是指斜坡陡壁上的风化碎屑或不稳定的土石岩体在重力为主的作用下发生的失稳移动现象,一般可分为泄溜、崩坍、滑坡和泥石流等类型,其中泥石流是一种危害严重的水土流失形式。

重力侵蚀多发生在深沟大谷的高陡边坡上。

(三)冻融侵蚀

冻融侵蚀主要分布在中国西部高寒地区,在一些松散堆积物组成的坡面上,土壤含水量大或有地下水渗出情况下,冬季冻结,春季表层首先融化,而下部仍然冻结,形成了隔水层,上部被水浸润的土体呈流塑状态,顺坡向下流动、蠕动或滑塌,形成泥流坡面或泥流沟。因此,此种形式主要发生在一些土壤水分较多的地段,尤其是阴坡。如春末夏初在青海东部一些高寒山坡、晋北及陕北的某些阴坡,常可见到舌状泥流,但一般范围不大。

(四)风力侵蚀

在比较干旱、植被稀疏的条件下,当风力大于土壤的抗蚀能力时,土粒就被悬浮在气流中而流失。这种由风力作用引起的土壤侵蚀现象就是风力侵蚀,简称风蚀。风蚀发生的面积广泛,除一些植被良好的地方和水田外,无论是平原、高原、山地、丘陵都可以发生,只不过程度上土壤侵蚀有所差异。

风蚀强度与风力大小、土壤性质、植被盖度和地形特征等密切相关。此外,风蚀强度还受气温、降水、蒸发和人类活动状况的影响。特别是土壤水分状况是影响风蚀强度的极重要因素,土壤含水量越高,土粒间的黏结力越强,而且一般植被也较好,抗风蚀能力强。

(五)人为侵蚀

人为侵蚀是指人们在改造利用自然、发展经济过程中,移动了大量土体,而不注意水土保持,直接或间接地加剧了侵蚀,增加了河流的输沙量。目前,主要表现在采矿,修建各种建筑、公路、铁路、水利等工程过程中毁坏耕地、废弃物乱堆放,有的直接倒入河床,有的堆积成小山坡,再在其他营力作用下产生侵蚀。人为侵蚀在黄土高原所产生的危害是不容忽视的,特别是一大批露天煤矿的开采等,使个别地区的水土流失近年来又有明显加剧的趋势。

二、土壤侵蚀因素

影响土壤侵蚀的因素分为自然因素和人为因素。自然因素也称潜在因素,是水土流失发生、发展的先决条件;人为因素则是加剧水土流失的主要原因。

(一)自然因素

1. 气候

气候因素特别是季风气候与土壤侵蚀密切相关。季风气候的特点是降雨量大而集中,多暴雨,因此加剧了土壤侵蚀。

2. 地形

地形是影响水土流失的重要因素,而坡度的大小、坡长、坡形等都对水土流失有影响,其中坡度的影响最大,因为坡度是决定径流冲刷能力的主要因素。

3. 土壤

土壤是侵蚀作用的主要对象,因而土壤本身的透水性、抗蚀性和抗冲性等特性对土壤侵蚀也会产生很大的影响。据研究,土壤膨胀系数愈大,崩解愈快,抗冲性就愈弱,如有根系缠绕,将土壤团结,可使抗冲性增强。

4. 植被

植被破坏使土壤失去天然保护屏障,成为加速土壤侵蚀的先导因子。据中国科学院华南植物研究所的试验结果,无植被覆盖的土地的泥沙年流失量为 26 902 kg/hm^2,桉林地为 6 210 kg/hm^2,而阔叶混交林地仅 3 kg/hm^2。因此,保护植被,增加地表植物的覆盖,对防治土壤侵蚀有着极其重要的意义。

(二)人为因素

人为活动是造成土壤流失的主要原因,表现为植被破坏(如滥垦、滥伐、滥牧)和坡耕地垦殖(如陡坡开荒、顺坡耕作、过度放牧),或由于开矿、修路未采取必要的预防措施等,都会加剧水土流失。

任务三　水土流失的防治

防治水土流失、保护和合理利用水土资源是改变山区、丘陵区、风沙区面貌,治理江河,减少水、旱、风沙灾害,建立良好生态环境,以及农林业生产可持续发展的一项根本措施,是国土整治的一项重要内容。水土保持是山区生态建设的生命线,必须采取行之有效的水土保持综合治理措施。

水土保持是指对自然因素和人为活动造成水土流失所采取的预防和治理措施。在《中国大百科全书·农业卷》(1990 年 9 月)中对水土保持的定义为:防治水土流失,保护、改良与合理利用山丘区和风沙区水土资源,维护和提高土地生产力,以利于充分发挥水土资源的经济效益和社会效益,建立良好的生态环境的事业。

水土保持就是在合理利用水土资源的基础上,组织运用水土保持林草措施、水土保持工程措施、水土保持农业措施、水土保持管理措施等形成水土保持综合治理体系,以达到保持水土、提高土地生产力、改善山丘区和风沙区生态环境的目的。

一、水土保持工程措施

水土保持工程措施是以修筑各种水土保持工程为手段,以防治山区、丘陵区、风沙区水土流失,保护改良水土资源为目的,以实现水土流失地区水土资源高效利用和环境改善为目标的各种工程措施的总和。工程措施主要通过坡面治理工程、沟道治理工程等防护工程的实施,改变地形状态,减少水土流失,并为水土资源利用创造条件。

水土保持工程按修建目的及其主要功能大致可分为 5 种类型:①坡面防护工程主要作用是稳定坡面,蓄水保土,改良土壤,为恢复植被和农业生产服务;②沟床固定工程,主要作用是固定沟床以及蓄水拦沙;③护岸与治滩工程;④小型蓄排引水工程;⑤工程治沙工程。其中,有些工程具有交叉性,如固定沟床的谷坊、淤地坝兼具蓄水、排水功能等。

二、生物工程措施

生物工程措施是指为了防治土壤侵蚀、保持和合理利用水土资源而采取的造林种草、绿化荒山、农林牧综合经营,以增加地面覆被率、改良土壤、提高土地生产力、发展生产、繁荣经济的水土保持措施,也称水土保持林草措施。林草措施除了起涵养水源、保持水土的作用,还能改良培肥土壤,提供燃料、饲料、肥料和木料,促进农、林、牧、副各业综合发展,改善和调节生态环境,具有显著的经济效益、社会效益和生态效益。生物工程措施可分两种:一种是以防护为目的的生物防护经营型,如黄土地区的塬地护田林、丘陵护坡林、沟头防蚀林、沟坡护坡林、沟底防冲林、河滩护岸林、山地水源林、固沙林等;另一种是以林木生产为目的的林业多种经营型,有草田轮作、林粮间作、果树林、油料林、用材林、放牧林、薪炭林等。

三、农业技术措施

我国的山区、丘陵区、塬区,占国土面积的2/3,这些地方山多坡陡、土层薄、暴雨多,自然条件差,其中耕地约占全国总耕地面积的一半。在坡耕地上,地表径流是土壤遭受侵蚀最重要的原因。为了抑制径流的产生,在坡度大于15°或10°的坡耕地上兴修梯田是很有效的水保工程措施,但在坡度较缓的坡耕地上如能及时正确地采用水土保持耕作措施,同样可以增加降水入渗,减少径流产生,削减土壤冲蚀,收到保水、保土、稳产增产的效益,而且要比兴修梯田、梯地简单易行。因此,应因地制宜地予以应用,不应因其简单易行而有所忽视。

思考题

1. 水土流失的定义是什么?
2. 土地荒漠化有哪些类型?
3. 土壤侵蚀模数是如何定义的?
4. 梯田在水土保持中扮演什么角色?
5. 水土流失的防治措施中,植物措施包括哪些?
6. 农业技术措施在水土流失防治中的重要性是什么?

思政园地

党的二十大报告提出:我们坚持绿水青山就是金山银山的理念。

水土流失与防治是生态文明建设的重要组成部分,它关系到国家的生态安全和可持续发展。我们要深刻认识到水土流失的危害,加强水保宣传教育,增强公众的水土保护意识。积极推广科学的水土流失防治技术,引导学生参与水土保持的实践活动,树立"让水慢慢流,留下土不让走"的水保理念,培养他们保护水土资源、维护生态平衡的责任感和使命感。通过教育和实践,让学生理解到水土流失防治不仅是保护自然、改善环境的需要,更是实现人与自然和谐共生、建设美丽中国的重要途径。

项目九 水旱灾害防御

灾害自从人类诞生之日起就与人类文明相伴而行,是人类社会发展的重要保障。而中国自古就是灾害多发的国家。在各种灾害中,以水灾害尤甚。我国地处欧亚大陆东南部,濒临太平洋,大部分是大陆气流和海洋气流交换的地区,这两种气流汇合形成了我国主要雨带,二者的强弱、消长造成降水时空分布不均,常形成干旱、洪涝等灾害。随着我国经济建设的飞速发展,我国防御水旱灾害的能力正在逐年加强,但许多经济建设活动又加剧了水旱灾害的发生及其危害,造成的经济损失也越来越大。水灾害的预防和治理也引起了人们的重视。

任务一 水旱灾害概述

一、防汛与洪涝灾害的概念

(一)汛

汛是指江河、湖泊等水域的季节性涨水现象。汛常以出现的季节(如春汛、秋汛等)或形成的原因命名(如梅汛、台汛、潮汛等)。梅汛是指江河流域内由于梅雨季节集中降雨汇流形成的江河涨水;台汛是指江河流域内由于过境台风所夹带暴雨汇流形成的江河涨水;潮汛是指滨海地区海水周期性上涨,如遇过境台风引发的风暴潮现象,往往会产生较高的潮位,威胁海塘、江堤的安全。

(二)洪涝灾害

水灾分为"洪"和"涝"两种。"洪"是指江河、湖泊在较短时间内发生的水流量急剧增加、水位明显上升的水流现象。洪水按成因和地理位置不同,可分为暴雨洪水、融雪洪水、冰凌洪水、山洪及溃坝洪水等,海啸、风暴潮等也可能引起洪水灾害,各类洪水的发展都具有明显的季节性和地区性。"涝"是指水过多或过于集中而淹没土地、农田、村庄和城镇的积水。如浙江地区的河流多数是中上游源短流急,下游受潮水顶托,排洪不畅,经常洪涝不分,易发生洪涝灾害。

2023 年,全国平均降水量 612.9 mm,较常年偏少 3.9%,出现区域暴雨过程 35 次。浙江省洪涝灾害多发生于 6—9 月。6 月中旬至 7 月中旬的梅雨季节,7 月中旬至 9 月的台风季节,都易暴发洪涝灾害。浙江洪涝灾害常见的有江河洪水、山洪、泥石流、积涝洪水等类型,主要由暴雨、风暴潮等引起。洪涝灾害可能会造成人员伤亡,导致水利、交通、电力、通信等基础设施破坏,农田、城镇、村庄等大面积受淹,农作物减产甚至绝收,耕地失去耕作条件,企业停工停产,影响正常的生活生产秩序等。同时,可能会造成河流改道、生态破坏、水环境污染,引发疫情,直接危及人民群众健康。

二、台风与台风灾害的概念

(一)台风

台风是一种强烈的热带气旋。热带气旋是发生在热带或副热带洋面上的低压涡旋,是一种强大而深厚的热带天气系统。它好比水中的旋涡一样,是在热带或副热带洋面上绕着自己的中心旋转同时又向前移动的空气旋涡。“台风”“飓风”“气旋风暴”“气旋”等都属于热带气旋范畴,只是在不同地区的名称不同。在东亚、东南亚一带称为“台风”;在北大西洋、北太平洋东部称为“飓风”;在欧洲、北美一带称为“飓风”;在孟加拉湾地区称为“气旋风暴”;在南半球称为“气旋”。

根据台风底层中心附近最大风力的大小,台风划分为热带风暴、强热带风暴、台风、强台风、超强台风 5 个等级。

(二)台风灾害

台风灾害是指热带或副热带海洋上发生的气旋性涡旋大范围活动,伴随大风、巨浪、暴雨、风暴潮等,对人类生产生活具有较强破坏力的灾害。台风灾害主要是在台风登陆前和登陆之后引起的。台风引起的直接灾害通常由三方面造成:大风、暴雨、风暴潮。

1. 大风

台风大风及其引起的海浪可以把万吨巨轮抛向半空拦腰折断,也可把巨轮推入内陆;飓风级的风力足以损坏甚至摧毁陆地上的建筑、桥梁、车辆等。特别是在建筑物没有被加固的地区,造成的破坏更大。大风亦可以把杂物吹到半空,使户外环境变得非常危险。

2. 暴雨

台风暴雨造成的洪涝灾害来势凶猛,破坏性极大,是最具危险性的灾害。

3. 风暴潮

强台风的风暴潮能使沿海水位上升 5~6 m,严重时候能导致潮水漫溢,海堤溃决,冲毁房屋和各类建筑设施,淹没城镇和农田,造成大量人员伤亡和财产损失。

台风的次生灾害包括暴雨引起的山体滑坡、泥石流等。

三、干旱与旱灾的概念

(一)干旱

干旱是因水分的收支或供求不平衡所形成的持续性水分短缺现象。

1. 干旱类型

世界气象组织承认以下六种干旱类型:

(1)气象干旱:根据不足降水量,以特定历时降水的绝对值表示。

(2)气候干旱:根据不足降水量,不是以特定数量,而是以与平均值或正常值的比率表示。

(3)大气干旱:不仅涉及降水量,而且涉及温度、湿度、风速气压等气候因素。

(4)农业干旱:主要涉及土壤含水量和植物生态,或许是某种特定作物的性态。

(5)水文干旱:主要考虑河道流量的减少、湖泊或水库库容的减少和地下水位的下降。

(6)用水管理干旱:由于用水管理的实际操作或设施的破坏引起的缺水。

我国比较通用的定义如下:

(1)气象干旱:不正常的干燥天气时期,持续缺水足以影响区域,引起严重水文不平衡。

(2)农业干旱:降水量不足的气候变化,对作物产量或牧场产量足以产生不利影响。

(3)水文干旱:在河流、水库、地下水含水层、湖泊和土壤中低于平均含水量的时期。

2. 干旱等级

《气象干旱等级》(GB/T 20481—2017)将干旱划分为五个等级,并评定了不同等级的干旱对农业和生态环境的影响程度。

(1)正常或湿涝:特点为降水正常或较常年偏多,地表湿润,无旱象。

(2)轻旱:特点为降水较常年偏少,地表空气干燥,土壤出现水分轻度不足,对农作物有轻微影响。

(3)中旱:特点为降水持续较常年偏少,土壤表面干燥,土壤出现水分不足,地表植物叶片白天有萎蔫现象,对农作物和生态环境造成一定影响。

(4)重旱:特点为土壤出现水分持续严重不足,土壤出现较厚的干土层,植物萎蔫,叶片干枯,果实脱落,对农作物和生态环境造成较严重影响,对工业生产、人畜饮水产生一定影响。

(5)特旱:特点为土壤出现水分长时间严重不足,地表植物干枯、死亡,对农作物和生态环境造成严重影响。

3. 干旱预警信号

干旱预警信号分二级,分别以橙色、红色表示。干旱橙色信号含义为干旱指数等级为三级,中度干旱,且干旱将持续。部分稻田不能保持水分,旱地作物出现枯萎,水库蓄水明显减少,少数水源紧缺地区出现用水紧张。干旱红色预警信号含义为干旱指数等级为四级以上(含四级),重度干旱,且干旱将持续。部分溪流、鱼塘干涸,中小水库水位接近死水位,大量稻田干裂,农作物枯死失收,城镇出现用水紧张。

(二)旱灾

旱灾指因气候严酷或不正常的干旱而形成的气象灾害。旱灾一般指因土壤水分不足,水分的收支或供求不平衡而形成的水分短缺现象。农作物水分平衡遭到破坏而减产或歉收,从而带来粮食问题,甚至引发饥荒。同时,旱灾可令人类及动物因缺乏足够的饮用水而致死。此外,旱灾后则容易发生蝗灾,进而引发更严重的饥荒,导致社会动荡。

旱灾是普遍性的自然灾害,不仅农业受灾,严重的还影响到工业生产、城市供水和生态环境。中国通常将农作物生长期内因缺水而影响正常生长称为受旱,受旱减产三成以上称为成灾。经常发生旱灾的地区称为易旱地区。图 9-1 为龟裂的干旱土地。

旱灾的形成主要取决于气候。通常将年降水量小于 250 mm 的地区称为干旱地区,将年降水量为 250~500 mm 的地区称为半干旱地区。

世界上干旱地区面积约占全球陆地面积的 25%,大部分集中在非洲撒哈拉沙漠边缘、中东和西亚、北美洲西部、澳大利亚的大部分和中国的西北部。这些地区常年降水量

图 9-1 龟裂的干旱土地

稀少且蒸发量大,农业主要依靠山区融雪或者上游地区来水,如果融雪量或来水量减少,就会造成干旱。

世界上半干旱地区面积约占全球陆地面积的 30%,包括非洲北部、欧洲南部、西南亚、北美洲中部以及中国北方等地区。这些地区降水较少,而且分布不均,因而极易造成季节性干旱或者常年干旱,甚至连续干旱。

我国大部分地区属于亚洲季风气候区,降水量受海陆分布、地形等因素影响,在区域间、季节间和多年间分布很不均衡,因此旱灾发生的时期和程度有明显的地区分布特点。秦岭淮河以北地区春旱突出,有"十年九春旱"之说。黄淮海地区经常出现春夏连旱,甚至春夏秋连旱,是全国受旱面积最大的区域。长江中下游地区主要是伏旱和伏秋连旱,有的年份虽在梅雨季节,但会因梅雨期缩短或少雨而形成干旱。西北大部分地区、东北地区西部常年受旱。西南地区春夏旱对农业生产影响较大,四川东部则经常出现伏秋旱,华南地区旱灾也时有发生。

需要注意的是,并不是所有的干旱都会引起旱灾。一般情况下,只有在正常气候条件下水资源相对充足,较短时间内由于降水减少等原因造成水资源短缺,造成对生产生活的较大影响,才可以称为旱灾。例如,华北地区属于半湿润区,其春季、夏季的干旱对其农业生产造成巨大影响,可以称作旱灾。而我国西北温带大陆性气候区,其气候特征是常年降水少,气候干旱,人们已经习惯了其干旱的气候,所以此地一般的干旱不能称作旱灾。

任务二 我国的水旱灾害

一、我国洪灾发生的主要类型

我国洪水灾害的主要自然致灾因素是暴雨洪水、风暴潮、融冰融雪和冰凌洪水。由于自然地理条件、地形地貌特点的不同,以及人类经济社会活动规模与特点的不同,洪灾形成的条件、机制,对经济社会发展的影响,以及对生态环境的影响与冲击也不尽相同。我国洪水灾害主要有以下六种类型。

(一)平原洪涝灾害

平原洪涝灾害主要是指由江河洪水泛滥和当地涝水所造成的灾害。洪水泛滥以后,水流扩散,波及范围广;受平原微地形影响,行洪速度缓慢,淹没时间长。涝灾是因当地暴雨积水不能及时排除而形成的一种水灾,主要分布在平原低洼地区和水网地区。中国平原地区的洪涝灾害往往相互交织,外洪顶托、涝水难排,从而加重了内涝灾害;而涝水的外排又加重了相邻地区的外洪压力,洪水与涝水不分是其主要特点。平原洪涝型水灾波及范围广,持续时间长,造成的损失巨大,发生频繁,是中国最严重的一种水灾。

我国受洪水威胁的平原总面积为 106 万 km^2,主要分布在受到洪涝灾害威胁的七大江河(含太湖)的中下游地区。这些地区经济发达、人口稠密、资产密集,集中了全国 1/3 的耕地、66%的人口、80%的国内生产总值与 61%的城市。上述地区汛期江河洪水位普遍高于地面高程,主要依靠堤防束水,由于泥沙淤积、围垦河滩湖滩等,有些河段行洪能力下降,出现同流量下水位逐渐抬高的现象,增大了洪水的风险。

(二)沿海风暴潮灾害

风暴潮灾害是海洋灾害、气象灾害及暴雨洪水灾害的综合性灾害,突发性强,风力大,波浪高,增水强烈,高潮位持续时间长,引发的暴雨强度大,往往与洪水遭遇。一旦发生风暴潮,常常形成重大的水灾。据统计,20 世纪 80 年代末 90 年代初中国由于沿海风暴潮导致的水灾损失约占同期全国水灾总损失的 19%,仅次于暴雨洪水形成的洪涝灾害。

(三)山地丘陵灾害

根据洪水形成原因,山地丘陵洪水又可分为暴雨山洪、融雪山洪、冰川消融山洪或几种原因共同形成的山洪,其中以暴雨山洪最为普遍和严重。其特点是历时短、涨落快、涨幅大、流速快且挟带大量泥沙、冲击力强、破坏力大。

山洪泥石流是由山洪诱发而突然暴发的挟带大量泥沙和石块的特殊山洪,多发生在有大量松散土石堆积的陡峻山坡。这种灾害多分布在中国川、滇、渝、陕等省(直辖市)。据统计,山洪泥石流等灾害虽然波及范围较小,总经济损失一般不大,但往往造成较多的人员伤亡,而且有些年份相当严重。

山地丘陵区中平川和盆地的洪水灾害主要分布在四川盆地中部的一些平川和谷地、云贵高原的一些平川和谷地及中国中部与东部山地丘陵间的中小盆地。这类水灾虽然范围不大,但由于这些平川和谷地多是山区城镇所在地,人口集中,工农业产值在所属省(自治区)占有举足轻重的地位,因此此类水灾对区域经济社会发展造成重大影响。

(四)冰凌洪水灾害

冰凌洪水的特征是流量不大但水位较高,主要发生在我国黄河下游、河套地区及松花江依兰河段。由于天寒地冻,历来有“伏汛好防,凌汛难抢”之说。

(五)地震水灾

地震水灾指因地震诱发滑坡堵塞河流或震垮堤坝而引起的洪水灾害。1933 年 8 月 25 日,四川叠溪发生 7.5 级地震,崩塌物堵塞岷江,形成 4 个地震堰塞湖。大震后 45 d 堵体溃决，造成下游水灾，水头高达 60 多 m，受淹人口在 2 万人以上，冲毁农田 5 万余亩。此外，还有融雪洪、山洪、溃坝洪等小范围洪灾。

（六）城市洪涝灾害

随着中国城市化发展进程的加快，城市洪涝问题越来越突出。城市洪涝灾害主要有三种类型：一是城市进水受淹；二是内涝排泄不及时，导致城市积水；三是部分城市受山洪泥石流冲击。

二、我国洪涝灾害的特点

受气候地理条件和社会经济因素的影响，我国的洪涝灾害具有范围广、发生频繁、突发性强、损失大的特点。从洪涝灾害的发生机制来看，洪水灾害具有明显的季节性、区域性和可重复性。世界上多数国家的洪水灾害易发生在下半年，我国的洪水灾害主要发生在 4—9 月。如我国长江中下游地区的洪水几乎全部发生在夏季。洪水灾害与降水时空分布及地形有关。世界上洪水灾害较重的地区多在大河两岸及沿海地区。对于我国来说，洪涝一般东部多、西部少，沿海地区多、内陆地区少，平原地区多、高原和山地少。洪水灾害同气候变化一样，有其自身的变化规律，这种变化由各种长短周期组成，使洪水灾害循环往复发生。全国约有 35%的耕地、40%的人口和 70%的工农业生产经常受到江河洪水的威胁，并且因洪水灾害所造成的财产损失居各种灾害之首。

（一）范围广

除沙漠、极端干旱地区和高寒地区外，我国大约 2/3 的国土面积都存在着不同程度和不同类型的洪涝灾害。年降水量较多且 60%~80%集中在汛期 6—9 月的东部地区，常常发生暴雨洪水；占国土面积 70%的山地、丘陵和高原地区常因暴雨发生山洪、泥石流；沿海省（自治区、直辖市）每年都有部分地区遭受风暴潮引起的洪水的袭击；我国北方的黄河、松花江等河流有时还会因冰凌引起洪水；新疆、青海、西藏等地时有融雪洪水发生；水库垮坝和人为扒堤决口造成的洪水也时有发生。

（二）发生频繁

据《明史》和《清史稿》资料统计，明清两代，范围涉及数州县到 30 多州县的水灾共有 424 次，平均每 4 年发生 3 次，其中范围超过 30 州县的共有 190 年次，平均每 3 年 1 次。新中国成立以来，洪涝灾害每年都有发生，只是大小有所不同而已。

（三）突发性强

我国东部地区常常发生强度大、范围广的暴雨，而江河防洪能力又较低，因此洪涝灾害的突发性强。1963 年，海河流域南系 7 月底还大面积干旱，8 月 2—8 日，突发一场特大暴雨，使这一地区发生了罕见的洪涝灾害。山区泥石流突发性更强，一旦发生，人民群众往往来不及撤退，造成重大伤亡和经济损失。风暴潮也是如此，如 1992 年 8 月 31 日至 9 月 2 日，受天文高潮及 16 号台风影响，从福建的沙城到浙江的瑞安、鳌江，沿海潮位都超过了新中国成立以来的最高潮位。上海潮位达 5.04 m，天津潮位达 6.14 m，许多海堤漫顶，被冲毁。

（四）灾害损失大

如 1931 年江淮大水，洪灾就涉及河南、山东、江苏、湖北、湖南、江西、安徽、浙江等 8

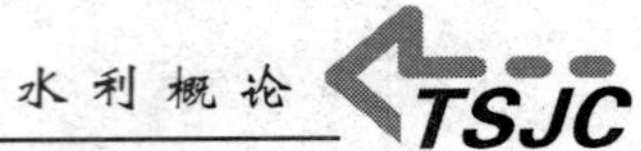

省，淹没农田1.46亿亩，受灾人口达5 127万人，占当时8省总人口的25%。1991年，我国淮河、太湖、松花江等部分江河发生了较大的洪水，尽管在党中央和国务院的领导下，各族人民进行了卓有成效的抗洪斗争，尽可能地减轻了灾害损失，但全国受灾面积仍达3.68亿亩，直接经济损失高达779亿元。其中，安徽省的直接经济损失达249亿元，约占全年工农业总产值的23%，受灾人口4 400万人，占全省总人口的76%。1998年，我国由于夏秋季气候异常，长江、松花江、珠江、闽江等主要江河发生了大洪水，这场洪水影响范围广，持续时间长，洪涝灾害严重，农田受灾面积达2 229万 hm^2，直接经济损失2 551亿元。

三、我国洪涝灾害多发的原因

(一)暴雨量集中

洪涝灾害的发生，绝大部分是由于雨量集中在较短的时间内造成的。相等的雨量，若100 mm雨量在3 d内降落与在1 d内降落，其灾情就完全不同。如果雨分散降落，雨水就能渗入地下，被泥土吸收，形不成灾害。而暴雨在短时间内降落，雨水来不及渗入地下，滞留在地面或在地面上流淌形成径流，最后发展成涝灾。如1975年8月4—8日的几天时间里，河南省板桥水库附近的林庄、下阵等地的降雨量分别达到1 631.1 mm和1 516.4 mm，林庄6 h雨量达到830 mm。而河南郑州年平均降水量也只有641 mm。可想而知，超过两年的雨量在几天内降落，甚至超过一年的雨量在短短的几小时内降落，可见洪涝灾害的严重性。因此，雨量多、时间短的降水是造成洪涝灾害的一个重要原因。

(二)防御能力弱

我国政府和劳动人民在与洪涝灾害的斗争中，一直在寻求根治水灾的良策，不断加强水利基本建设，并且已经取得了辉煌的成就。但是，由于自然条件和经济等各种原因，防御洪涝灾害的能力还不强。我国大江大河中下游地区的主要城市和乡镇，多数处于洪水位以下，受洪水威胁的地区有5亿人口、5亿亩耕地，这些地区的工农业总产值占全国的60%；另据有关报道，2000年底，全国共有668座城市，而达到国家防洪标准的只有236座城市，这说明，还有一半以上的城市没有达到防洪标准，这是洪涝灾害的一大隐患。

(三)人为影响

人类自身的各项经济和建设活动也加重了洪涝灾害程度。

1.毁林开荒的影响

以前，为加快建设而大量砍伐树木，造成严重水土流失。据推算，10万亩森林所能蓄存的水量相当于一座库容为200万 m^3 的水库。森林被盲目砍伐，一方面在暴雨之后不能蓄水于山，雨水顺坡而下，汇集溪谷，形成洪峰，增加水灾的频率。另一方面，也加重了水土流失，水库淤积，库容减少；还使下游河道淤积抬升，降低调洪和排洪的能力。如在长江流域，由于森林大量砍伐，水土流失面积扩展，20世纪50年代全流域水土流失面积为3万 km^2，80年代增加到56万 km^2，年土壤侵蚀总量已经达到22.4亿t，超过了黄河流域的土壤侵蚀总量。这是长江下游河道河床抬高的主要原因之一。从洞庭湖区石龟山水文站和城陵矶水文站水文资料可见，由于河道淤积和垸田的发展，在相同的洪峰流量下，20世纪80年代水位比60年代水位高出2~3 m。

2. 城市化的影响

近代以来城市发展迅速,2023 年中国常住人口城镇化率已经达到 66.2%。同时,许多原有城市的面积也在不断扩大。城市化的加快至少在四个方面对洪涝形成严重影响:第一,城市增加和城市面积扩大之后,地表被房屋、混凝土和沥青、水泥路面所覆盖,不透水地面增加,降雨后,雨水不能渗入地下,地表径流汇流速度加快,径流系数增大,峰现时间提前,洪峰流量成倍增长;第二,城市的“热岛效应”还会使城区的暴雨频率增加、强度增强,又加重了洪涝成灾因素;第三,新建城区一般多向原来的临时滞纳洪水的低洼地区发展,必要的排涝设施建设不及时,有些城郊的行洪河道演变成市内排污沟,加上清淤不力,也加重了洪涝的成灾因素;第四,城市人口密集,经济发达,因而洪涝灾害的损失十分显著。

3. 湖泊和湖泊面积减少的影响

据有关报道,我国平均每年消亡 20 个天然湖泊,大量围垦和拦截地表水流,也使湖泊水面急剧缩减,湖区洪水出现频率升高。统计表明,在我国东中部地区,截至 2023 年,因围湖造田减少天然湖泊近千个,仅湖南、湖北、江西、安徽、江苏 5 省围垦湖泊的面积就在 12 000 km^2 以上。20 世纪 50 年代,湖北省百亩以上湖泊共有 1 332 个,素有“千湖之省”的美誉,然而到 2023 年只剩下 755 个。昔日“八百里洞庭”,面积已从 1949 年的 4 350 km^2 变为 2023 年的 605 km^2。从防洪角度来看,湖泊对削减江河洪峰起着重要作用。湖泊被围垦后降低了洪水的调蓄容积,增加了洪涝的频率和严重程度。如 1954 年和 1998 年,长江流域都发生了洪涝灾害,这两年降水的地理分布十分相似,但 1998 年降水量少于 1954 年,而 1998 年长江中下游的水位却比 1954 年高,达到历史最高值,并长期居高不下。当然,这既有湖泊减少、面积缩小的因素,也有砍伐森林、植被破坏、大量泥沙涌入江湖抬高河床的原因。

四、我国干旱的特点

干旱是我国常见的一种自然灾害,它和其他各种自然灾害一样也有其自身的特点。要战胜干旱,首先必须认识干旱,只有认识干旱,才能使我们在防旱抗旱中处于主动,减少不必要的损失,因此研究和总结干旱的特点具有重要的现实意义。

(一)干旱的严重性

旱灾是我国农业最主要的自然灾害。旱灾的严重性主要表现在以下三个方面:

(1)我国干旱受灾面积远大于洪涝受灾面积。根据 1950—2021 年的资料统计,我国年平均干旱受灾面积为 1 979 万 hm^2,洪涝受灾面积 908 万 hm^2,总体上旱灾面积大于水灾面积。

(2)干旱发生的次数多于洪涝发生的次数。在 1951—1990 年的 40 年中,全国共发生干旱 300 次,洪涝 236 次,干旱次数占干旱和洪涝总次数的 56%。

(3)干旱灾害是影响农业产量最主要的自然灾害。1978—1989 年,全国农业体制基本稳定,因而粮食单产的上升趋势主要由于农业科技进步,而其上下波动则主要由于自然灾害的影响。对 1978—1989 年全国旱灾面积、水灾面积和粮食单产进行序列分析发现,粮食单产与旱灾面积显著相关,其相关系数达 -0.77,而与水灾面积无相关关系。观察

1949 年至 20 世纪 60 年代初的统计资料，也能得出相似结论。如 1954 年我国遭遇特大洪涝灾害，但粮食单产仍与上年持平；1959—1961 年遭遇特大旱灾，粮食产量则显著下降。

我国南方部分地区，如长江中下游平原地区，即使遇到比较大的干旱，粮食单产也不一定下降。究其原因主要是这些地区有比较好的水源条件，借助水利工程可以抵御干旱灾害。如在 1978 年的特大干旱中，江苏江都抽水站共抽取长江水 215 亿 m^3，相当于洪泽湖正常蓄水量的近 10 倍。农业虽然保住了丰收，但付出的代价是高昂的。

(二) 干旱的地区性

我国地域辽阔，各地降水量相差较大，因此干旱程度也差异很大。我国南方年平均降水量达 850～1 800 mm，少数地区达 2 000 mm 以上；北方除长白山地区年平均降水量达 1 000 mm 左右外，其余地区年平均降水量一般都在 850 mm 以下；我国北部和西部的内蒙古、宁夏、青海、新疆、甘肃、西藏的大部分地区年平均降水量不足 400 mm。因此，南方干旱程度较轻，北方干旱程度较重。我国最大的干旱区为黄淮海地区，其干旱发生的次数最多，干旱面积也居全国之首。这一地区的耕地面积占全国总耕地面积的 36%，而拥有的地面径流量仅占全国地面径流总量的 4.9%，全国每公顷耕地拥有地面径流量为 27 000 m^3，而黄、淮、海三个流域每公顷耕地拥有地面径流量分别只占全国平均值的 16%、14% 和 10%。据统计，1950—1983 年的 34 年中，黄淮海地区旱灾受灾面积和成灾面积分别占全国旱灾受灾和成灾面积总和的 46.4% 和 48.1%。

干旱严重程度也与地形地貌有关。南方山丘地区虽然年降水量较多，但因地面坡度较大或植被较少，土壤滞水保水能力较差，因此干旱的威胁也比较严重。

(三) 干旱的季节性与随机性

我国的气候为明显的季风气候，降水量季节差异较大，总体来说，夏多冬少，但由于夏季风自南向北推进有一个过程，因此各地雨季到来时间有所差异。一般而言，雨带 5 月中旬到达华南地区，华南进入雨季；6 月中旬转移到长江流域，形成长江流域的梅雨期；7 月中旬梅雨结束，雨带到达淮河以北地区，华北进入雨季；9 月上旬雨带开始退至华南，并逐渐离开我国向东南方向移去。10 月初冬季风开始南下，气候变得干燥少雨，次年 3 月初冬季风开始减弱，4 月初自南向北逐渐撤退。由于上述季风气候的影响，以及形成气候的其他因素的影响，我国各地区干旱的发生具有一定的季节性。

干旱既具有季节性，又具有随机性，但总体来说，华南多秋冬旱或冬春旱，个别年份有秋冬春连旱，夏旱很少；两广北部至长江中下游地区多为伏旱，春旱极少；淮河以北地区以春旱或春夏连旱居多，夏旱次之，个别年有春夏秋连旱；西南地区多冬春旱，川西北地区多春夏旱，川东地区多伏秋旱；西北地区一般常年干旱。

(四) 干旱的连发性和连片性

与水灾相比，干旱具有更明显的连发性和连片性。干旱的连发性是指干旱往往会连年发生，干旱连年发生的概率要比洪涝连年发生的概率大得多，连旱年数一般也多于连涝年数。再就南北方相比较，北方地区干旱连发性比南方地区更为显著。

干旱的连片性指干旱的波及面往往很大。干旱和洪涝的成因决定了其分布总是“旱一片，涝一线”。水灾可能波及数省，而旱灾有可能波及全国大部分地区。

连年连片干旱会造成特别严重的灾害，1876—1878 年连续三年干旱，遍及河南、山西、陕西、甘肃、山东、安徽等18个省份,这次旱灾是我国近代各次自然灾害中最严重的一次。1959—1961年也为全国大范围的三年连旱,长江、淮河、黄河和汉水流域等广大地区遭受严重干旱,这次旱灾是新中国成立以后最严重的一次自然灾害,三年共减产粮食611.5亿kg,相当于1950年的全国粮食总产量,或相当于1958年粮食总产量的61%。这三年连旱,再加上其他一些因素的影响,对国民经济造成了十分严重的危害,全国粮食产量直到1966年才恢复到1958年的水平。

(五)干旱的周期性

对历史干旱资料进行序列分析可以发现,干旱的发生具有一定的周期性。从干旱的成因来看,由于干旱的某些影响因素,如太阳黑子的变化、日月食的出现和厄尔尼诺现象等都具有一定的周期性,因此干旱的发生也具有一定的周期性。又因为干旱的发生受到多种因素的影响,因而干旱发生的周期不是单一周期,而是复杂的混合周期。初步的研究结果表明,干旱发生的周期有2~3年、5年、11年、22年、26年、35年和180~200年等。另外,不同地区干旱的周期性也有所不同。

五、干旱发生的原因

引起旱灾的原因从自然因素来说,主要与偶然性或周期性的降水减少有关。

从人的因素来考虑,人为活动导致干旱发生的原因主要有以下四个方面:

(1)人口大量增加,导致有限的水资源越来越短缺。

(2)森林植被被人类破坏,植物的蓄水作用扩大,加上抽取地下水,导致地下水和土壤水减少。

(3)人类活动造成大量水体污染,使可用水资源减少。

(4)用水浪费严重,在我国尤其是农业灌溉用水浪费惊人,导致水资源短缺。

任务三　防洪与抗旱

一、防洪

防洪是一项长期的复杂且艰巨的工作,是一项系统工程。一方面,通过改变洪水天然运动特性以避免保护区受淹;另一方面,通过人类主动适应洪水或台风等灾害后采取措施减少洪水的不利影响。前者为防洪工程措施,后者为防洪非工程措施。防洪工程措施和防洪非工程措施相结合被认为是可持续发展的防洪体系,符合客观规律。

(一)防洪工程措施

防洪工程措施一般包括河道整治、修建水库、修筑堤防、修建分洪区(或滞洪、蓄洪区)等。

1. 河道整治

河道整治是指为防洪、航运、供水、排水及河岸洲滩的合理利用,按河道演变的规律,因势利导,调整、稳定河道主流位置,以改善水流、泥沙运动和河床冲淤部位的工程措施。河道整治的主要措施有:

(1)修建河道整治建筑物,主要有平顺护岸、顺坝、丁坝、矶头、锁坝、潜坝、鱼嘴及导流屏等。其使用材料多为土石料、混凝土(块、板及排)、埽料及土工织物等。

(2)实施河道裁弯工程,适用于蜿蜒型河道,其能增加河段泄洪能力,降低洪水位,缩短航程。

(3)实施河道展宽工程,适用于狭窄但有展宽条件的河段。

(4)疏浚,可用机械开挖、爆破或人工开挖,以增加通航水深及过流断面。

2. 修建水库

水库是指在山沟或河流的狭口处建造拦河坝形成的人工湖泊。水库建成后,可起防洪、蓄水灌溉、供水、发电、养鱼等作用。有时天然湖泊也称为水库(天然水库)。

水库是我国防洪广泛采用的工程措施之一。在防洪区上游河道适当位置兴建能调蓄洪水的综合利用水库,利用水库库容拦蓄洪水,削减进入下游河道的洪峰流量,达到减免洪水灾害的目的。水库对洪水的调节作用有滞洪和蓄洪两种方式。滞洪就是使洪水在水库中暂时停留。当水库的溢洪道上无闸门控制,水库蓄水位与溢洪道堰顶高程平齐时,则水库只能起到暂时滞留洪水的作用。在溢洪道未设闸门情况下,在水库管理运用阶段,如果能在汛期前用水,将水库水位降到水库限制水位,且水库限制水位低于溢洪道堰顶高程,则限制水位至溢洪道堰顶高程之间的库容,就能起到蓄洪作用。蓄在水库的一部分洪水可在枯水期有计划地用于兴利需要。当溢洪道设有闸门时,水库就能在更大程度上起到蓄洪作用,水库可以通过改变闸门开启度来调节下泄流量的大小。由于有闸门控制,所以这类水库防洪限制水位可以高出溢洪道堰顶,并在泄洪过程中随时调节闸门开启度来控制下泄流量,具有滞洪和蓄洪双重作用。

3. 修筑堤防

沿河、渠、湖、海岸或行洪区、分洪区、围垦区的边缘修筑的挡水建筑物称为堤防。堤防是世界上最早广为采用的一种重要防洪工程。

河道堤防是我国防洪工程体系的重要组成部分。在长江、黄河、珠江等七大江河的中下游地区,堤防是防御洪水的最后屏障。筑堤是防御洪水泛滥,保护居民和工农业生产的主要措施。河堤约束洪水后,将洪水限制在行洪道内,使同等流量的水深增加,行洪流速增大,有利于泄洪排沙。堤防还可以抵挡风浪及抗御海潮。堤防按其修筑的位置不同,可分为河堤、江堤、湖堤、海堤以及水库、蓄滞洪区低洼地区的围堤等;按其功能不同,可分为干堤、支堤、子堤、遥堤、隔堤、行洪堤、防洪堤、围堤(圩堤)、防浪堤等;按建筑材料不同,可分为土堤、石堤、土石混合堤和混凝土防洪墙等。

4. 修建蓄滞洪区

蓄滞洪区主要是指河堤外洪水临时储存的低洼地区及湖泊等,其中多数就是历史上江河洪水淹没和蓄洪的场所。

蓄滞洪区包括行洪区、分洪区、蓄洪区和滞洪区。行洪区是指天然河道及其两侧或河岸大堤之间,在大洪水时用以宣泄洪水的区域;分洪区是利用平原地区湖泊、洼地、淀泊修筑围堤,或利用原有低洼圩垸分泄河段超额洪水的区域;蓄洪区是分洪区发挥调洪性能的一种,它是指用于暂时蓄存河段分泄的超额洪水,待防洪情况许可时,再向区外排泄的区域;滞洪区也是分洪区起调洪性能的一种,这种区域具有“上吞下吐”的能力,其容量只对河段分泄的洪水起到削减洪峰或短期阻滞洪水的作用。

蓄滞洪区是江河防洪体系中的重要组成部分,是保障重点地区防洪安全、减轻灾害的有效措施。为了保证重点地区的防洪安全,将有条件地区开辟为蓄滞洪区,有计划地蓄滞洪水,是流域或区域防洪规划现实与经济合理的需要,也是为保全大局而不得不牺牲局部利益的全局考虑。从总体上衡量,保住重点地区的防洪安全,使局部受到损失,有计划地分洪是必要的,也是合理的。2024 年,我国主要蓄滞洪区有 98 处,主要分布在长江、黄河、淮河、海河四大河流的中下游平原地区。

蓄滞洪区启用应按照既定的流域或区域防御洪水调度方案实施,其启用条件是:当某防洪重点保护区的防洪安全受到威胁时,按照调度权限,根据防御洪水调度方案,由相应的人民政府、防汛指挥部下达启用命令,由蓄滞洪区所在地人民政府负责组织实施。蓄滞洪区启用前必须做好如下准备工作:做好蓄滞洪区实施的调度程序;做好分洪口门和进洪闸的开启准备,无闸门控制的要落实口门爆破方案和口门控制措施;做好区内群众的转移安置工作等。

5. 分洪工程

分洪工程是在河流的适当地点修建引洪道或分洪闸,分泄部分洪水,将超过河道安全泄量的洪峰流量分泄出去,减轻下游河道的洪水负担。

我国许多河流现有防洪能力不足,防洪标准不高,为了防御较大洪水,大多建有分洪工程。分洪工程因分出洪水的归宿不同,大体上有以下几种类型:①直接分洪入海的称为入海减河;②分洪入邻近河道或经调蓄即回归原河道的称为分洪道;③分洪入邻近湖泊洼淀,停蓄一段时间后仍回归原河道;④分洪入蓄洪垦殖区。习惯上把后两类容纳洪水的地方统称为蓄滞洪区。

6. 水土保持

水土保持是防治水土流失,保护、改良与合理利用山区、丘陵区和风沙区水土资源,维护和提高土地生产力,以利于充分发挥水土资源的经济效益和社会效益,建立良好生态环境的综合性科学技术。目前,水土保持由水土保持农业技术措施、林草措施和工程措施三大类措施组成。

(二)防洪非工程措施

人口的迅速增长和社会财富的不断积累,加之对洪泛平原过度和无序的开发,致使虽然已修建了大量防洪工程,但洪灾损失仍然有增无减。在经济发达国家,条件较好的防洪工程多已建成,由于社会和生态环境保护等方面的原因,继续修建防洪工程遇到了越来越大的阻力和困难;而经济欠发达国家则因防洪工程投资巨大和防洪工程效益费用比日趋下降等因素,修建大型防洪工程十分艰难。各地超标准洪水频繁发生,迫切需要提高防洪标准。然而防洪工程的防洪标准毕竟是有限的,人们不可能完全希冀于防洪工程措施解决洪水灾害问题。基于上述事实,人们开始反思人与洪水的关系,希望找到适应当代和未来人水关系的防洪减灾策略。正是在这样的背景下,现代意义下的防洪非工程措施被提出并受到广泛的认同。

防洪非工程措施是指通过法令、行政、经济和防洪工程以外的技术手段等,以减少洪泛区洪水灾害损失的措施。一般包括洪水预报、洪水警报、洪水保险、洪泛区管理、蓄滞洪区管理、政策与法规、超标准洪水防御方案等。

1. 洪水预报

洪水预报是根据洪水形成和运动规律，利用过去和现在的水文气象资料，预测未来一定时段内的洪水情况。它是防汛抢险和防洪系统调度运用的决策依据，同时也为水资源的合理利用和保护、水利工程的建设和管理运用及工农业的安全生产服务。主要预报项目为洪峰水位、最大流量、洪峰出现时间和一次洪水总量等。通常，把预见期在 2 d 以内的称为短期预报；预见期在 2~10 d 的称为中期预报；预见期在 10 d 以上、一年以内的称为长期预报。由于大气环流、海洋潮汐、各种地球物理因子和下垫面产流、汇流条件等对洪水形成和演变都能产生影响，故短期洪水预报多采用基于物理成因的经验方法，而中、长期预报更与天气气候、气象预报紧密关联，且影响长期天气过程变化的因子尤为复杂，故其预报方法尚处于研究探索阶段。一般来说，洪水预报精度越高，预见期越长，减少洪水灾害损失的作用就越大，更能充分发挥水利工程的减灾效益。

洪水预报系统是各项洪水预报技术的集成，是一项重要的防洪减灾的非工程处理技术。在洪水到达之前，利用卫星、雷达和电子计算机，通过无线电系统传输，把遥测采集到的水文气象数据进行综合处理，准确做出洪峰、洪量、洪水位、流速、洪水到达时间、洪水历时等洪水特征值的预报，密切配合防洪工程进行洪水调度。洪水预报系统一般包括：

(1)信息采集系统，包括下垫面信息、多普勒雷达信息、降雨信息、河道实时水情信息等的采集。

(2)数据库，建立上述信息管理的数据库。

(3)预报模型，开发适应流域各水系现状特性的水文、水力学预报模型。

2. 洪水警报

洪水警报是指当预报即将产生严重洪水灾害时，为动员可能受淹区群众迅速进行应变行动、所采取的紧急信息传递措施。通过发布洪水警报，可使洪水受淹区的居民和财产及时转移至安全地区，从而减少淹没区的损失。发布警报后的应变方案一般是预先制订的，但也有临时安排的。洪水警报一般与洪水预报有密切联系，如根据预报可能出现严重灾害洪水时而发布警报；但有时两者没有联系，例如在防汛抢险中，险情急剧恶化、工程将要失事时发布的警报。发布洪水警报是国家政府的职责，其效果取决于社会有关方面的配合行动。发布可能受淹区的洪水警报后，政府的抗洪、救济部门应尽可能地做好紧急抢险、救济灾民、防治疾病等工作。洪水警报愈及时、愈准确，人民生命财产的损失就愈小。

我国重要江河的重点河段，如黄河下游、长江荆江河段、汉水丹江口至武汉河段等，20 世纪 80 年代分别在其控制河段和洪水主要来源区建立了雨量及水位遥测站网，实现了数据采集、处理、检索、预报与调度的联机自动化测报系统，并与报警系统相结合。20 世纪 90 年代又专门在其滩区和滞洪区建立了预警反馈系统。

3. 洪水保险

洪水保险是一种灾害保险，是指使用所有保险者每年缴纳并积累起来的保险费，去补偿部分被保险者因洪水灾害而造成的经济损失。洪水保险虽不能防止洪水的发生，却可以把随机的、集中的洪水损失变成一个均匀的年支付系列，并把局部地区的洪灾损失均匀分摊到广大地区。因此，它是洪水风险在时间和空间上的一种转移，不仅可以降低国家救灾费用，同时对维护受灾地区经济可持续发展和生活保障有着重要的意义。

承保人向投保人收取保险费，一旦投保人在保险期内因洪涝灾害蒙受损失，承保人按既定契约予以经济赔偿或按契约规定的其他方面进行赔偿。

洪水保险的意义和作用主要体现在以下方面：

(1)在较大甚至全国范围内分摊洪水造成的损失，增强社会消纳洪灾损失的能力。事实上，一个地区免受或只受到较轻洪水灾害，正是由于另一地区承受了较大洪水灾害的缘故，因此对洪灾造成的损失实行社会分摊是合理的、必要的。

(2)体现了国家引导公众对洪泛平原进行合理有序开发的政策导向。洪泛平原开发是一种风险开发，想在洪水风险高的地区进行经济开发活动，就必须付出与该地区防洪费用相应的洪水保险费，这就迫使开发者不得不对其开发活动所能取得的收益和必须支付的洪水保险费用进行经济分析，从而引导开发者的开发活动从风险较高的地区转向风险较低的地区，达到引导公众对洪泛平原进行合理有序开发的目的。

(3)能增强居民的防洪减灾意识，减轻政府财政负担。

(4)洪水保险作为一种社会学行为，能促进社会的公正、互助和友善；作为一种经济行为，则有利于提高洪泛平原开发的整体经济效益和社会效益。

4. 洪泛区管理

江河沿岸、湖周、滨海易受洪水淹没的地区，也是洪水泛滥所形成的冲积平原，又称洪泛平原。世界各大江河中下游一般都有宽阔的洪泛区。我国洪泛平原面积约占全国土地面积的10%，居住人口占全国半数以上。匈牙利洪泛区面积占国土面积的25%，有80%的村镇、城市，50%的铁路、公路都在该区内。美国洪泛区面积约占全国国土面积的7%。荷兰地势低平，约有1/4的面积低于海平面，经常受海潮、暴雨、洪水和渍涝的严重威胁。这些地区土地肥沃、交通发达，有发展工农业的良好条件，但也是最易遭受洪灾的地区，如何合理利用这些地区，以发展生产、缩小洪灾面积，就成为十分重要的问题。由于以往对这个问题认识不足，洪泛区的不合理开发日趋严重，区内人口不断增长，向城市化发展，财富越加密集。虽然数年来修建了大量的防洪工程，也取得了很大的防洪效益，但洪灾损失却越来越大。合理利用洪泛区，并结合一定数量的防洪工程，可取得发展社会经济与减少洪灾损失的最优效益。

在洪泛区区划的基础上，通过颁布法令、条例或其他方式，对区内土地使用和建筑物的修建使用等实施管理，并绘制标明分区图以供使用。洪泛区管理的内容一般包括：

(1)在开发区采取减少洪水灾害损失的措施。

(2)限制与洪水危险不相适应的经济和社会发展。

(3)对减少洪灾损失和土地利用等进行综合安排。

(4)保持洪泛区的行洪、滞洪作用等。

5. 蓄滞洪区管理

蓄滞洪区管理是运用法律、经济、技术和行政手段，对蓄滞洪区的防洪安全与建设进行管理的工作。通过管理，合理、有效地运用蓄滞洪区安排超额洪水，使区内居民生活和经济活动适应防洪要求，达到防洪安全保障的目的。分洪区、蓄洪区或滞洪区统称为蓄滞洪区，主要管理内容如下：

(1)建立健全管理机构。

(2)制定蓄滞洪区总体规划和安全建设规划,并监督实施。

(3)编制防洪调度运用准备和群众撤离安置措施。

(4)分洪后救助、补偿和善后工作。

(5)进行日常管理,加强安全设施建设与管理,控制人口增长和限制经济发展。

(6)制定法律法规,依法管理蓄滞洪区。

6. 政策与法规

防洪减灾政策与法规是政府为防洪减灾而制定的有约束力的经济与社会活动行为规范。政策与法规既是管理者意志的体现,也是实现科学管理的保证。政府利用防洪减灾政策与法规鼓励符合防洪减灾要求的经济社会活动,约束和制裁不利于防洪减灾要求的经济社会行为,保证防洪减灾目标的实现。由此可见,防洪减灾政策与法规是通过约束人类自身的行为,以期协调人与洪水的关系,达到减轻洪水灾害的目的,因此防洪减灾政策与法规是一种防洪减灾非工程处理技术。

防洪减灾政策与法规贯穿防洪减灾全过程,涉及防洪减灾的所有方面,是一个完整的、与其他法律和政策充分匹配的政策法规体系,为防洪减灾提供全面的政策与法律支撑。我国已制定了《中华人民共和国水法》《中华人民共和国防洪法》等专门法律,在防洪减灾中发挥了重要作用。

7. 超标准洪水防御方案

超标准洪水防御方案是当洪水超过防洪工程的设计标准或超过防洪体系的设计防御能力时,为确保防洪保护区内城市、重要工矿企业、重要交通干线等重点保护对象或大部分地区的防洪安全,所采取的超常规应急对策。

防洪工程的设计只能以一定的洪水量级为标准,因此发生超过设计标准的洪水在所难免。为避免或减轻遭遇超标准洪水时造成的重大灾害,往往采取紧急加高加固堤防、运用蓄滞洪区或紧急保坝等措施,力争堤防不决口、水库不垮坝;一旦堤防决口或水库垮坝,要紧急抢筑临时防线,限制洪水淹没范围并转移洪水威胁区的居民和重要财产,以最大限度地减轻灾害损失。

各地防汛指挥部应组织有关部门和单位根据本地防洪工程状况、社会经济和人口发展分布情况、洪水特性、自然条件等,事先制定周密的超标准洪水防御措施,以防不测。

1)力保堤防不决口的防御措施

(1)加强堤防抢护,强迫河道超泄。利用堤防的设计超高或临时抢修子埝,加大河道、分洪道的泄洪能力。

(2)运用蓄滞洪区滞纳超额洪水,减轻堤防的防守压力。在充分利用超泄还难以安全度汛,仍威胁重要堤防安全时,要主动扒开两岸大堤之间的洲滩民垸、行洪区行洪,或启用蓄滞洪区,甚至主动放弃不太重要的堤段以蓄滞超额洪水,使重点堤段不决口,确保重点保护对象的安全。

2)力保水库不垮坝的防御措施

水库垮坝一般会对下游地区造成严重灾害,所以水库永久性建筑物的设计标准比较高,且有明确规定,由于土石坝遭遇洪水漫顶就可能垮坝失事,混凝土、浆砌石坝坝基坝身稳定遭遇破坏也会垮坝失事,所以保坝措施主要是想方设法加大下泄流量并对工程出现的险情进行抢护。

(1)设法加大泄洪流量。根据洪水预报,首先提前开启全部泄洪设施加大泄洪流量。如仍不能控制水位的上涨,对土坝、堆石坝的水库可在主坝两侧选择山坳或副坝临时破口泄洪,对地基坚固的重力坝,也可考虑坝顶泄水,但应事先做好坝顶溢洪的准备,保护坝体安全。

(2)加强水库抢险。对水库大坝、泄洪建筑物等出现的各类险情要及早发现,有针对性地采取相应措施及时抢护,特别是临时加高、加固土石坝顶防浪墙,以防洪水漫坝顶,以及渗漏、管涌、裂缝、滑坡等类险情的抢护等,确保坝体安全。

3)堤坝失事后的应急措施

(1)堵口复堤,为控制堤防决口造成的灾害,应根据不同情况及时采取平堵、立堵或混合堵的方法进行堵口复堤。

(2)抢筑临时防线,限制淹没范围。堤坝失事后,在可能的条件下要利用自然高地、渠堤、河堤、路基等迅速抢筑临时防线,尽最大努力控制淹没范围,减少人员伤亡和财产损失。

4)组织居民紧急转移

对将运用蓄滞洪区、洲滩民垸及堤防决口、水库垮坝洪水流经路线、淹没范围和洪水到达时间等,要迅速作出分析判断,发布洪水预报和预警,通知各级政府或防汛指挥部采取一切紧急措施,使洪水可能泛滥区域的居民和重要物资在洪水到来之前,尽可能转移到安全地区。国家有关部门应调遣通信设备、交通工具等,帮助居民撤出洪泛区,并为被洪水围困的居民空投救生设备和生活必需品,做好灾民安置、救济和卫生防疫工作。

二、抗旱

(一)抗旱工程措施

1. 水源工程

水利工程设施是防旱减灾的重要工程保障,水源工程是抗旱的主要工程措施之一。目前,全国各地仍有部分无水利设施灌溉的耕地,部分耕地虽有水利设施但抗旱能力较低。各地在进行防旱减灾工程建设的时候,要重点突出水源工程建设,确保供水安全。一方面,要积极加大病险水库的治理和山塘的清淤工作力度,充分挖掘现有工程的蓄水能力,增加工程蓄水容量,加强对大中型灌区的配套挖潜建设,发挥工程的设计灌溉效益;另一方面要积极引导群众搞好小型水源工程,拦、蓄、引、提并举,广泛组织发动群众切实加强小型或微型集雨蓄水工程(如水窖、水池)建设,推进雨水集流等微型蓄水工程,千方百计地增加水资源的总量。

2. 水资源调配工程

我国降雨径流空间分布不均,不同地区之间供需平衡情况有很大差异,同时在不同流域或地区之间还存在干旱及其灾害非同期遭遇的可能性。因此,应因地制宜地兴建跨流域调水工程,进行水量补偿,以调节降雨径流的空间分布不均。20 世纪 60 年代以来,全国已修建了引江济淮、引滦济津和引黄济青等多项工程,这些近距离跨流域调水对调剂地区间水资源余缺起到了很好的作用。为了解决黄淮海流域的干旱缺水问题，从长江引水补给这一区域用水的跨流域远距离调水的南水北调工程东、中线已建成。南水北调东线主要解决京津地区、山东省和河北省东部地区的缺水问题；中线主要解决河南省、河北省中部地区和北京市的用水问题；西线主要解决黄河上、中游及其邻近地区的用水问题。南水北调工程以及诸如东北地区的引松济辽的北水南调工程，在解决21世纪我国北方城市缺水、改善农业用水、缓解城乡用水矛盾、提高防旱减灾能力等方面将起到重要作用。

3. 灌溉工程

灌溉工程是防旱减灾最重要的基础设施。许多著名的老灌区，如四川的都江堰，陕西的泾惠渠、渭惠渠，山西的潇河灌区，河北的石津渠等，通过增建引水枢纽和改建渠系等措施，相应提高了老灌区的灌溉保证率，改善了引水条件，扩大了灌溉面积，成功地发挥了老灌区的防旱减灾作用。经过多年的建设，各地从自身所具有的自然条件出发，建成了诸如南方丘陵区引、蓄、提等大、中、小工程联合为一体的“长藤结瓜”式的灌溉系统，南方江河下游平原和水网湖区的圩垸灌溉系统，北方井渠结合的灌溉系统，黄土高原结合农林措施的水利灌溉系统，黄河下游引黄沉沙引水灌溉系统，西北内陆河荒漠绿洲灌溉系统和海涂开垦利用灌溉系统等。这些具有地区特色的灌溉系统在各地防旱减灾中发挥了重要的作用。

4. 节水工程

节水是我国一项基本国策，也是一项抗旱工程措施。节水已引起社会各界高度关注，形成广泛共识。节水工作呈现前所未有的好局面。

(二)抗旱非工程措施

1. 旱情监测预报

建立面向全国的抗旱信息系统，形成由中央、省、市、县组成的信息管理网络，集旱情监测、传输、分析和决策支持于一体，涵盖水情、雨情、工情、农情等各种相关因素，可以及时掌握、分析、预测全国和区域旱情的发生、发展过程以及对农业生产、城市供水的影响，通过及时实施有效的抗旱措施，最大限度地减轻旱灾的损失。

抗旱信息系统的重要性在于对旱情作出监测预报，不但能为各级决策部门提供及时准确的旱情和抗旱信息，准确评价干旱对经济社会的影响，而且可以提出合理的对策建议，更加科学地指挥部署抗旱减灾工作，大大提高了我国的抗旱减灾管理水平。

2. 抗旱预案

抗旱预案旨在研究一个地区出现潜在的及历史的干旱灾害时，政府部门和公众在资源配置与减轻灾害不利后果方面应采取的行动。这种对干旱灾害预先进行的“风险管理”和提前准备的有针对性的应急计划，与干旱灾害发生时的“危机管理”和临时反应相比，是一项更周密有效的防旱减灾措施。

3. 抗旱调度和管理

搞好水资源调度和合理分配，必须加强以下工作：一是科学利用水资源规划；二是加强国民经济的用水供需预测；三是加强工程建设；四是加强水资源统一管理；五是要有健全的水利法治体系；六是要有水利产业效益和社会效益；七是建立健全适应社会主义市场经济的水费价格；八是加强有力的管理机构；九是加强科学技术对水资源管理和优化制度的应用；十是加强水环境保护。

实行水务一体化管理是做好抗旱工作的体制保证。水务一体化管理是指将所有涉水行政职能进行整合，实现城乡水资源评价、规划、开发、利用、配置、保护的统一管理，取水、供水、用水、节水、排水、污水处理、再生水回用的统一管理，水量、水质、水域、水能的统一管理，法规、政策、制度、标准、定额的统一管理。已实行水务一体化管理的城市，要统筹考虑生活、生产和生态用水需求，进一步完善流域、区域水量调度方案，落实管理、监督措施，细化配套用水计划，充分发挥有限水源的抗旱作用，优先保障城市居民生活用水安全。没有实行水务一体化管理的城市，要结合贯彻《中华人民共和国水法》，积极开展水资源统一管理工作，尤其是发生干旱缺水的城市要把握住时机，突出展现水务一体化管理在城市抗旱工作中的关键作用，促进实现水务一体化管理。

思考题

1. 水旱灾害对中国社会发展有何影响？
2. 洪涝灾害分为哪两种类型？它们的特点是什么？
3. 台风是如何形成的？它有哪些等级？
4. 中国洪灾的主要类型有哪些？
5. 防洪工程措施包括哪些内容？
6. 抗旱工程措施主要包括哪些方面？

思政园地

《老子·八章》

上善若水。

水善利万物而不争，处众人之所恶，故几于道。

居善地，心善渊，与善仁，言善信，政善治，事善能，动善时。

夫唯不争，故无尤。

译文：最高境界的善行就好像水一样。水善于滋润万物而不与万物相争，停留在众人都不喜欢的地方，所以最接近于道。善于选择地方居住处所，心胸善于保持沉静而深不可测，待人善于真诚、友爱和无私，说话善于恪守信用，为政善于有条有理，办事善于发挥能力，行动善于把握时机。正因为他与世无争，所以才不会招惹怨恨，所以没有过失，也就没有怨咎。

项目十　智慧水利管理

任务一　水利工程观测与养护

一、水利工程管理概述

水工建筑物管理的主要任务是确保工程安全,维护工程完整,延长工程使用年限,充分发挥工程效益,更好地利用水资源为工农业生产和人民生活服务。水工建筑物的管理应在设计和施工过程中就加以重视。在运用期,必须根据规划要求和运用经验,制定水工建筑物的管理条例,作为管理工作的依据。

(一)水利工程管理的任务

水利工程管理的任务具体可以总结为以下几点:

(1)保证水利工程安全运行,防止自然和人为破坏。

(2)按照工程管理的各种法规和技术标准,维护工程完好和正常运行。

(3)运用工程手段实现防洪减灾,水资源合理使用和调度,满足社会发展需求,在防洪、灌溉、发电、供水、排水、交通运输、环境保护及水土保持等方面充分发挥水利工程的各类社会效益和经济效益。

(4)改善管理方式和条件,进行水利工程管理的技术革新和设备改造,以提高管理水平。

(5)保持水域工程环境的蓄水、过水、水资源调度能力和使用条件等。

(二)水利工程管理的内容

(1)控制运用。在原规划设计的基础上,根据当前的工程情况、水文气象情况、上下游防洪要求及结合用水部门的要求制订最优的调度方案,最大限度地满足防洪、灌溉、发电、航运和供水等国民经济部门的要求,使工程发挥最大经济效益。

(2)检查观测。对工程中各种水工建筑物进行全面的、经常的、系统的检查观测,及时分析观测资料,以掌握其工作状况,发现存在的隐患,预见可能发生的变化,以保证工程的安全运用,并为科学研究工作提供原型观测资料。

(3)养护和修理。工程中的水工建筑物、启闭机械和机电设备在各种自然因素的长期作用下及长期运行,必然会出现某些损坏或磨蚀。因此,须及时修理,消除隐患,以延长工程的寿命。

(4)防汛抢险。建立防汛机构,在汛期组织防汛队伍,做好汛期预报,准备防汛器材,以确保工程安全。

(5)扩建与改建。由于国民经济的发展,原有工程已不能满足要求或根据运用情况,工程有重大缺陷,应进行消除时,需要对工程进行扩建及改建。

二、水工建筑物的检查

水工建筑物的检查方式一般为眼、耳、触摸等人为方式或配以简单工具,从水工建筑物的外观体现,对不正常的现象推断水工建筑物内部可能发生的各类问题。

水工建筑物的检查工作一般如下:

(1)日常巡查。专门的水利技术管理人员进行每周一次的检查,尤其对汛期或出现洪水现象时,进行每天一次的检查。

(2)年度检查。每年专门组织1~2次的专项检查,例如汛前汛后、冻融前后等时段。

(3)特别检查。遇到突发的暴雨、洪水、地震等自然灾害或严重破坏等情况,要进行特别的检查,管理单位应当组织并报请上级主管部门进行会同检查。

(4)安全鉴定。水利工程投入运营3~5年内,需要对工程进行一次全方位的安全鉴定,之后每6~10年进行一次鉴定,主要由主管部门会同施工单位、设计单位、科研检测等单位及有关技术人员进行检查。

三、水工建筑物的观测

(一)变形与裂缝观测

1. 变位观测

变位观测包括水平位移观测和垂直位移(沉陷)观测。

(1)水平位移观测。水平位移观测是在土坝和混凝土坝的观测横断面的坝顶和坝坡上安设固定的位移点,用测量仪器观测其位置变化,观测水平位移。一般用经纬仪按照准线法或三角网法施测,前者适用于坝顶长度不大于600 m的直线形坝,后者可用于任何坝型。对较高的混凝土坝还可采用正垂线法、倒垂线法或引张线法。正垂线法是以一条悬挂在坝体固定点上的铅垂线为基准,当坝体发生变形时,铅垂线位置亦发生变化,在观测点量出铅垂线所偏离的距离,即得两点的相对水平位移。重力坝常将正垂线布置在坝体的竖井或宽缝内,拱坝则布置在专门设置的竖井内。通常采用一点支撑多点观测的装置,用坐标仪进行观测。倒垂线法和正垂线法一样,利用铅垂线观测坝体位移,但它的底部固定在基岩深处,顶端自由,利用液体对浮子的浮力将不锈钢丝拉紧。由于底部固定,所以可量测各点的绝对水平位移。

(2)垂直位移(沉陷)观测。土坝的沉陷可用水准测量观测。混凝土坝由于其垂直位移远小于土坝的沉陷量,因此常需采用精密水准测量或精密连通管方法测量。

2. 土坝的固结观测

土坝固结和孔隙水压力观测的目的在于了解土坝在施工期间和运用期间的固结情况及孔隙水压力的分布和消长情况,以便合理安排施工进度,核算坝坡稳定。固结观测一般是在坝身内埋设横梁式固结管,测量各测点的高程变化来计算固结量。

3. 混凝土建筑物的伸缩缝观测

混凝土建筑物的伸缩缝开合与混凝土的温度、水库水位及水温、气温等因素有关。可

在最大坝高、地质情况复杂或进行应力应变观测坝段的伸缩缝上布置测点，测点安设在坝顶、下游坝面和廊道内，一条伸缩缝上的测点不得少于两个，伸缩缝观测是在测点处埋设金属标点或差动式电阻测缝计，以测量伸缩缝的变化。

4. 裂缝观测

裂缝观测是对水工建筑物发生的裂缝，进行分布、位置、长度、宽度、深度和缝两侧建筑物相对位移等发展过程的测量，以及通过预埋的设备对水工建筑物可能产生裂缝的部位进行定期的监测。裂缝观测包括土坝的裂缝观测和混凝土坝的裂缝观测。

(1) 土坝的裂缝观测。土坝坝体表面裂缝产生的原因不同，其对坝身安全的影响也不同，应进一步弄清情况。对缝宽大于 5 mm，或缝宽虽不足 5 mm，但裂缝较长、较深或穿过坝轴线的裂缝、弧形裂缝、垂直错缝以及混凝土建筑物连接处的裂缝，必须进行观测。在观测时，应将裂缝的位置、走向、长度和密度做出记录并进行裂缝编号，绘成裂缝平面图及裂缝形状图。在观测成果的基础上，分析研究其原因和对土坝安全的影响，以便采取相应的处理措施。

(2) 混凝土坝的裂缝观测。在观测混凝土裂缝时，应对裂缝的分布、位置、长度、宽度、深度以及是否贯穿等做出记录并进行裂缝编号。对重要裂缝应设置固定标点，对缝宽的变化情况定期进行观测。裂缝宽度的观测，通常可用放大镜测定，重要裂缝可在缝两侧的混凝土表面埋设金属标点，用游标卡尺测定。裂缝深度的测定，一般可用金属丝探测，也可用超声波探伤仪等仪器测定。

(二) 渗透观测

1. 土工建筑物的渗透观测

(1) 浸润线观测。可用测压管观测土坝坝体内浸润线的位置变化。观测断面应布置在有代表性的部位。观测断面一般不应少于 3 个。观测测压管水位常用的仪器有电测水位器、示数水位计和压气 U 形管等。

(2) 渗流量观测。一般可采用容积法、量水堰法或测流速法进行，最常用的是量水堰法。

(3) 绕流观测。土坝两岸或连接混凝土建筑物的土坝坝体的绕流观测，可沿绕流线布置观测断面，每个断面布置 2~4 个绕流测压管。

(4) 坝基渗压观测。为了及时了解坝基的渗水压力及其变化，应在坝基埋设渗水压力测压管。

(5) 渗水透明度观测。为了判断排水设备的工作情况是否正常，检验有无发生管涌的征兆，应对土坝和坝基的渗水进行透明度观测。渗水透明度是用特制的透明度管来观测的。通过透明度管中渗出水样的透明度可以确定渗水的含泥量。

2. 混凝土建筑物的渗透观测

(1) 地基扬压力观测。地基扬压力由埋设在建筑物与地基接触面上的差动电阻渗压计进行观测。测压断面应选择在最大坝高、老河床和地质条件较差的地段。测压断面一般不应少于 3 个。

(2) 渗流量及绕流观测。观测方法与土坝相同。

(3) 内部渗透压力的观测。在有代表性的坝段内选取若干个水平截面，在靠上游坝面附近埋设一排差动电阻式渗压计,观测混凝土建筑物内部的渗透压力。

(4)外水压力观测。为了了解隧洞或土坝坝身内泄水孔的外水压力的变化,需要进行外水压力观测。外水压力通常用外水压力测压管施测。

(三)混凝土坝的温度观测

为了解大坝由于混凝土本身水化热、水温、气温和太阳辐射等引起的坝体内部温度分布和变化情况,用以研究温度对坝的应力及体积变化的影响,分析坝体的运行状态;同时也为了随时掌握施工中混凝土的散热情况,防止产生温度裂缝和确定灌浆时间,应进行混凝土的温度观测。混凝土坝内部温度的观测,可采用电阻式温度计,在坝体施工期间埋设在混凝土内,由电缆引到观测站的集线箱上,用比例电桥测定温度计的电阻,通过电阻和温度的关系换算成温度。

(四)水流观测

水流观测的目的在于了解水工建筑物上下游水流情况以及水流对建筑物的影响,以便制定合理的运行方式,或采取必要的措施,避免不利的情况发生,确保工程安全和正常运用。水流观测的主要内容包括:

(1)水位、流量、流速、流态等项目的观测。一般是用水文测验的方法量测,辅以摄影和目测描绘。

(2)振动观测。目的在于了解建筑物、闸门由于水流引起的振动对其安全的影响,研究减免振动的运用方式和措施,尤其要避免造成共振。观测时,将仪器的感应部分与振动部位的测点接触,通过示波仪观测记录其振幅和频率。

(3)水流脉动压力观测。水流脉动压力可使闸坝、输水管道等结构振动,也是引起护坦、海漫、输水管道、溢流坝面等破坏的力。水流脉动压力用电测方法进行观测,感应部分为脉动压力传感器,记录部分为示波仪。

(4)负压观测。一般在高压闸门的门槽、门后顶部、进水喇叭口曲线段、溢流面、反弧段末端等布置负压观测点。负压观测管为圆形金属管,管应在施工期间埋好,管口一端应与建筑物齐平,另一端引入观测廊道或观测井内与真空压力表或水银压差计相连。

(5)进气量观测。一般采用孔口板法、毕托管及风速仪等方法进行。其目的是了解通风管的工作效能。

(6)空蚀观测。空蚀观测是为了了解空蚀对建筑物的影响,研究减轻或防止空蚀的方法和检修措施。对于容易发生空蚀的部位,应进行观测。当发现产生空蚀时,应分轻重缓急,严重的应立即停止使用,并研究产生的原因,制订抢修方案。

(7)过水面压力分布观测。在过水面上布设一系列测压管,通过测压管中水面高程或压力大小,即可得出过水面上压力分布情形,并画出压力分布图。

四、水工建筑物的养护

(1)土坝。坝顶、坝坡应保持整齐清洁,填塞坝面的裂缝、洞穴和局部下陷处,防止排水设施淤塞,及时修复因波浪而掀起的块石护坡。

(2)混凝土及钢筋混凝土结构。填塞混凝土裂缝,处理疏松或被侵蚀的混凝土,随时填满分缝止水沥青中的沥青,放水前清除杂物,保持排水系统畅通等。

(3)钢结构。定期除锈,刷油漆,检查牌钉和螺钉是否松动、焊缝附近是否变形等。闸门应定期启动,以防止泥沙淤积。橡皮止水如有硬化,应及时更换。

(4)木结构。木结构应尽量保持干燥,定期刷油漆或沥青进行防腐处理,对个别损坏的构件应及时更换。

(5)启闭机械和机电设备的维护。这些设备应有防尘防潮设施,需经常保持清洁,定期检修;应经常检查油、水、气管路是否正常,各轴承、齿轮、滑轮及润滑系统应定期加润滑油并检查其油质是否合格;应定期检查泥沙对水轮机轴承、导水叶的磨损和卡阻等。

(6)防冻保护。在北方寒冷地区应采取措施防止冰冻对建筑物的破坏。在水电站进水口应定期排冰,注意防止冰块对水轮机转轮叶片的破坏。

五、水工建筑物的修理

(1)土坝的修理。土坝修理的主要内容包括裂缝处理、滑坡处理、渗漏和管涌处理以及护坡修理。

(2)混凝土及钢筋混凝土建筑物的修理。其主要包括裂缝处理和表面缺陷的修补。裂缝可采用表面涂抹及贴补、齿槽嵌补或灌浆等方法进行处理。表面缺陷可用填混凝土或喷水泥砂浆等方法修补。此外,还可采用环氧材料、铁屑混凝土等修补。

任务二　水利工程标准化与物业化管理

一、水利工程标准化管理概念提出的背景

新中国成立以来,国家始终高度重视水利工作,开展了大规模的水利工程建设,取得了举世瞩目的成就。在看到我国水利工程建设成绩的同时,要清醒地认识到水利工程管理工作的极端重要性、紧迫性和艰巨性,尤其是现阶段工程管理面对的主要问题。

一是部分工程质量先天不足。以水库工程为例,我国90%以上水库集中建设于20世纪50—70年代,受当时水文地质资料欠缺、设计标准不完善、筑坝技术水平较低、财力不足等经济技术条件限制,很多工程建设标准偏低、质量较差,原设计存在安全上的不确定性。

二是管理制度体系不够完善。由于历史原因,许多中小型水利工程存在管理体制不顺、机制不活,管理经费缺乏来源渠道或投入不足,造成中小型水利工程管理不到位。特别是大量的小型水利工程甚至没有管理机构、管理制度和管理措施。

三是管理人员专业技能不强。受工程所在地地理位置、区域经济发展水平等条件影响限制,水利工程专业技术管理人员定岗定员标准在实际工作中难以落实。尤其是地理位置偏远的中小型水利工程,管理人员就是村里指派的当地村民,都不是专业技术人员。

四是现有管理技术手段落后。虽然现在通信科技十分发达,但对于大部分建设年代久远、地理位置偏远的中小型水利工程,受资金投入总体不足影响,现代信息管理技术应用普及程度不高,已经成为我国水利工程管理的难点和薄弱环节,亟须在今后的工作中努力加以解决。

二、水利工程标准化管理概念及内涵

《中华人民共和国标准化法条文解释》对“标准化”的定义是：在经济、技术、科学及管理等社会实践中，对重复性事物和概念通过制定、发布和实施标准，达到统一，以获得最佳秩序和社会效益的工作。标准化管理是以标准化为主线，针对当前或者潜在的共性问题从管理角度采取措施来解决问题，以达到提高管理效率的目的，是一种管理思想，同时是一种管理手段。

(一)概念辨析

基于标准化和标准化管理的概念，我们认为水利工程标准化管理，就是在工程管理过程中为获得最佳秩序、效率和效益，按照水库、水闸、泵站、堤防、灌区等不同类别工程特点和管理要求，对工程日常管理中涉及的组织、安全、运行、经济、保障等管理环节及关键节点，制定共同使用和重复使用的规范性文件，并在同类水利工程管理中全面推行、监督实施和评价考核，保障水利工程安全、高效和稳定运行。

(二)内涵界定

水利工程标准化管理是一项系统工程，包括各类水利工程管理标准体系的构建，标准化制度的推行、实施和对标准化管理成效的监督评价。

(1)制定统一管理标准。对于同类水利工程管理工作的内容、程序和依据等制定统一的标准，改善相关制度、流程和系统，力争做到标准化管理中的每一个决策都有法可依、每一个环节都有章可循、每一项考核都有依据，实现事事有标准。

(2)按照标准实施管理。在明确各项管理工作的标准化要求后，需要按照标准化的思想指导、计划、组织、协调、实施全部管理工作，提高员工按照标准化管理理念开展工作的高度自觉性，尽量淡化人为因素，做到人人讲标准。

(3)强化管理成效评价。定期对标准化管理工作运行情况进行分析和评价，实行达标分级动态管理。通过评价确保工程标准化管理体系的持续适用性、充分性和有效性，同时有利于促进推动标准实施工作，力争处处达标准。

三、水利工程标准化管理的地方实践

水利工程安全运行关系人民群众生命财产安全和民生保障。2015 年下半年，浙江省提出以标准化管理为抓手，创新和加强水利工程管理，成为全国第一个实施水利工程标准化管理的省份。2016 年，宁波全市共有 186 项工程完成标准化达标创建，超浙江省定任务的 45%；周公宅水库、溪下水库、姚江大闸等一批工程高分通过省级验收；6 座大型水库及 1 座中型水库成功创建国家级水管单位。

浙江省人民政府办公厅于 2016 年出台了《关于全面推行水利工程标准化管理的意见》。2018 年，浙江省水利厅出台《浙江省水利工程标准化管理验收办法》，该办法对辖区内的水利工程标准化管理验收要求如下。

(一)适用范围

适用于水库、山塘、设计防潮(洪)标准 20 年一遇及以上一线海塘、防洪(潮)标准 20 年一遇及以上 1~4 级堤防、大中型水闸、大中型泵站、大中型灌区、日供水规模 200 t 及以上集中式农村供水工程、国家基本水文测站［包括水文站、水（潮）位站、雨量站等］、1万亩及以上圩区工程等水利工程标准化管理验收，其他等别工程可参照执行。农村水电站验收按《浙江省农村水电站安全生产标准化评审标准（2015年修订）》执行。水土保持监测站验收按《浙江省水土保持监测站标准化管理验收办法（试行）》（浙水保〔2017〕44号）执行。

（二）验收对象

水利工程标准化管理验收对象为水利工程。闸泵工程、水库及附属工程、堤防（海塘）与其交叉建筑物等一体化综合性工程标准化管理应整体创建验收，由规模等级最高的主体工程对应的单位组织验收，相关工程验收标准中的共性内容应统筹考虑。多个工程同属一个管理单位的，原则上应同步创建，统一验收；确需逐个分期验收的，对机构、人员、经费落实情况，应结合管理单位所管其他工程管理实际综合评价。

（三）分级管理

大型水利工程［含省级河道上1~2级堤防和设计防潮（洪）标准100年一遇及以上的一线海塘］、中型水库、省本级直接管理的水利工程、国家重要水文测站和省直属水文测站，由省级水行政主管部门负责组织验收；非水库类中型水利工程［含省级河道上3~4级堤防、市级河道上4级以上堤防、设计防潮（洪）标准50年一遇的一线海塘］、小（1）型水库、日供水1万t及以上农村供水工程和3万亩及以上圩区工程，以及市本级直接管理的水利工程、非国家重要水文测站的流量站和市直属水文测站，由市级水行政主管部门负责组织验收；其他水利工程由县级水行政主管部门负责组织验收。

（四）验收内容与标准

水利工程标准化管理验收内容包括机构人员、管护经费、管理基础、运行管理、工程面貌和信息化管理，验收内容与标准分为11个样表。如大中型水库标准化管理验收标准，分为机构人员、管护经费、管理基础、运行管理、工程面貌、信息化管理等6个类别26个项目。

四、水利工程物业化管理

温州市水利局自2012年起就开始引入社会中介机构参与水利工程管理，最早在温州西向排涝工程管理中进行探索试点，逐步将水利工程维修养护工作推向市场，率全省之先推行水利工程物业化管理改革。此外，浙江省还出台了相关政策和标准来规范水利工程物业化服务，如《浙江省水利工程物业化服务标准》（2024年4月）。

（一）物业化管理的优势

1. 整合项目类别，优化管理模式

水利工程日常运行维护涉及泵站、水闸、堤防、海塘、水库等多类型的项目，运维人员涵盖了高配电工、闸门运行工、测量工及河道修防工等多工种，其中不乏特殊工种。在同一个工程中不论是只有单一类型项目或包含多类型的项目，都需要不同类型的岗位技能人才，特别是包含多类型项目的工程对不同技能人才需求更高，而目前水利工程管理单位性质大多为事业单位，受人员编制等因素制约，运维人员几乎空缺。采取对单一类型项目或按工程将所有项目整合后通过市场化竞争择优选取有实力的专业公司来实施专业化服务是解决人员和技术困境的一个有效途径,优势明显。一是有效支撑管理单位专业化人员不足,优化岗位技能需求,突出专业化能力;二是有利于管理人员更加侧重于日常监督管理,提高了工作的效率,突出管理模式升级;三是同工程的项目整合后,减少了各项目之间的交叉影响,突出财政资金使用效率的提高。

2. 改变管理方式,提升运行管理水平

水利工程实行物业化管理的模式,通过购买服务将工程交由专业公司来运行维护,不仅可以有效解决基层管理机构在巡查、运行和维护中的日常事务性工作多,人员力量配备不足等问题,同时作为一种市场行为,必然存在市场竞争,为了提高企业市场占有份额,这些企业也势必将不断提升管理水平、人员素质、技术支撑能力和优质服务水平。并且,管理单位人员可以把时间和精力更多地放在技术性的工作上,有利于提高工作质量和效率。通过良性运作,可以提升整体的运行管理水平。

3. 引入竞争机制,建立健全考核评价体系

为充分发挥市场作用,积极引导社会力量参与水利工程运行管护,保障专业化服务整体水平的提高,管理单位应依据现有的法律法规和运行管理规程,以及单位内部管理制度,全面梳理管理事项及服务事项,明确具体的工作职责和流程,物业化服务企业则根据管理单位指令,制订翔实的维修养护计划,据此开展控制运行、维修养护、巡视检查等各项工作。管理单位实施严格的日检查、月考核、年评定措施,与物业服务市场主体信用评价机制相衔接,与合同款支付及后续准入挂钩,对于严重失信行为责任主体按规定惩戒,营造诚实守信和优胜劣汰的市场环境。

(二)物业化管理的实施

浙东引水萧山枢纽是浙东水资源优化配置格局中的关键性工程,是浙东引水系统工程的龙头工程,具有引水、排涝双重功能,工程有水闸、泵站、河道堤防等专业项目。为保障工程安全高效运行,作为管理单位的浙江省钱塘江流域中心以集约化、专业化、物业化管理为原则,实行管养分离,通过市场竞争的方式,委托专业服务单位承担工程运行、维修养护、日常巡查、后勤物业服务等工作。

1. 物业化管理企业的准入与选择

为了顺利推进物业化管理工作,管理单位兼顾萧山枢纽工程运行管理实际需要、水利工程人员配备定额、各类工程运行管理规程及政府采购对中小企业的纾困帮扶的有关要求,按照政府采购相关规定,采用分散采购公开招标等方式,在企业资质、人员配备、持证上岗、设施设备等投入上明确企业准入条件,最终确定相应的专业服务单位。

2. 物业化管理的各方分工

引入物业化管理,目的就是建立精简高效的管理机构,实现管理和运维的剥离,做到水管单位与专业化服务企业事权清晰、责任明确,各司其职。

依据浙江省水闸、泵站、堤防等运行管理规程、行业标准、设计要求,管理单位建立了一整套内部规章制度,同时以标准化建设为抓手,建立运行操作规程。打造数字水利工程,建设数字化管理应用,充分运用现代信息技术,对工程巡查、安全监测、运行操作、维修养护、控制运行、应急管理等,按照规程规范设置标准化、数字化约束控制,借此进一步规范工作流程,建立自动提醒督促机制,实现办事流程自动存档留痕,流程不完成工程不运

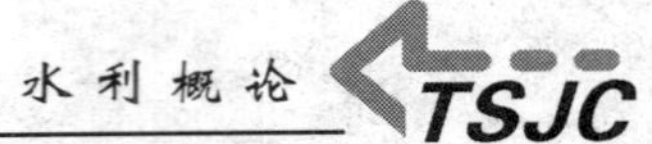

行。专业化服务单位按管理单位的有关要求和合同约定事项，配备项目负责人及运行、维护、巡查和后勤保障等相关人员，严格执行管理单位的制度和操作规程，利用数字化管理应用建立健全各类台账，承担运行、维修养护、防汛应急抢险、综合保障等工作，实现全过程流转。

3. 制定考核标准

为有效推进专业化服务工作的规范化，明确各方责任，确保工程规范、高效、安全运行，根据《浙江省水利工程管理办法(试行)》，管理单位成立了检查考核小组，制定了严格的日常、月度和年度相结合的考核机制，将考核与合同支付、合同解约和来年采购相挂钩。强化过程监督和管理，保证考核质量，月度考核和年度考核评定分为优秀、合格和不合格，逐级采取相应的奖惩措施。实行诚信企业续聘制度，对年度考评为优秀的，在次年公开招标中则予以优先考虑。而在考核中达不到考核标准的，则依据考核约定，扣除相关的合同款，直至解除合同。出现安全生产责任事故的，取消其投标资格。

(三)物业化存在的问题

1. 重视程度不够

在水利工程中还存在着"重建设轻管理"的思想，日常管护经费定额标准不高，特别是过了质保期但尚未符合大修标准的中年工程，维护经费更为紧张，而且专业化服务投入见效慢，日常效果更多地体现在细节的提高，有时候难以被量化，效费比较低。

2. 缺乏统一标准

我国物业管理行业的发展大体上经历了引入期、提升期、转型期三大阶段。而当前水利工程物业化管理尚处于从引入期进入提升期阶段，水利工程由于管护经费、责任主体等原因，管理水平参差不齐，没有形成统一、规范的物业化管理标准，不利于企业专业队伍培养和能力建设。因建立不同等级的水利工程应由不同能力的物业企业提供服务，物业服务企业应建立分级申报评审制，高等级的水利工程应由高能力的企业提供服务，方可保障重要水利工程的良性运行。

3. 市场准入门槛低

目前，水利工程物业化管理对准入企业资质要求低，企业良莠不齐，招标投标市场运作不够规范，市场竞争激烈，有些项目投标人以底价投标，中标后人证不能合一，缺乏专业技术人才，加上企业的人工、维护等运作成本增加，真正投入服务的资金不足，难以形成物业管理的良性循环。

4. 服务周期短

当前，浙江省本级的水利工程物业服务期一般为 1 年，服务时间短导致物业服务单位目光短视，缺乏持续投入及长远服务规划，而且管理单位刚完成服务单位的标准化培训，可能因为更换了服务主体而又要开展新一轮培训，对规范管理产生不利影响。对资金来源是财政资金的，应建立相对稳定的服务周期，对合同期内服务标准满足管理要求的单位，可续签服务合同，3 年为一个周期较为合理。

综上所述，工程或小区物业化管理是国内外常见并且成熟的运行管理模式，但针对水利行业来说，还处于试点探索阶段，鉴于水利工程的公益性及技术复杂等行业实际，仍需进行更多的探索与创新。

任务三　智慧水网建设

一、智慧水网建设概述

在全球信息化进入全面渗透、跨界融合、加速创新、引领发展的新阶段,很多传统行业运用云计算、大数据、物联网、人工智能、移动网络、数字孪生等新一代信息技术进行了重塑,如智慧城市、智慧交通、智慧建造、智慧医疗等,代表着传统行业向智能化、智慧化的转型升级,标志着行业的高质量发展。习近平总书记在党的十九大报告和十九届五中全会上明确提出要建设网络强国、数字中国、智慧社会。智慧水网是智慧社会的重要组成部分,与经济社会的发展和进步是一体的,智慧水网对于水利高质量发展具有很强的标志性意义。但是,与能源、交通等行业的智慧化进程相比,智慧水网的建设明显存在较大差距,还远不能满足国家水治理体系和治理能力现代化的需求。因此,大力推进高新技术尤其是数字孪生技术与水利业务的深度融合,建设智慧水网,是立足新发展阶段、贯彻新发展理念、构建新发展格局,提升行业治理效能,助推水利乃至经济社会高质量发展的重要举措。

二、智慧水网建设的现状与问题

国家水网对智慧水网提出了加强监测体系建设、推进国家水利数字化场景构建、建立国家数字水流智慧模拟仿真平台、构建联合调度指挥体系的建设要求。目前,全国各省(自治区、直辖市)、流域机构都在积极对标国家要求开展水网规划、建设。如山西省、山东省以水域连通为基础构建了多功能一体的省级“大水网”;海南省以水生态空间管控为刚性约束,规划构建集工程网、生态水系网、管理网和信息网于一体的海岛型水利基础设施网络;辽宁省规划了“四水同治”“五水统筹”“两网并行”的空间均衡水网等。就目前建设程度而言,全国水网建设主要以工程性措施为主,目标是实现物理水网连通和智能化调控,智慧水网的建设主要依赖于工程信息化和水文现代化建设,还存在一些问题,具体表现在以下几方面。

(一)基础设施体系建设尚不完善

感知监测方面,立体感知网监测和传输能力不足,感知范围、感知要素不全面及感知手段不丰富,如3 000 km^2以下河流、滨海区和感潮河段、小面积湖泊及防洪排涝重点城市的水文监测设施不足,大多数小型水库、堤防、中小型水闸等缺乏安全监测,新型传感设备、卫星无人机遥感等新技术应用不广泛。水利业务网方面,传输覆盖范围和传输能力不足,如仍有一些县级水利部门未联入水利业务网,水利业务网骨干网带宽低。水利云方面,云计算和备份保障能力不足、存储资源不够。现阶段水利行业很多业务应用需要大量非结构化数据的支撑,数据挖掘分析和大数据模型运算需要强大的并行计算能力,现有基础软硬件无法提供支撑。

(二)数字孪生平台建设处于起步阶段

数字孪生平台是对全国水利“一张图”的升级建设,主要建设内容为基础数据统一、

监测数据汇集治理应用、二三维一体化、水利模型以及水利知识。目前,全国水利“一张图”建设基本完成,在此基础上的升级工作刚刚起步,任重而道远。

(三)智能应用体系尚不完善

业务应用系统与新技术融合不深入。其功能简单,大多是对现有管理模式和流程的简单复制,主要以查询展示、统计分析、流程运转为主,大数据价值没有得到充分的挖掘利用,人工智能、虚拟现实等技术未得到充分应用,不能满足水利业务的精细化管理需要。此外,业务应用系统存在“孤岛”现象。目前,大部分系统都是根据业务专项、局部开展单独建设,标准不统一,系统之间相对独立,存在业务壁垒,难以协同。

三、智慧水网建设内容设想

(一)总体框架

针对智慧水网存在的问题,结合已有的信息化建设基础,遵循“需求牵引、应用至上、数字赋能、提升能力”的总要求,从勘测设计的角度提出建设以全覆盖、高精度“空天地”一体化的监测感知网,全面互联高速可靠的水利信息网,服务高效便捷的水利云为主要内容的基础设施体系;建设以数字孪生底座、智能中枢为主要内容的数字孪生平台,实现物理流域的真实场景映射、水规律和水活动的精准模拟和水利业务的智能化决策支撑;构建以水旱灾害防御、水资源管理与调配为核心,全面覆盖水利业务的“2+*N*”应用体系,实现“预报、预警、预演、预案”;建设网络安全体系和多维并重保障体系,制定标准规范及管理制度作为运行管理保障。

(二)基础设施层建设

以现有水利感知网络体系为基础,围绕涉水事务管理需求,利用传感器、视频、遥感、无人机等技术,针对江河湖泊水系、水利工程设施、水利管理活动优化站网布局,推进“空天地”一体化监测感知网建设,提升遥感监测、数字地形等数字本底的精度和频率,提高水位、水量、雨量监测的密度和精度,加大工程安全监测设备投入,实现涉水要素感知监测的全面覆盖;采用层次性网络结构,按流域、省、市、县、乡五级网络架构,完善建设水利业务网、水利工程控制网络、互联网、感知通信网和应急通信网,实现流域内自上而下各部门网的互联互通,并实现各省(自治区、直辖市)政府网络互通;遵循面向业务需求的设计思路,基于业务场景化、模块化的设计方法,建设基础架构统一、物理分散部署、逻辑统一管理的水利云,实现云基础设施的按需分配、弹性服务和统一维护,提高信息化资产的使用效率,为数据资源整合共享及大数据等新技术应用提供基础支撑。

(三)数字孪生平台建设

通过数据汇集、治理、存储、服务,对涉水数据进行深度挖掘,构筑数据底板,实现标准规范数据架构、深度萃取数据价值、统一数据资产管理和统一主题式服务;利用遥感、无人机、激光雷达等技术获取数字三维地形数据 DEM,运用 BIM 等技术构建水利工程数字孪生体,建设流域信息模型(RIM),构建数字化场景,实现物理流域的全息虚拟仿真;通过数据融合技术,将实时监测数据与 BIM 同步展现,实现物理流域与数字流域的实时动态精准化映射;通过水文模型、水动力模型、水量预测模型、水资源模型等水利公共模型与专业模型库建设,实现不同空间尺度、时间尺度的模型管理与定制,同步耦合雨水情、工程安全、取用水、地下水及遥感、视频等各类实时监测感知数据，实现水利工程调度、水资源管理调配、水利工程管理等水利管理活动的流程数字化描述；应用虚拟仿真、增强现实等技术手段，以流域为单元实现水规律、水活动的智慧化模拟，为决策提供真实感、沉浸式、交互式环境；利用机器感知、机器思维、机器学习等技术，沉淀水利知识和治水经验，构建通用性强的知识图谱库以及各类学习算法，对物理水利采取对应的风险规避措施，增强工作的准确性、科学性、前瞻性。同时，通过物理流域与数字流域协同调控，不断优化水管理行为，最终形成具有深度学习、迭代进化、自我完善的水管理方案，实现重要河流及其影响区域历史演变的逼真描绘、实时情势的动态模拟以及未来态势的智能预判，赋能水利业务智慧化决策。

（四）智能业务应用构建

聚焦"水资源、水灾害、水生态、水环境"等水问题，依托数字孪生平台提供的算据、算法以及可视的智慧化模拟，通过业务流程优化再造、业务体系协同重构，以"急用先行"的理念，按照"大系统设计、分系统建设、模块化链接"的原则，构建"2+*N*"应用体系，实现各项水利业务的"四预"，为管理者提供精准化决策，提高水利管理部门的信息化、现代化管理水平，为实现流域高质量发展提供支撑。

（五）网络安全防护体系建设

根据国家网络安全相关政策标准要求，遵循水利网络安全顶层设计，以落实网络安全法、网络安全等级保护和关键信息基础设施保护相关要求为抓手，以智慧水网涉及的信息系统为安全防护对象，建立和完善以纵深防御、监测预警、应急响应为抓手的网络安全技术体系，涵盖人员组织、制度标准、工作规程在内的全方位网络安全管理体系，贯穿安全运维、安全监测、响应处置、分析优化的全过程闭环安全运营体系，提升与智慧水利建设全面融合的网络安全保障能力。

（六）多维并重保障体系建设

通过加强体制机制建设、加强标准规范制定、强化资源整合共享、注重技术共享及多方合作、拓展项目资金渠道、优化人才队伍等措施，全面促进智慧水网健康和高质量发展，实现上下联动、创新驱动、重点带动、整体推动。

四、构建智慧水网中的关键技术

根据智慧水网的建设内容，在实施过程中涉及的关键技术如下。

（一）新型测绘

"3S"技术是遥感（Remote Sensing，RS）、地理信息系统（Geographical Information System，GIS）和全球定位系统（Global Positioning System，GPS）的统称，是利用遥感、空间地理信息、卫星定位与导航，以及通信网络等技术实现对空间信息进行采集、分析、传输和应用的一项现代信息技术。随着"3S"技术的不断发展，将遥感、全球卫星定位系统和地理信息系统紧密结合起来的"3S"一体化技术已显示出更为广阔的应用前景。智慧水利系统设计对现有水利技术进行了延伸，将RS、GIS、GPS三种技术集成，构成一个强大的技术体系，并且加入三维分析和可视化技术，更加直观准确地实现对各种水利工程空间信息和环境信息的快速、准确、可靠的收集、处理与更新，为防汛抗旱、水资源调度管理决策、水质

监测与评价、水土保持监测与管理等业务系统提供决策支持。

(二)数字孪生技术

数字孪生是以数字化方式创建物理实体的虚拟实体,借助历史数据、实时数据及算法模型等,模拟、验证、预测、控制物理实体全生命周期的技术手段。它对物理实体进行数据分析与建模,形成多学科、多物理量、多时间尺度、多概率的仿真过程,将物理实体在不同真实场景中的全生命周期过程反映出来。数字孪生主要由三部分组成:一是物理空间的物理实体;二是虚拟空间的虚拟实体;三是虚实之间的连接数据和信息。通过数字孪生技术辅以各种高性能传感器和高速通信,建立数字映射,让物理流域与数字流域之间动态实时信息交互和深度融合,保持同步性和孪生性,为构建具有预报、预警、预演、预案"四预"功能的水利智能应用体系提供基础。

(三)虚拟现实、增强现实、混合现实

虚拟现实(Virtual Reality,VR)是一种可以创建和体验虚拟世界的计算机仿真系统和技术,它利用计算机生成一种模拟环境,使用户沉浸到该环境中,虚拟现实技术具有"3I"的基本特性,即沉浸(immersion)、交互(interaction)和想象(imagination)。增强现实(Augmented Reality,AR)是虚拟现实的扩展,它将虚拟信息与真实场景相融合,通过计算机系统将虚拟信息通过文字、图形图像、声音、触觉方式渲染补充至人的感官系统,增强用户对现实世界的感知。AR 技术的关键在于虚实融合、实时交互和三维注册。混合现实(Mixed Reality,MR)结合真实世界和虚拟世界创造了一种新的可视化环境,可以实现真实世界与虚拟世界的无缝连接。利用以上三种技术,可以构建一个可用于模拟和分析复杂水规律以及水活动,支持协同工作、知识共享和水利业务群体决策的集成化、可视化、沉浸式的虚拟地理环境。

(四)人工智能技术

人工智能是研究使用计算机模拟人的某些思维过程和智能行为(如学习、推理、思考、规划等)的学科,它研究开发用于模拟、延伸和扩展人类智能的理论方法、技术及应用系统,具有自学习、推理、判断和自适应能力。人工智能技术也称为 AI 技术,它借助计算机信息技术和通信技术,模拟人的听觉、视觉及嗅觉,进行信息判断和处理。在科技水平逐渐提升的同时,机器人、语言及图像识别系统、诊断专家等为代表的人工智能技术得到了迅猛的发展。各项系统发展中的技术含量不断增加,同时也更加具有个性化的实用价值。从技术上看,人工智能已经发展到比人脑更为系统,能够处理非常复杂的系统逻辑关系的程度,在水利工程建设与安全运行、综合政务服务等领域发挥着关键作用。

(五)知识图谱

知识图谱是人工智能领域的分支,是大数据时代知识表示最重要的一种方式。本质上是由具有属性的实体通过关系链接而成的网状知识库,即具有以图结构为主的知识库,其中图的节点代表实体或者概念,而图的边代表实体和概念之间的各种语义关系。流域知识图谱的核心是建立流域知识库,在其基础上形成流域知识语义网,然后通过语义模型,实现流域知识的语义搜索、流域知识推荐、关联分析等功能,从而具备对流域、空间上分散的人、环境、事件等进行大规模实时关联和因果分析的能力。知识图谱可融入众多水利知识,是实现水旱灾害防御、水资源调配等水利业务达到智能化乃至智慧化过程中最为核心的关键技术。

智慧水网利用新一代信息技术加速水利治理体系和治理能力的现代化进程，推动实现实时感知水信息，准确把脉水问题，数据充分共享，信息泛在互联，描绘物理流域的状态与轨迹，提升以流域为单元的业务管理能力，是统筹发展与安全的关键抓手，将成为水利行业高质量发展的新动能。

思考题

1. 水工建筑物的检查方式有哪些？
2. 什么是水利工程标准化管理？
3. 物业化管理在水利工程中的优势是什么？
4. 数字孪生平台在智慧水网中扮演什么角色？
5. 智能业务应用构建的目的是什么？
6. 新型测绘技术在智慧水网中如何应用？

思政园地

作为社会主义建设者的青年一代，要学会引入先进的数字信息技术，融入新时代水利工程智慧管理，保障人民幸福安康。这不仅是对个人专业技能的要求，也是对国家发展需求的响应。正如习近平总书记在党的二十大报告中所指出的“坚持面向世界科技前沿、面向经济主战场、面向国家重大需求、面向人民生命健康，加快实现高水平科技自立自强”，这彰显了科技在中国式现代化进程中的关键作用。青年一代应积极掌握和应用信息化技术，推动水利工程向智慧化、自动化、精准化发展，提升水资源管理效率和防洪减灾能力，确保水安全，促进生态文明建设，为人民的幸福生活提供坚实的水利支撑。

项目十一　河道生态健康

任务一　水生态系统

水生态系统是生态系统的一个重要组成部分。水生生物群落与其生存的水环境之间,以及水生生物群落内不同种群生物之间不断进行着物质交换和能量流动,并处于相互作用和相互影响的动态平衡之中,构成了水生态系统(water ecosystem)。水生态系统有时也称为水域生态系统或水生生态系统,简称水生态。

一、水生态系统的分类

水生态系统有不同类型的划分。生态学中,常依据对水生生物分布、生长等起重要作用的主要生态因子如水温、盐度等进行科学的划分,这是开展水生态系统研究的基础。一般可分为淡水生态系统和海洋生态系统两大类型,前者又可分为湖泊生态系统、河流生态系统和淡水湿地生态系统;后者又可分为河口生态系统、滨海湿地生态系统、浅海生态系统和深海生态系统。水生态类型不同,生物群落的结构和功能就不同,因而对外界的干扰和抵抗力也不相同。以下就一些典型的水生态系统的生境特征和生物群落做一简单的介绍。

(一)河流生态系统

河流是陆地与海洋联系的纽带,在生物圈的物质循环中起着重要的作用。河流的生境特征主要表现在形态呈带状,水流具有很强的流动性,导致河流的水温和某些水化学成分沿纵向分布,使得河流生态系统也沿纵向发生变化,这些变化与水温、流速及酸碱度的变化率有关。由于这些变化并不是均匀变化,特殊条件和特殊种群均可在河流中存在。在河流的上游,生物多具有适应急流环境的特殊形态结构,而在河流的下游,生物多具有适应缓流环境的特殊形态结构。此外,由于河流中水流流动性大,水体的更新速度快,所以河流系统的自净能力强,但受其他系统的制约较大。流域内陆地生态系统的气候、植被以及人为干扰强度等都会对河流生态系统产生较大的影响。另外,河流将各种有机、无机物质源源不断地输送到海洋,是沿海生态系统的重要营养来源,直接影响到河口及海湾生态系统的形成和演化。因此,河流生态系统的破坏,对环境的影响远比静态的水生态系统大。

(二)湖泊生态系统

湖泊(水库也是一种人工湖泊)属于静水生态系统。湖泊在空间地理形态上表现为空间相对封闭,出流河道少,水交换缓慢,水体流动以风生流为主,流速缓慢,流态呈现环流分布。这些特点决定了湖泊的许多生态功能与其形态特征有关,受许多因素制约,如湖泊的构成与倾斜度、深度、底质及水的物理、化学特性等。湖泊生态系统的表层与深水层存在复杂的营养关系。在湖泊的浅水层,光照强、水温高、营养物质丰富,常常聚集着许多动、植物,尤其是水生维管束植物和藻类等,初级生产者极为繁茂。在湖泊的深水层,光照弱,光照强度不能满足藻类光合作用的需要,故只聚集着异养动物和厌气性细菌。异养动物多以小型浮游动物为食,细菌则降解由上层沉落下来的有机残体。湖泊属于生态脆弱的水生态系统,物质循环和能量循环容易受到外界的扰动而失去平衡,并且生态系统的恢复十分困难。人为富营养化导致蓝藻暴发是湖泊生态系统存在的一个突出的环境问题。

(三)湿地生态系统

湿地是指陆地到敞开水面的过渡带,以湿生植物为显著标志。按含盐量的高低可分湖泊淡水湿地和滨海盐生湿地。含盐量小于1%的湿地称为湖泊淡水湿地。淡水湿地地处水陆过渡带,湿生植物的促淤功能使得湿地得以蓄积来自水陆两相的营养物质而具有较高的肥力,又有与陆地相似的光照、温度和气体交换条件,并以高等植物为主要的初级生产者,因而具有较高的初级生产力。湿生植物具有较强的吸附和截污能力。同时,湿地为鱼类、鸟类和其他水生动物提供丰富的饵料和优越的栖息条件,因而具有卓越的生态环境功能。近年来,资源开发过度和管理不善、监管失控是导致湿地生态系统破坏和生态功能丧失的主要原因。

(四)河口生态系统

河口是河流的终段,是河流与受水体的结合地段,在生态学上则指地球上陆海两类生态系统之间的交替区。河口区即海水和淡水交汇和混合的部分封闭的沿岸海湾,河口生境特征主要体现在三个方面:一是盐度呈周期性和季节性变化;二是河的水温冬、夏变化大,与相邻水域相比,冬天水温更低,夏天水温更高;三是溶解氧量低。因此,河口生境条件比较恶劣,生物种类多样性较低,广温性、广盐性和耐低氧是河口生物的重要生态特征,其生物组成主要有3种成分,即占主要成分的海陆入侵生物,由广盐性淡水生物迁移而来的淡水生物和适应低盐条件的半咸水生物。河口生态系统和其他富营养系统一样,有时候会由于甲藻突然大量繁殖而形成“赤潮”。

(五)浅海生态系统

海洋是生物圈中最庞大的生态系统,具有高盐度的特有环境,生物群落与淡水生态系统明显不同。浅海生态系统位于海岸线到水深200 m以内的大陆架上,与深海生态系统的生境特征不同,主要表现在浅海接受河流带来的淡水和大量有机物,促使其盐度、温度和光照呈季节性变化;海底构成复杂,有不同的海底环境,波浪的作用常影响到海底基质的稳定,使基质颗粒浮于水中。浅海区的生物生产力很高,为次级生产提供了丰富的物质基础,从而栖息着大量的生物,包括浮游生物、底栖生物和游泳生物,是海洋生态系统最活跃的区域之一。与湖泊生态系统相似,人为富营养化导致赤潮暴发是浅海生态系统存在的一个突出的环境问题。

二、水生态系统生存环境的影响因素

在水生态系统中,水生生物的生存和繁殖依赖于各环境生态因子的综合作用。生态

因子是指环境中对生物生长、发育、生殖、行为和分布有直接和间接影响的环境因素,如水文、流场水力、水温、溶解氧、pH、营养物质、含沙量等。

(一)水文与水力因子

水文与水力因子对生物有重要作用,一方面生物生命过程对水文、水力因子有着特定的需求,另一方面水文、水力因子对生物循环过程及对生物群落和生态系统结构同样有着重要的影响。水文、水力因子的改变必将导致生态系统稳定状态的破坏,对生物造成极大的影响。

水位是最基本的水文、水力因子。水位影响河流湖泊的水面面积、水体体积,进而影响到生物的生存空间。同时,水位的高低是河流湖泊与其他单元生态系统联系的重要指标。洪水高水位可使河流湖泊与周边滩地的联系更加密切,生物的交换也更加频繁。水位的时空变化异常会导致栖息地过早或推迟出露水面,影响水生动物和候鸟的觅食,甚至中断食物链。

流速也是重要的水文、水力因子。很多研究表明,鱼类大多数生态行为与流速及流速的空间分布密切相关。不同的鱼类种群有不同的流速偏好,甚至不同的流速会使鱼类的外表形态发生改变。流速的空间分布反映了水流的复杂程度,对于不同鱼类的各生命阶段和生活行为有着与之相适应的水流流场。例如,对于体外受精的鱼类,在繁殖过程中通常会选择水流混乱程度较高的水域进行交配,甚至只有在水流达到一定紊乱程度才会刺激交配行为的产生,而在产卵前后可能会停留在相对平静的水域。

流量是河流的重要特征因子。反映河流流量过程的5个主要因素,即流量值、历时、频率、发生时间和变化率,对水生生物都有重要的影响。流量的大小及其变化率影响水生生物的保育场地和营养物质。某个流量的历时长短会对水生生物形成生存压力,影响生物物种的构成,如洪水泛滥时间过长不利于非耐淹植被,会改变河岸植被的覆盖类型。流量出现频率的改变同样会影响河岸植被物种和群落,当自然的极限流量出现概率减少,河流生存环境恒定,外来物种容易适应从而造成入侵概率增加,破坏本地物种生存环境,自然生态系统的多样性和本地鱼类及无脊椎动物的丰富性。发生时间指特定流量出现时间,特定流量出现时间能给出水生生物进入新的生产周期信号,如一些鱼类利用季节流量峰值作为产卵信号,某些植被生命周期与自然流量变化的季节时间相适应。

水文、水力因子的变化通常会影响到生物栖息地结构。栖息地通常指某种生物或某个生态群体生存繁衍的地区或环境类型,包括其完成全部生活史过程所必需的水域范围,如产卵场、索饵场、越冬场以及连接不同生活史阶段水域的洄游通道等。场地不仅提供生物的生存空间,还提供满足生物生存、生长、繁殖的全部环境。水流的流动影响河道的形状、大小和复杂性,支流和三角洲的形成,浅滩、河流、深潭和静水区域的分布,河床基质的多样性和稳定性。生物在长期自然选择与演化过程中,其生命活动的完成,往往依赖这些环境因子的细微变化。例如,栖息地水深是一定水位与河道地形相叠加的结果,其主要在两方面影响鱼类:一方面是为底栖型鱼类提供适当的活动空间;另一方面是为雌性卵提供适当的孵化环境。栖息地河床形态与基质在很大程度上也会影响物种的分布与丰度。不同的鱼类对河床形态如浅滩、深潭和河床基质有着不同的偏好,如产沉性卵的鱼类喜好在基质为卵石或砾石的深槽产卵等。

(二)水质因子

水质因子主要包括水温、溶解氧、pH、含沙量等。水温是生物的重要生存因子。在适宜的温度范围内,温度每升高 10 ℃,生物的酶促反应速率将提高 1~2 倍,其代谢速率和生长速率均可相应提高。现有研究成果表明,许多鱼类性腺最终发育成熟并完成排卵的过程受水温的影响显著。各种生物都有各自的适宜温度,多数藻类的最适宜温度在 28~30 ℃,水生微生物的最适宜温度在 5~10 ℃,中华鲟产卵场的水温范围一般在 17~20.2 ℃。

pH 反映了水体酸碱度的变化。不同生物的生命活动、物质代谢与 pH 密切相关。在极端酸性和碱性条件下,生物活性降低。大多数细菌、藻类和原生动物的最适宜 pH 为 6.5~7.5。

水中溶解氧的含量是水生生物生活和分布的限制因子。除了大气溶氧,大型水生植物和藻类作为生产者,能利用太阳光产生氧气,是水体中氧气的主要来源,与此同时它们的呼吸也消耗一部分氧气。水体中的消费者和大部分的分解者都是耗氧的生物。例如,水体中的好氧微生物利用溶解氧,能把有机物分解为简单有机物和有机物,并用以组成自身有机体。若水中溶解氧含量过低,水生动物就会死亡,死亡生物在生物降解中进一步消耗溶解氧,导致生态系统失衡。

水体中含沙量从 3 个方面影响水生生物的栖息:其一,含沙量影响下游河道的冲刷和淤积,影响栖息地结构形态;其二,含沙量会改变产卵场中黏性卵的着床率;其三,悬移质含沙量会影响栖息地饵料的组成,有科学家在对美国干旱地区 5 条河流进行研究后指出,轮虫等饵料的数量和分布明显受到悬移质含沙量的影响。

营养物质是促使生物新陈代谢的重要因子。生物从外界环境不断地摄取营养物质,经过一系列的生化反应,转变成细胞的组分,同时产生废物并排泄到体外,这一过程称为新陈代谢。新陈代谢包括同化作用和异化作用。同化作用是将营养物质转变为机体组分的过程,需要能量;异化作用是将营养物质和细胞物质分解的过程,产生能量。水体中主要营养因子是氮、磷等微量元素。如果氮、磷等营养物质含量过多,则会导致水体富营养化。

任务二　我国水生态问题

我国海域辽阔,江河湖泊众多,湿地资源丰富,为水生生物提供了良好的繁衍空间和生存条件。受独特的气候、地理及历史等因素影响,我国水生生物具有特有程度高、孑遗物种数量大、生态系统类型齐全等特点。我国现有水生生物 2 万多种,其中鱼类 3 862 种,白鳍豚、扬子鳄为中国特有的珍稀濒危野生动物,在世界生物多样性中占有重要地位。通过对濒危物种栖息地的保护和恢复,大部分国家重点保护的野生动植物野外资源急剧下降的趋势已得到有效遏制,种群动态逐步稳定,中华鲟、扬子鳄等国家重点保护的水生野生动物回归自然工作已稳步推进。但总体来看,我国水生生物资源总量不足、过度消耗的状况仍十分严重。由于人类活动使水生生物栖息地及生境遭到破坏以及过度开发利用等,中国水生态系统仍然面临以下问题。

一、生态用水的水量水质难以满足生态需水要求

生态用水是在现状环境条件下生态系统可以利用的水量。生态需水是指达到某种生态水平或者维持某种生态系统平衡所需要的水量,或是发挥期望的生态功能所需要的水量。我国是一个水资源短缺的国家,水资源主要用于工业、农业生产和生活用水,很少考虑生态用水。根据我国黄河、淮河和海河的有关统计资料,海河流域生态可用水量仅4.4亿m^3,占流域天然径流量的3.7%;黄河利津站河道生态可用水量仅18.61亿m^3,只占多年平均天然径流量的3.2%,均远小于该区域的生态需水要求。淮河干流王家坝河段生态可用水量为411.4亿m^3,占多年平均天然径流量的91%。淮河干流生态可用水量虽然充沛,但水体污染严重,劣 V类水质高达30%。专家指出,劣V类水质已基本丧失水体使用功能。

二、不合理地开发利用自然资源所造成的生态破坏

由于盲目围湖造田、掠夺性捕捞、乱采滥挖、不适当地兴修水利工程或不合理灌溉等,野生动植物和水生生物资源日益枯竭,旱涝灾害频繁,以致生态失衡。一些非国家重点保护的水生动植物,特别是具有较高经济价值的水生动植物种群下降趋势明显。以长江流域为例,长江主要经济鱼类青、草、鲢、鳙“四大家鱼”的种苗产量已由最高年份的300亿尾下降到目前的59.8亿尾。近年来,长江捕捞产量已下降到10万t左右,不足最高年份的1/4。

大鲵有3.5亿年的进化史。因其叫声近似婴儿啼哭,有四条又短又胖的腿,前脚有四趾,后脚有五趾,很像婴儿的手臂,被俗称为娃娃鱼。从生态学上看,娃娃鱼一般生活在幽暗、湍急、清凉的溪流中,某种意义上是人类生命之源——水环境状况的生物“晴雨表”。但这种可与大熊猫相媲美的“活化石”,在最近几十年间,因其味鲜美,且具有一定药用价值,遭人类乱捕滥杀。20世纪50—60年代,重庆、湖南、陕西一些地方,每年进入市场的娃娃鱼以吨计算,形同普通水产,导致娃娃鱼一度濒危。

三、部分生物物种面临绝迹和消亡的威胁

中国是生物多样性较高的国家,居世界第八位,北半球第一位。按照国际惯例,50年未见的物种可定义为“灭绝”。由于各类因素的影响,我国已有15%~20%的动植物种类受到灭绝的威胁,高于世界10%~15%的平均水平。

中华白海豚和白鳍豚、儒艮3种水生哺乳动物,1988年被我国政府确定为国家一级重点保护的濒危野生动物,也是被国际贸易公约列入濒危野生动植物种的珍稀哺乳动物。如今,长江水域中的白鳍豚已近灭绝,只有中华白海豚尚存一定数量。2006年11—12月,来自中国、美国、英国、德国、瑞士、日本等6个国家的25名科学工作者联合组成科考队,对长江流域的白鳍豚种群进行考察,在历时38天往返3 400 km的长江水域考察之后,未曾发现一头白鳍豚。中华白海豚主要分布在我国东南部沿海,其中雷州半岛海域200多头,厦门的九龙江入海口不足100头,广西钦州三娘湾100~200头,珠江口1 000~1 200头。珠江口一带的中华白海豚所拥有的世代最完整,从幼儿期到老年期,灰色(幼

儿)、白色(壮年)、粉红色(老年)3种颜色,各个世代的都有。但是,珠江口中华白海豚的生存环境正受到威胁,死亡事件不断出现。2003—2008年,珠江口中华白海豚国家级自然保护区统计处理的中华白海豚死亡案件共19起。珠江口中华白海豚种群正面临前所未有的生存威胁,其濒危程度远远超过大熊猫。

中华鲟已有1.4亿年的历史,堪称"活化石",最大的重上千千克,又称"长江鱼王"。1988年,中华鲟被列为国家一级保护动物。中华鲟生于长江,长于大海,在海洋里生活9~14年后性腺成熟,再向长江上游金沙江洄游产卵。1981年葛洲坝大江截流后,在宜昌市境内的长江葛洲坝下游江段80 km内发现了中华鲟新的产卵场。尽管人们为保护中华鲟付出了许多努力,但工业企业向长江大量排污和人类活动等外界危害,使中华鲟的种群数量急剧减少。1981年葛洲坝截流前,每年洄游到长江上游产卵的中华鲟超过3 500条,如今洄游至宜昌江段产卵的已不足500条。研究发现:长江污染已使野生中华鲟雌、雄鱼性腺发育退化,可受精时间越来越短,精子寿命原来10~30 min,现只有3~5 min,受精时间原来超过1 min,现缩短为十多秒。从近几年捕捞情况看,野生中华鲟雌鱼多,雄鱼少,雌雄比达5:1,有时达到10:1。中华鲟物种安全性要求,雌雄比应该是1:1,性比失调意味着中华鲟种群整体处于衰退之中。

此外,长江江豚种群数量正以每年7.3%的速率减少,目前长江中仅存1 200~1 300头,不足20世纪90年代初的一半,生存形势非常严峻。

生物多样性消失将恶化人类的生存环境,限制人类生存与发展机会的选择,严重威胁人类的生存与发展。

任务三　水生态系统修复

一、水生态修复的基本概念

水生态修复是利用生态系统原理及水生生物的基础生物学特性,采取各种人工与生物调控相结合的方式,修复受损伤的水体生态系统的生物群体及结构,通过引种移植、保护和生物操纵等技术措施,修复和强化水体生态系统的主要功能,并能使生态系统实现整体协调、自我维持、自我演替的良性循环。实现这一目标所采用的技术称为生态修复技术,是从环境修复和生产力恢复层面上发展起来的修复技术。

修复的本意是对错误和缺陷进行纠正的作用或过程。修复最早从环境治理角度被定义为:借助外界作用力使某个受损的特定对象部分或全部恢复到原初状态的过程。生态修复起源于环境修复,环境修复是对被污染的环境采取措施使污染物浓度降低到未污染前的状态。早期的环境修复主要采用工程技术手段,以后采用物理和化学手段。20世纪90年代,美、德等国家提出通过生态系统自组织和自调节能力来修复污染环境的概念,并通过选择特殊植物和微生物,人工辅助建造生态系统来降解污染物,形成环境生态修复技术。

20世纪70年代后,受生态工程学术思想的影响,修复技术从环境修复和生产力恢复层面上升到了生态系统恢复层面。基本内涵就是在人为辅助控制下,利用生态系统演替和自我恢复能力,使被扰动和损害的生态系统恢复到接近于它受干扰前的自然状态,即重建该系统干扰前的结构与功能有关的物理、化学和生物学特征。美国在修复五大湖生态系统时,将管理后生态系统的变化结果概括为恢复(restoration)、改建(rehabilitation)、重建(enhancement)和恶化(degradation)4种状态。恢复是将受损系统从远离初始状态的方向推移回到初始状态;恶化与恢复的方向相反,使生态系统受到更大破坏;重建是将生态系统的现有状态进行改善,结果是增加人类所期望的人造特点,压低人类不希望的自然特点,使生态系统进一步远离它的初始状态;改建是将恢复与重建措施有机结合起来,并使恶化状态得到改善。此后,我国一些科技工作者将恢复、改建、重建总括为修复,使生态修复研究迅速拓宽。

二、水生态系统修复的基本对策

(一)保护系统结构的整体连续性

生态功能是以生态系统完整的结构和良好的运行为基础的。高效的功能取决于水生态环境稳定的结构和持续的运行过程。因此,系统结构的整体连续性表现在系统结构的完整性和运行的连续性。

水生态系统结构的完整性包括地域的连续性、物种的多样性、生物组成的协调性和环境条件的匹配性。地域的连续性是生态系统存在和长久维持的重要条件,物种的多样性是促使生态系统趋于稳定的重要基础,生物组成的协调性是生态系统结构分型和维持系统稳定性的重要因素,环境条件的匹配性则是构成生态环境的重要支柱。2007年6月中下旬,原本栖息在洞庭湖区400多万亩湖洲中的数以亿计的东方田鼠随着水位上涨,部分群落蜂拥内迁,破坏防洪大堤,啃食农作物籽实和根茎,直至威胁到湖南洞庭湖区22个县市区的防洪大堤及数百万亩粮田的安全。这一事件充分展示了保护水生态系统结构完整性的必要性。

水生态系统运行的连续性是影响其功能甚至影响系统自身稳定性的另一个关键所在。生态系统的运行主要是物质循环和能量流动两个过程。这个运行过程必须持续进行,削弱这一过程或切断运行中的某一环节,都会使水生态环境恶化甚至完全崩溃。构成物质循环和能量流动的核心是绿色植物,它们处于食物链的最底层。生态系统从大气、水体和土壤等环境中获得营养物质,通过绿色植物吸收,进入生态系统,被其他生物重复利用,然后归还于环境之中。因此,当某地绿色植物因人类活动而遭到破坏或清除时,就需要人工补建绿色植被予以补偿,从而维持生态系统运行的连续性。

(二)保持系统的再生产能力

水生态系统有一定的再生能力和恢复功能,其再生和恢复功能主要受两种因素制约:一是水生生物的生殖潜力;二是环境的制约能力。生物的生殖潜力与其所处食物链的位置有关,处在食物链底层的生物生殖潜力大,而处在食物链高层的生物生殖潜力小,因此要注意保护位于食物链高层的生物及其生境。环境的制约能力包括无机环境的制约力和生物天敌的制约力,因此要保持生态系统稳定、恢复或重建所必需的环境条件,以可持续的方式开发利用生物资源。要将人类开发和获取生物资源的规模和强度限制在资源再生产的速率之下,不过度消耗资源而导致其枯竭。我国实施的休渔、休牧和生态调度政策在一定程度上保持了系统的再生产能力。例如为保护长江鱼类资源,2002 年长江流域开始试行春季禁渔,实施休渔政策。禁渔共涉及 10 个省份 8 100 多千米江段,以及鄱阳湖、洞庭湖等主要湖泊,取得了较好效果。

(三)以生物多样性保护为核心

生物多样性保护主要是物种多样性的保护,保护的重点是防止物种灭绝。导致物种灭绝的原因有内因和外因。内因是遗传变异,只是导致假灭绝,即原有的老物种虽然消失,但经各类亚种形式转变为新物种,是生物进化论的表现。外因的作用必然会导致真灭绝,形成进化的盲端。因此,当代的保护生物多样性都是针对减轻外因作用进行的,其原则应该是保护所有物种之间的相互平衡,加强各非生物因子对生态系统的支持能力,促使生态过程按照其固有的内在规律运行,同时要避免物种濒临灭绝。

2007 年 2 月 14 日,国务院批准并印发的《中国水生生物资源养护行动纲要》提出了我国水生生物资源养护的奋斗目标,水域生态环境恶化、渔业资源衰退、濒危物种数目增加的趋势得到初步缓解,过大的捕捞能力得到压减,捕捞生产效率和经济效益有所提高;到 2020 年,水域生态环境逐步得到修复,渔业资源衰退和濒危物种数目增加的趋势得到基本遏制,捕捞能力和捕捞产量与渔业资源可承受能力大体相适应;到 21 世纪中叶,水域生态环境将明显改善,水生生物资源实现良性、高效循环利用,濒危水生野生动植物和水生生物多样性得到有效保护,水生生态系统处于整体良好状态,基本实现水生生物资源丰富、水域生态环境优美的奋斗目标。

三、水生态修复技术

受损生态系统的修复可以遵循两个模式途径:一种是当生态系统受损不超过负荷并且可逆的情况下,压力和干扰被移去后,修复可在自然过程发生。如对退化渔场进行禁捕保护,3 年之后渔场即可得到恢复。另一种是生态系统的受损是超负荷的,并发生不可逆变化,只依靠自然过程并不能使生态系统得到修复,必须依靠人的帮助,必要时,还需要非常特殊的方法,至少要使受损状态得到控制。当前条件下,水生态修复主要体现为采用多种手段,特别提倡采用生态工程的手段,对水生态恶化进行治理。

生态修复效果的判定可以通过以下几方面衡量:

(1)自维持能力,即水生态系统组成、结构和功能及其相互耦合机制的稳定性。

(2)生态整合能力,包括理化因子的多样性、生物物种的丰富度及合理比例等。

(3)自调节能力,即系统保持对外界缓冲、消解和转换能力。

(4)自组织能力,即系统的自我完善、发展能力。

(一)水生生物栖息地修复技术

根据水体条件不同,生物体在水中可表现为 3 种状态:自由态、增长增殖状态和抑制状态。当水温、水深、流速、水质等流场条件适宜时,生命体呈自由态,动物表现为自由自在,植物微生物表现为大量增殖。当水流条件对生命体有威胁时,动物多选择逃离,植物则表现为生长、繁殖被抑制。当水流条件对生命体极为不利时,表现为动植物体全部灭绝。因此,许多研究者提出以生态学定义的功能性栖息地(functional habitats)和以水力学定义的水力栖息地(flow biotopes)基本概念,并借助建立的栖息地性能曲线,研究功能性

栖息地与水流参数的关系。水生生物栖息地修复技术就是根据生物体的生态水力特性，营造出特定的水流环境和水生生物所需要的环境。

根据水生生物活动的空间尺度，水生生物栖息地可分为河道内栖息地和流域内栖息地。河道内栖息地的修复首先要明确修复目标的生活习性，技术手段有鱼道、浅滩-深潭结构、基质恢复、河岸覆盖物和设置乱石堆或丁坝等模拟水生生物所偏好的活动场所。流域内栖息地主要指生活在河滨的半水生动物和涉水鸟类栖息地的恢复。修复技术包括林间水库、巢形建筑物、食物斑块、湿地等。林间水库是指在森林覆盖的漫滩上修建低堤防和泄水建筑物形成的浅水域。利用林间水库放水产生的洪水效应防止上层阔叶树木遭受破坏。巢形建筑物是为了恢复水边鸟类而增设的人工巢箱。食物斑块是有目的地种植目标物种所摄取的植物，改善目标物种的食物来源。湿地修复包括人造湿地和对原有湿地的复原。

（二）生物调控技术

20 世纪 60 年代，人们开始关注氮、磷等植物营养物质与浮游植物和初级生产力之间的定量关系。水生态学家发现摄食、竞争和捕食等生物间的相互作用对水生生物种群和群落结构具有重要的调节作用，因而提出生物调控技术，也称为食物网调控技术。近年来，许多学者利用不同规模的试验系统对生物调控技术进行广泛的研究，并将生物调控的概念进一步拓宽，来促进水生态系统的自我修复，使其修复过程与自然生态系统有着更大的相融性。常用的技术方法如下：

（1）利用生态系统营养级链状效应修复水生态系统。

（2）选取具有某种功能的物种修复受损的生态系统。如在长江口的生态修复中选取了双壳贝类牡蛎作为重建生态系统结构的关键物种，其出发点主要有 3 个方面：

①水体净化功能。作为滤食性底栖动物，牡蛎能有效降低河口水体中的悬浮物、盐及藻类，并能在其软组织中累积大量的重金属离子。

②栖息地功能。牡蛎礁是具较高生物多样性的海洋生境，它为许多底栖动物和鱼类提供了良好的栖息与摄食场所。

③能量耦合功能。牡蛎能将水体中大量颗粒物输入到沉积物表面，支持着底栖动物的生产。又如通过投放沙蚕等物种，可以修复水生生物栖息地的底质。沙蚕以动植物碎片和腐屑为饵，利用泥沙中的蛋白质，可以有效地消耗底质细腐殖质。沙蚕自身的蠕动可以不断搅拌底质的氧化层和还原层，使低价重金属离子被氧化，溶解于海水，逐渐恢复底质的物质组成。

（3）人工增殖放流技术。人工增殖放流技术就是通过人工投放鱼苗，恢复和增加水体中水生动物种群和数量的技术。从 20 世纪七八十年代开始，日本、韩国、美国等渔业发达国家陆续将人工增殖放流作为渔业资源修复和生态环境保护的重要战略，并取得显著成效。以濒危野生动物成功放归自然为标志，我国濒危水生生物拯救工作，在经历抢救性保护、人工繁育扩大种群并取得成功后已进入回归自然的新阶段。通过人工增殖放流技术，我国濒危水生生物扬子鳄人工种群已增长至 1 万多条。2007 年，四川省与农业部举行长江珍稀特有鱼类增殖放流活动，共放流各类鱼苗鱼种 80 余万尾，其中国家一级保护水生野生动物达氏鲟 2 000 尾，国家二级保护水生野生动物胭脂鱼 1 万尾，全省共有长江特有鱼类 8.6 万尾,其他经济鱼类 71 万尾。

(三)生态调度与人造洪水技术

生态调度与人造洪水技术均属于生态修复的两项重要非工程措施。生态调度的基本概念并不是指狭隘的“生态用水”这个单一的概念,而是通过改善水利工程调度来避免和挽回工程对自然环境和河滨社区的潜在危害,修复已丧失的生态功能或保持自然径流模式。水利工程调度可以分为功能调度、环境调度和生态调度,功能调度是按照发电、灌溉和防洪需求进行调度,环境调度以水质的改善为主要目标,生态调度以水利工程建设运行的生态补偿为主要目标。

目前,通过水利工程生态调度,向断流的河道和生态退化区域实施输水,补偿地下水和改善水环境已成为河流生态系统修复的基本手段。例如,随着引黄入淀工作的开展,白洋淀水位明显上涨,大鹅白鹳翩翩起舞,生态环境得到显著改善。目前,淀区水位稳定在 6.5~7 m,补水前水位为 4.96 m。水域面积也由补水前的 60 km^2 扩展到 300 多 km^2,水明显清了许多。由于水量增加,淀区生态环境得到有效改善,白洋淀湿地的生态功能也逐步恢复。绝迹多年的黑天鹅、东方白鹳等在此栖息觅食,上下翻飞。近年来,随着淀区生态环境的改善,名贵鱼类马口鱼和棒花鱼在淀区出现,淀区鸟类种类达 192 种,鱼类资源恢复到 17 科 34 种。

人造洪水技术是指通过模拟河道水文周期自然涨落规律,利用长时间、大规模的人造洪水来恢复河流的生态系统。洪水能冲走河床中多年沉积的泥沙,使之沉积到受侵蚀的河滩,恢复河流两侧的沙洲与沙滩,促进河流和河滩之间物质和能量的定期交换,为恢复生物的多样性提供条件。1996 年 3—4 月,美国在科罗拉多河进行世界首次人造洪水试验,泄放洪水历时 11 d,平均下泄流量 2 740 m^3/s。这次试验虽然没有达到预期的目标,但为利用人造洪水恢复河流的生态提供了一定的经验和科学依据。2002 年 7 月,我国在黄河小浪底水库进行调水调沙试验,泄放洪水历时 8 d,平均流量 1 275 m^3/s,试验的目的是利用人造洪水输沙入海,以减少下游河道的淤积,但同样可以起到恢复黄河下游河道的自然地貌和生态环境功能的作用。

(四)生态水利工程技术

生态水利工程技术最早由欧美发达国家针对河流整治带来的“平面直线化、断面规则化和河岸硬质化”问题,于 20 世纪 80 年代提出。近年来,国内外学者积极研究适用于各类水利工程规划、设计、建设和运行管理的水生态修复技术。生态水利工程技术主要针对河流生态系统的修复,而且主要是小型河流,按照技术布置的位置可分为河道修复、河岸修复、土地利用修复等。

1. 河道修复

河道修复常采用河流治理生态工法(ecological working method),也称为多自然型河流治理法(project for creation of rich in nature)。生态工法是指当人们采用工程行为改造大自然时,应遵循自然法则,做到“人水和谐”,是一种多种生物可以生存、繁殖的治理法。该方法以保护、创造生物良好的生存环境与自然景观为建设前提,但不是单纯的环境生态保护,而是在恢复生物群落的同时,建设具有设定蓄泄洪水能力的河流。

2. 河岸修复

河岸修复主要采用土壤生物工程技术。它按照生态学自生原理设计,采用有生命力植物的根、茎(枝)或整体作为结构的主体元素,通过排列扦插、种植或掩埋等手段,在河道坡岸上依据由湿生到水生植物群落的有序结构实施修复。在植物群落生长和建群过程中,逐步实现坡岸生态系统的动态稳定和自我调节。例如,深圳市西丽水库以入库受损河流生态系统为对象,在确保河岸力学稳定性的前提下,对河流护岸工程结构进行生态设计,修复创建与生态功能相适应的河岸植物群落结构,并对其恢复动态进行连续跟踪观测和评价。研究结果表明,构建后的试验河流河岸植被得到了良好的恢复。经过 2 年的演替,与对照区相比,试验河流河岸植物群落的物种数和生物多样性有了很大的提高,其物种数新增加了 14 种,而对照区仅增加了 4 种;试验区的植被覆盖率增加到 95%以上,而对照区仅为 55%。

土壤生物工程是融现代工程学、生态学、生物学、地学、环境科学、美学等学科为一体的工程技术。但应用中应注意研究:①影响边坡稳定性的地质、地形、气候和水文条件等自然因素及适宜的坡面加固技术;②不同地区和地点边坡乔灌草种的最佳组合及可能限制或促进植物工程物种存活的生物和物理因素,以建立稳定的坡面植物群落。

3. 土地利用修复

土地利用修复主要采用植被恢复技术。植被恢复技术主要是指在因水利工程建设活动再塑的地段及其他废弃场地上,通过人为措施恢复原来的植物群落,或重建新的植物群落,以防止水土流失的水土保持植物工程。植被恢复技术包括多个方面,首先要注重植被恢复场所的立地条件分析评价。立地条件是指恢复植被场所所有与植被生长发育有关的环境因子的综合,包括气候条件(太阳辐射总量、年日照时数、无霜期、气温、降水量、蒸发量、风向和风速等)、地形条件(海拔、方向、坡度、坡位等)和地表组成物质的性质(粒级、结构、水分、养分、酸碱度、毒性物质等)。立地条件的分析评价可为植物生长限制性因子的克服制定相应的措施提供科学依据。其次是植物种选择。植物种选择是植被恢复技术的关键环节,应从生态适应性、和谐性、抗逆性和自我维持性等方面选择适合于当地生长的植物种。

四、水生态修复技术的发展趋势

从生态系统安全、亲水和景观等多视点系统地研究水生态修复技术,已经成为水利学和生态学研究者必须共同面对的重要课题。与国外相比,我国的河流生态修复常常忽视对受损河岸植被群落和河流生态系统结构、功能的修复,以及对修复过程中的生态学过程和机制研究。探索基于水利学与生态学理论的水生态修复理论与技术是今后的重要发展趋势。例如,研究水文要素变化对生物资源的影响机制。在宏观上,对比长时间和大空间跨度的水文要素变化和生物资源的消长规律,研究水利水电工程建设所造成的水文情势变化及泥沙冲淤变化的程度和方式及其对生物资源的影响;微观上,则根据不同生物对水力学条件的趋避特点,研究水利水电工程建设所形成的水力学环境(流速、流态、坝下径流调节等)对重要生物资源的影响,探讨水利水电工程作用与重要生物资源的生态水文学机制。

流域生态修复是我国水生态修复的一个重要发展方向。流域是一个完整的水循环系统,生态修复需要水,合理的水资源配置有助于生态修复;同时不考虑生态的水工程建设和流域水资源配置,又极易导致区域生态系统恶化,造成某一地区相对干旱或少水、地下水位下降、湿地消失、湖泊萎缩、植物干枯等。因此,从流域的空间尺度开展水生态的修复,综合考虑流域水、土、生物等资源,把生态修复、水工程建设、水资源配置紧密结合起来,是我国水生态修复的发展方向。进一步地,还应该注意到生态修复在一定时间和空间上对人类心理生态、社会生态、文化生态、经济生态等更深层次上的作用和影响,需要工程技术人员和管理人员共同协作,达到水生态恢复的良好效果。

任务四　滨水植物与滨水景观构造

一、滨水景观造景发展史

(一)我国滨水植物应用简史

我国应用滨水植物的历史十分悠久,从识别、栽培到造景都积累了不少经验。早在3 000年前的《诗经》中记有“彼泽之陂,有蒲与荷”。公元前4世纪《管子·轻重甲》云:“春日傳耜,次日获麦,次日薄芋,次日树麻,次日绝菹,次日大雨且至,趣芸壅培。”说明我国已有2 300年以上的水芋栽培历史。我国古典园林滨水植物造景,一方面讲究树种的选择,要“深柳疏芦”,配置在“江干湖畔”,使之成为江南水乡的自然风貌;另一方面是对树姿进行选择和培养。唐岱在《绘事发微》中提到:水边湖岸植树,应选“耸直而凌云”的高树,或培养“欹斜探水”的悬崖式景观。清代蒋骥在《读画纪闻》中说:水边应选“纠曲之壮者”。他们都强调了树姿的重要性。白居易《东溪种柳》中的“野性爱栽植,植柳水中坻。乘春持斧斫,裁截而树之。长短既不一,高下随所宜。倚岸埋大干,临流插小枝。”是关于怎样栽植柳树的记载。卢纶《曲江春望》中的“菖蒲翻叶柳交枝,暗上莲舟鸟不知。”是关于柳树和菖蒲在相同生态环境下生长的记载。西湖一带的私家园林之一赵氏菊坡园,修堤画桥,蓉柳夹岸数百株,照映水中,如铺锦绣,是关于木芙蓉和柳树进行配置的记载。

(二)中国古典园林与滨水植物造景

中国古典园林对滨水植物造景从其风格上大致可分为两类。一类是单纯对自然山水风景的模仿,是一种自然的不受限制的写实风格。如张衡的《西京赋》对于汉武帝上林苑昆明池的记载“周以金堤,树以柳杞”描绘了当年环池一带绿树成荫。明代扬州园林之一的影园,“环四面,柳万屯,荷千余顷,萑苇生之。水清而多鱼,渔棹往来不绝”,其玉勾草堂四面皆池,池外堤上多高柳,柳外长河,水际多木芙蓉,池边有梅、玉兰、垂丝海棠、绯白桃花几树。大诗人杜甫流寓成都,临浣花溪的一棵古楠树旁边建茅屋葺顶的草堂,“倚江楠树草堂前,故老相传二百年”是杜甫对当时的描写。

另一类是在中国古典园林发展到一定阶段,筑山理水的技艺达到一定水准,写意的手法大量运用,文人雅士寄情于自然山水,造园开始由单纯地模仿自然山水进而适当地概括和提炼,对滨水植物的造景也用写意的手法赋予了许多文化内涵,同时讲究意境的营造,使滨水植物造景达到了诗情画意、情景交融的境地，并形成了一定的模式。如在江苏文人园林，池边若是土岸，则采用池沼的处理方法，由池岸向池中做成斜坡，岸边种植水菖蒲、芦苇、慈姑、茭白、水葫芦等沼生植物，或是草坡一直到水；池边若是假山驳岸或是条石驳岸，则在驳岸内种植一些不阻挡视线的花木，如迎春、探春等悬垂于驳岸上，或是假山上爬薜荔、络石等，使假山驳岸更显古朴，在岸边种植碧桃、梅、梨、杏、玉兰、海棠、夹竹桃、山竹、桃、松、垂柳、枫杨、榔榆、朴树、鸡爪槭等，使枝条伸向水面，形成柔条拂水、低枝观景的画面，创造出玲珑雅致的江南滨水植物造景风格。古代文人对种植在水边柳树的咏赞："绿池泛淡淡，青柳何依依""千条弱柳垂青锁"等都充满了很强的文化意境。由于文人雅士对园林的参与和领悟，滨水植物也被用于"比德"，如白居易对竹情有独钟，他的文章和诗歌中充满了对竹的喜爱，有"竹径绕荷池，萦回百馀步""履道幽居竹绕池"等。在儒家"比德"思想的影响下，湖中植荷，岸边种柳、竹而构成的景象成为文人士大夫们追求雅致格调的象征，这在唐宋时期的江南文人园林中表现得尤为突出。

中国古典园林几乎是无园不水，许多古典园林都进行了大量滨水植物造景，有些甚至以此来命名。被称为"天堂"的杭州西湖两岸的自然植被和千百年来人工栽植的植物群落使西湖更加动人、生机勃勃，西湖处在四季分明的温带北缘，植物的季相变化较大，正所谓"春来濯濯江边柳"。特别是宋代诗人杨万里将西湖夏、秋、冬三季的植物景观绘形绘色地说到了最适当处；夏天是"接天莲叶无穷碧，映日荷花别样红"；秋天是"梧叶新黄柿叶红，更兼乌臼与丹枫"；冬天则是"只言山色秋萧索，绣出西湖三四峰"。四川新都的桂湖原为明代著名学者杨升庵的故居，至今湖畔尚保存着他当年手植的桂树，并成为如今著名的桂湖公园，是滨水植物造景与历史人文景观融合的典范。

(三)室外滨水景观与滨水植物造景

英国园艺家 Ken Aslet 等在《水景园》一书中这样写道："水景园是指园中的水体向人们提供安宁和轻快的风景，在那里种有不同色彩和香味的植物，还有瀑布、溪流的声响，池中及沿岸配置有各种水生植物、沼泽植物和耐湿的乔灌木，而组成有背景和前景的园林。"这可以说是西方水景园选景的基本轮廓。规则式水景园是西方水景园的造景特色，讲究规矩方正，对称匀齐，具有明确的轴线几何关系，甚至将滨水植物也纳入几何关系中。在西方水景园中，睡莲是非常受人喜爱的水生花卉，除水面种植水生植物外，还注重水池、湖塘岸边耐湿乔灌木的配置，这些乔灌木如落羽杉、黑桦、枫杨等，无论从美学上，还是生态学上，都要与水面及沿岸相适应，一般用常绿树作为水体的背景。

日本的滨水植物造景有以下两个特点：

(1)通过树种来展现河流风貌，常用于种植在水边的树木有柳树、樱树、松树、枫树、竹等，这些树种是构成日本水边代表性景观的重要因素。

(2)植物物种结构的地方风格与水的统一风格。如在城市中心区要象征性地强调城市轴心时，有规律地种植树形优美的银杏和等量感的垂柳，能有效地强调连续性；要表达和住宅区等接近的河流风格时，则配置高、中、低不规则的树种，表达了柔和亲切感。常用的喜水边和潮湿环境的树种有水杉、梧桐、美洲白杨、红枫、桂树、卡罗列纳白杨、柞树、榉树、苹荚、垂柳、奥椿、中华绒毛山核桃、直立柳、七叶树、南京野漆树、赤杨、瑞木、百合树、梓树、皂荚、棣棠花等。

二、滨水景观植物配置方案

水生植物按生活类型主要分为挺水植物、浮水植物、漂浮植物和沉水植物。

(1)挺水植物:是指根生长于泥土中,基叶挺出水面之上的植物。在滨水植物景观的营造中,挺水植物是最重要的植物材料。比较常见的有荷花、千屈菜、香蒲、芦苇、菖蒲、慈姑、黄花鸢尾等。

(2)浮水植物:是指根生长于泥土中,叶片漂浮于水面上,包括水深1.5~3 m的植物。浮水植物在划分水面空间、改变水面色彩、增加水面景观效果方面有很大的作用。

(3)漂浮植物:是指根生长于水中,植株体漂浮在水面上。它多数以观叶为主,随着漂浮的地点的变化,植物可以改变不同水域的水面景观效果,如凤眼莲、水鳖、大薸等。

(4)沉水植物:即沉水型水生植物,是指整个植株都生活于水里,以根固定在水底的泥土中,植物体全部被水浸没,仅在花期将花及少部分茎叶伸出水面的水生植物。虽然生活在海洋中海藻类也是沉水植物,但通常沉水植物仅指生长在淡水中的植物。

水缘湿生植物通常指生长在水边、有很强的耐水湿能力的植物,这类植物从水深20 cm处到水边的泥里均可以生长。水缘湿生植物是河道植物景观中的过渡带植物,常见的有旱伞草、美人蕉、马蹄莲、石菖蒲等。

岸际陆生植物一般生长在地面或者水体边缘湿润的土壤里,但是根部不能浸泡在水中,一般情况下此类植物只有一定的耐水湿能力。它的种类非常丰富,主要由乔木、灌木、地被植物组成。此区域的植物选择重点考虑其被水淹的时间,以下植物品种选择可作参考。

(1)淹水时长小于6 h的区域植物选择:植物的生活习性中明确表明为不耐涝的植物除外的植物一般均可以应用。

(2)淹水时长大于6 h小于12 h的区域植物选择如下(但不能把植物全部淹没):

①一年生草花:柳叶马鞭草、中国石竹、洋甘菊、银苞菊、蛇目菊(矮生)、美女樱、一串红、甜叶菊、星白勋章菊、孔雀草。

②宿根花卉:垂盆草、紫花地丁、爬山虎、野牛草、结缕草、美人蕉、大花萱草、二月兰、花叶芦竹、匍匐剪股颖、灯心草、常夏石竹、金鸡菊、美丽月见草、月见草、宿根天人菊、滨菊、剪秋萝、蛇鞭菊、紫松果菊、大金鸡菊、玉簪、蛇莓、细叶芒、斑叶芒、狼尾草、花叶芒、地被菊、鸢尾、麦冬、高羊茅、山麦冬、涝峪苔草、虎尾草、绢毛匍匐委陵菜、鼠尾草。

③灌木:连翘、丁香、紫薇、北海道黄杨、大叶黄杨、棣棠、珍珠梅、紫叶小檗、蜡梅、红王子锦带、红瑞木。

④乔木:紫叶李、紫叶矮樱、矮生紫薇、沙棘、胡颓子、芦竹、西府海棠、水杉、垂柳、加拿大杨、朴树、女贞、圆柏、二球悬铃木、柿树、桑树、旱柳、丝棉木、榆、白蜡、紫穗槐、黄栌、麻栎、一球悬铃木、山荆子、桑树、绒毛白蜡、构树。

(3)淹水时长大于24 h区域植物选择:千屈菜、黄菖蒲、柽柳、美人蕉、芦苇、香蒲、菖蒲、石菖蒲、睡莲、凤眼莲、金鱼藻、荇菜、荷花、水葱。

三、城市滨水区景观构建的原则

滨水景观,尤其是城市滨水区是在城市范围内陆地和水域共同形成的一种独特的城市环境。因为滨水空间涉及的内容广泛,包括陆地上的和水里的,还有水陆交界地和滨河湿地类,这使得滨水景观绿化设计更为综合、复杂,富有挑战性。在滨河景观的绿化设计规划中要遵循以下原则。

(一)因地制宜的原则

现代城市滨水景观绿化设计要在不破坏生态系统的前提下,充分利用其地理优势和环境优势进行建设,并尽量保持其原有面貌的完整性。跌水景观设计要实现人与自然最大程度的融合,充分体现城市的地域特色,在保护环境的前提下做到因地制宜。

(二)植物造景原则

为了创建"绿、畅、洁、美"的生态型滨水景观形象,配置不同的植物景观生态群落,适地适树地营造出三季有花、四季常青的植物群落景观序列,突出建设现代生态园林城市的景观、生态、文化特色。

(三)景观特色原则

运用科学合理的设计模式将城市交通、城市建筑、地方历史文化特色与大片绿地水体、少量景观建筑有机结合,构成绿树成荫、水系长流、百花争艳、居民游憩的滨水景观序列空间。

(四)多功能性原则

现代城市滨水景观绿化设计应满足城市居民在观光、生态、健身、休闲等方面的需求。例如,通过景观绿地来调节气温和湿度,保持空气清新,环境优美来实现其生态环境功能;通过园林建设、植物配置、特色景点设置来实现其景观功能;通过娱乐健身场所的建设来实现其休闲文化功能。通过综合多方面因素与需求,为城市居民创造一个优美舒适的滨水生态空间。

(五)安全性原则

滨水景观是水畔特有的绿地景观带,是绿地生态系统与河流生态系统的交错区。在景观设计中除了要满足生态环境、文化历史继承、娱乐休闲等功能,还必须保证其安全性。在满足市民的休闲文化需求、城市景观的优化发展的同时,还必须具备水利防洪的功能。

四、河道景观的植物配置设计

河道植物配置是河道景观和生态修复的重要组成部分,合理的植被配置能有效地控制水土流失、维护物种多样性、改善气候、净化空气;河道植物的姿形、优美的线条、多样化的组合方式可创造优美的景观环境,为游客提供休闲娱乐的空间。

河道景观植物配置与品种选择,除考虑亲水性强弱和淹水时长外,还应考虑防洪防冲功能、消落带要求。

(1)防洪策略:考虑到一些河道存在较大的防洪安全问题,在植物造景和配置上应尊重其安全性原则,护岸应选择耐水浸、耐冲刷的植物品种。

①水生植物种植区:水位变动区附近,在水流较为缓慢的浅滩、回水洼地等种植水生

植物。品种选择:芦苇、菖蒲、香蒲、黄花鸢尾、茭白、水葱、黄花菖蒲、花叶芦竹等。

②湿生植物种植区:经常受到河水冲刷的区域,边坡采用的生态混凝土,通过喷播冷季型草种(如高羊茅)、早熟禾和暖季型草种(如狗牙根)等方式进行植物景观打造。

③灌草植物种植区:马道高程以下,做格宾+生态袋种植,植物在配置上考虑群落化,以多年生草本植物和小灌木为主体。

④乔灌草植物种植区:基本处于防洪标准水位线以上,可按常规种植方式种植。

(2)消落带策略:消落带是指河流、湖泊、水库中由于季节性水位涨落,被水淹的土地出露水面,周期性成为陆地的区域。消落带植物应选择在汛期耐水湿、枯水期耐干旱的植物。

消落带植物选择:

①低矮草丛:扁穗牛鞭草、双穗雀稗草、狗牙根、野青茅、疏花水柏枝。

②高草丛:卡开芦、芦苇。

③灌丛:枸杞、秋华柳、小梾木、地瓜藤、中华蚊母树。

思考题

1. 水生态系统可以分为哪两大类型?
2. 湖泊生态系统的营养关系有何特点?
3. 水生态系统与陆地生态系统在能量流动上有何差异?
4. 水生态系统修复的基本对策有哪些?
5. 生物多样性保护在水生态修复中的重要性是什么?
6. 河道景观植物配置设计应遵循哪些原则?

思政园地

党的二十大报告提出:统筹水资源、水环境、水生态治理,推动重要江河湖库生态保护治理,基本消除城市黑臭水体。

让家乡河更美,让河湖成为造福人民的幸福河,是新时期河湖长制治河的奋斗目标。引导学生认识到河道生态健康对维护生物多样性和水环境平衡的重要作用。通过学习河湖生态保护与修复的相关知识,激发学生对水生态文明建设的责任感和使命感。要强调法治意识和创新精神,鼓励学生在美丽河湖、幸福河湖建设实践中不断探索和创新,为建设美丽中国、实现绿色发展贡献青春和智慧。

项目十二 水文化与水利科技

任务一 水文化概述

一、水文化提出的历史背景

水是文化之根，没有水就没有生命，就没有人类，也就没有文化。对水文化研究应从水与人类文明、社会发展的关系开始，水资源作为人类生命存在的基本物质基础，在原始社会形成之后，体现在灌溉社会。灌溉社会中，调整农业水利设施、实行水利控制的组织核心是水权，它是权力的核心。一个典型的例子是：公元前1757年，即汉谟拉比执政古巴比伦35年时，攻陷了马里，结束了分裂局面，完成了两河流域统一大业，制定了著名的《汉谟拉比法典》，这也是迄今为止世界上最早的一部完整保存下来的成文法典。汉谟拉比从影响两河流域统一的核心问题——水资源分配及水治理入手，通过法律规定将兴建和管理水利工程作为国家掌握和发展经济的重要手段，以及统辖各地区、维护国家统一安定的政治武器。

中国古代水文化体现在人水和谐关系的文化上，古代哲学思想中的"水"、语言文字中的"水"，以及古代宗教思想中的"水"等都流淌着认识和谐的声韵，从《管子·水地篇》《河图洛书》《周易》《论语·雍也》《说文解字》《道德经》《五灯会元》等古籍中都能找到中华文化与水文化之间密切相连的渊源。

老子说"上善若水"，认为水具有"居善地，心善渊，与善仁，言善信，正善治，事善能，动善时"等7种美德；孔子说"智者乐水"，认为水具有"德、仁、义、智、勇、察、贞、善、正、度、意"等11种美德，这些都是"水的哲学、水的精神"的生动体现。

近代中国水文化是从水利史研究开始的，1936年1月16日，国民政府全国经济委员会水利委员会在南京召开第三次会议，审议通过了组织设立水利文献委员会，1945年更名为整理水利文献室。

1989年，李宗新发表了一篇《应该开展对水文化的研究》的短文，是目前能查到的首次提到"水文化"一词的文章。由于"水文化"首先是在水利部门提出的，因而当今早期的水文化研究主要集中在水利行业。2006年开始，"水文化"这一概念为我国学术界的部分学者所接受。

2006年联合国把"世界水日"的主题确定为"水与文化"。同年，由世界水文化研究会和国家发展和改革委员会公众营养与发展中心主办的"中国首届水文化高峰论坛"在人民大会堂举行。论坛指出：联合国把"世界水日"的主题确定为"水与文化"，就是希望能进一步提高人们对文化在解决水资源问题中重要性的认识，让文化为水资源的可持续利用注入新的活力。水文化的提出，进一步推动了人类对水资源的认知和保护。

2009年11月，时任水利部部长陈雷在首届中国水文化论坛上的讲话中，明确提出开展水文化研究工作，弘扬中国治水文化。2011年，水利部出台《水文化建设规划纲要（2011—2020年）》，由此推动了全国水文化研究工作的开展。2021年9月17日，水利部部长李国英主持召开水利部部务会议，会议强调：要深入贯彻习近平总书记关于治水的重要指示批示精神，将水文化与水安全、水资源、水生态、水环境统筹考虑，加快推进水文化建设，保护、传承、弘扬我国优秀水文化，为推动新阶段水利高质量发展提供有力支撑。

根据《水利部关于加快推进水文化建设的指导意见》《2021年浙江省水文化工作要点》有关要求，为保护、传承、弘扬浙江优秀水文化，浙江省决定开展全省重要水文化遗产调查工作，并发布《浙江省水利厅关于开展重要水文化遗产调查的通知》。

二、水文化的定义与内涵

（一）水文化的定义

广义上的水文化，是指人们在水事活动中创造物质财富和精神财富的能力与成果的总和。狭义上的水文化，是指观念形态水文化，是人们对水事活动的一种理性思考或者说在水事活动中形成的一种社会意识，主要包括与水密切关系的思想意识、价值观念、行业精神、行为准则、政策法规、规则制度、科学教育、文化艺术、新闻出版、媒体传播、体育卫生、组织机构等。

（二）水文化的内涵

水文化体现在水与社会，水与人们思想观念，水与社会组织机构、社会制度及法治建设等密切关系上。人类对水赋予想象与情感，水形柔实刚、貌弱实强，是中华民族的人格理想和处世之道；水的自然特征和人文内涵体现在永恒的愁思、坚韧的意志和研学者的智慧；水的社会内涵则体现在中国传统阴阳五行之说中，把水列为生命的最基本元素之一，水作为人民群众的象征，能载舟，也能覆舟，它告诫和提醒统治者，必须顺乎民心、尊重民意。水文化也是水利行业人员所秉持的思想方式、生活方式和行为方式，健康的水文化化人之精神、益人之心灵，它代表和引领着社会良知，其使命严肃，生命力厚重。

任务二　国内外治水文化

一、四大流域与文明

（一）两河流域与美索不达米亚文明

美索不达米亚，希腊语的意思是两河之间的土地。公元前4000年（6 000年前），古希腊人向东穿越地中海，登陆亚洲大陆的西端，那里有两条大河并结伴而行，一路奔向东南方的波斯湾。希腊人发现，同埃及的尼罗河一样，这两条河也是时常泛滥，时涨时落，但是同其他地区的河水泛滥造成的灾害不一样，这里的河水泛滥带来的是更多肥沃的冲积土壤及其逐渐形成的冲积平原和三角洲。

由于两河不像尼罗河一样是定期泛滥的，所以确定时间就必须靠观测天象。住在下游的苏美人发明了太阴历，以月亮的阴晴圆缺作为计时标准，把一年划分为 12 个月，共 365 天，并发明闰月，放置与太阳历相差的 11 天。把一小时分成 60 分，以 7 天为一星期。

在这片肥沃的土地上，人们并不需要花多少劳力就可以获得丰厚的回报。从此，这两条河在希腊人心中，留下了深刻的印象。他们把这个“两河之间的地方”叫作“美索不达米亚”，其范围东抵扎卡洛斯山，西到叙利亚沙漠，南迄波斯湾，北及托罗斯山，位于今天的伊拉克境内。而这两条河流便是幼发拉底河和底格里斯河，它们像两条生命之藤，伸展于荒凉干旱和沙漠地区，塑造了肥沃的冲积平原和灌溉网络，使流域农业发达、经济兴旺，孕育出人类历史上最古老的两河流域文明——美索不达米亚文明。两河流域的冲积平原从西北伸向东南，状似新月，故又称为“新月沃土”。

在犹太人和希腊人的笔下，美索不达米亚是一个人人向往的天堂。不过，在今天的两河流域，气候和自然条件显然已经与犹太人和希腊人的描述大相径庭。这里气候干燥，土壤裸露，沙丘遍野，而且像所有的荒漠地区一样，降水稀少且温差较大。比如伊拉克首都巴格达全年降水量为 156 mm，6—9 月降水量为 0；夏季气温高达 49 ℃，而冬季气温可下降到-9 ℃。我们似乎很难想象这种比较恶劣的自然条件，在几千年前会成为人类高级文明的摇篮。

古巴比伦是人们已知的历史最悠久的古代东方国家之一。巴比伦文明是幼发拉底河与底格里斯河（两河）流域文明的重要组成部分。人类最早的奴隶制国家约于公元前 3500 年产生于这里。这个文明中心为世界发明了第一种文字——楔形文字，建造了第一个城市，编制了第一部法律，发明了第一个制陶器的陶轮，制定了第一个 7 天的周期。至今为世界留下了大量的远古文字记载材料（泥版）。

（二）尼罗河与古埃及文明

古老的尼罗河，在大约 6 500 万年前就存在了，一直为世界第一长河，非洲主河流之父，位于非洲东北部，是一条国际性河流，其源头是布隆迪卡盖拉河。尼罗河贯穿非洲东北部，流经坦桑尼亚、卢旺达、布隆迪、乌干达、埃塞俄比亚、苏丹和埃及等国家，最后流入地中海。全长 6 671 km，是非洲第一大河，其流域面积 280 万 km^2，相当于非洲大陆面积的 1/10。它与巴西的亚马孙河、中国的长江、美国的密西西比河并称为世界四大长河。尼罗河流经埃及境内的一段河段只有 1 350 km，平均河宽 800~1 000 m，深 10~12 m。尼罗河最下游分成许多条汊河注入地中海，这些汊河都流在三角洲平原上。三角洲面积约 24 000 km^2，地势平坦，河渠交织，是古埃及的文化的摇篮，也是现代埃及的政治、经济和文化中心。

几千年来，埃及人懂得如何掌握洪水的规律和利用两岸肥沃的土地。尼罗河有定期泛滥的特点，在苏丹北部通常 5 月即开始涨水，8 月达到最高水位，以后水位逐渐下降，1—5 月为低水位。8 月河水上涨最高时，淹没了河岸两旁的大片田野，之后人们纷纷迁往高处暂住。10 月以后，洪水消退，带来了尼罗河丰沛的土壤。每年尼罗河水的泛滥，给河谷披上一层厚厚的淤泥，使河谷区土地极其肥沃，在这些肥沃的土壤上，人们栽培了棉花、小麦、水稻、椰枣等农作物，在干旱的沙漠地区形成了一条“绿色走廊”。

埃及人之所以不耕翻土地就可以播种并获得收成，原因就在这里。中国人种地很辛苦,春耕、夏耘、秋收、冬藏,埃及人则不耕不耘,撒种之后就可坐等收获。据希腊史学家希罗多德记载:“那里的农夫只需等河水自行泛滥出来,流到田地上灌溉,灌溉后再退回河床,然后每个人把种子撒在自己的土地上,叫猪上去踏进这些种子,以后便只是等待收获了。”的确,尼罗河使得下游地区农业兴起,成为古代著名的粮仓。

(三)恒河与古印度文明

20世纪考古学家惊异地发现了公元前2500年的另一处伟大的古老文明——古印度文明,它的领域甚至超过古埃及与巴比伦、亚述两者之和,这就是神秘的古印度文明。古印度和古埃及、古巴比伦、中国并称为“四大文明古国”。但是,古印度和其他三者不同,它的文明是被“腰斩”的文化。早在4 000多年前,印度河流域就进入以农业为主、牧业与手工业为辅的高度发达的城市文明阶段。然而,如此发达的文明,仿佛一夜之间消失了。现在对它的了解主要来自位于印度河下游的摩亨佐·达罗遗址和上游的哈拉巴遗址等的考古发掘。关于这个源远流长的古老文明遗址,没有古文字的记载。

就地理范围而言,古印度不仅指今天的印度,还包括巴基斯坦、孟加拉国、不丹、尼泊尔等在内的整个南亚次大陆。中国在西汉时称其为“身毒”,东汉时改称“天竺”,到了唐代,高僧玄奘将其译为“印度”。印度的远古文明直到1922年才被发现。由于它的遗址首先在印度哈拉巴地区被发掘出来,所以通常称古印度文明为“哈拉巴文化”;又由于它主要集中在印度河流域,所以也称为“印度河文明”。

恒河(Ganges River)是印度北部的大河,从长度来看,恒河算不上世界名河,但她却是古今中外闻名的世界名川。她用丰沛的河水哺育着两岸的土地,给沿岸人民以舟楫之便和灌溉之利,用肥沃的泥土冲积成辽阔的恒河平原和三角洲,恒河流域人民世世代代在这里劳动生息,创造出世界古代史上著名的印度文明。

(四)黄河、长江与华夏文明

中华文明在史前时期的存在,表现为文明的多样性。中华文明的发祥地,不只是黄河流域,还包括长江流域。除了黄河流域和长江流域,还有许多上古的文化遗存散布在全国各地。中华文明的组成,既包括定居于黄河、长江流域的,较早以农耕为主要生活来源的华夏文明,也包括若干以游牧为主要生活来源的少数民族文明。中华文明的演进过程,是多种文明因素的整合。整合的模式以华夏文明为核心,核心向周围扩散,周围向核心趋同,核心与周围互相补充、互相吸收、互相融合。汉族和汉族以外的55个少数民族都为中华文明作出了重要的贡献。

黄河,中国的母亲河,全长5 464 km,流域面积约79.5万km^2,是中国第二长河,世界第六大长河。它发源于青藏高原的巴颜喀拉山脉,呈“几”字形。流经青海、四川、甘肃、宁夏、内蒙古、山西、陕西、河南及山东9省(自治区),最后流入渤海。由于河流中段流经中国黄土高原地区,因此挟带了大量的泥沙,所以它也是世界上含沙量最高的河流。

纵观中华上下5 000年的文明史,其中3 000多年以黄河流域作为文化中心,并在早期发展中产生了仰韶文化、马家窑文化、大汶口文化、龙山文化等璀璨夺目的中国远古文明。黄河地理环境状况复杂,作为中国的经济命脉、能源基地和生态屏障,黄河流域哺育了中华大地千万生灵。受黄河泥沙淤积与河道高悬等问题影响,“决口、改道”一直困扰着历代劳动人民,其治理也一直是历代王朝关注的重点。历代先民防灾减灾主要有三种

方式:疏通河道、分减黄流、修筑堤坝。大禹治水为黄河大规模治理开启了先河。

二、中国水文化的历史演化

人类对水的记忆从治水开始,原始人类是“逐水而居”。大自然风云变幻,常常给人类带来巨大的灾难。中华古代水文化可以说是在洪水的洗礼中逐渐形成的。关于上古洪水的描述几乎出现在所有民族的神话传说里,成为远古文化的一个共同母题。“女娲补天”“精卫填海”“后羿射日”,中国古老的神话记录了远古先民对水患的刻骨铭心。尧舜时期,华夏大地洪水滔天,“汤汤洪水方割,荡荡怀山襄陵”,大禹受命治水,十三年“三过家门而不入”,成功治理了水患并且建立了第一个封建国家——夏朝。

(一)良渚古城遗址

2019 年 7 月 6 日,位于浙江杭州的良渚古城遗址在阿塞拜疆巴库举行的世界遗产大会上获准列入《世界遗产名录》。至此,中国世界遗产总数达到 55 处,位居世界第一。提到良渚,不能不提它的水利系统,良渚古城外围水利工程的发现,是良渚文明的重要标志,为中华文明的进程研究提供了新资料,把中国的文明源头提升到 5 300 年前,让中华民族“五千年历史”有了铁证,堪称扬名世界的“硬核”水利。

良渚古城外围水利系统工程是中国迄今发现的最早的大型水利工程遗址,也是世界上迄今发现最早的堤坝系统之一。它见证了良渚时期较为科学的水利工程技术和强有力的社会组织能力,也改写了中国与世界水利史。这一水利系统在坝址选择、地基处理、坝料选材、填筑工艺、结构设计等规划和工程技术方面,体现了中国早期城市与水利工程的整体规划能力及其科学性。

良渚文化遗址被列入《世界遗产名录》,成为世界公认的文化遗产,也从一个重要侧面代表着国际上认可良渚文化的现有历史遗迹,承认良渚文化在时间上的代表性,良渚文化遗址的主要时间跨度为 4 200~5 300 年,作为中华古文明的重要代表者之一,良渚文化将可以把我国的文明源头提升到 5 300 年前。

(二)中国古代治水组织、制度与法令

水管理在社会组织方面,浏览历史中的记载,中国几乎每朝每代都设有专司管水治水的部门和官吏,掌管“修堤梁,通沟浍,行水潦,安水臧”的职务。《荀子·王制》记载“修堤梁,通沟浍,行水潦,安水臧,以时决塞;岁虽凶败水旱,使民有所耘艾,司空(官名)之事也。”司空是中国古代中央政权中主管水利土木工程和官府手工业的最高行政长官。《荀子·王制》记司空的职责完全是水利工作。上句话翻译为:整修堤坝、疏通河渠水道,建造水库并根据时令蓄水或放水,使百姓可以耕种收获,这是司空的本职工作。

《荀子·王制》中的这段文字是对官员职守的论述。官员们要分工明确各尽其责。国家一旦出现问题,根据情况,就可以知道是谁的责任。

在制度、法令方面:《水令》记载了最早的灌溉管理法规,具体内容不详。据《汉书·兒宽传》记载,元鼎六年(公元前 111 年)左内史兒宽建议开凿六辅渠,灌溉郑国渠旁地势较高的农田,并且“定水令以广溉田”。北宋,王安石制定《农田利害条约》,即农田水利法,面向全国鼓励并规范了农田建设。

(三)中国古代水利工程

中国历代水利成果丰硕,战国时期有秦国的都江堰、郑国渠,秦代开通了秦渠、灵渠和江南运河,东西两汉的农田水利地区特色明显。黄河流域以营建灌溉渠系为主,著名工程有六辅渠、白渠、龙首芍陂渠等。江淮、江汉之间以修治天然陂池为主,著名工程有六门陂。东南区域以排水筑堤、变湿淤之地为良田为主,著名工程有鉴湖等。西北部主要利用雪水或地下水,修筑特殊的水利工程——坎儿井。三国两晋南北朝时期,曹魏兴复了芍陂、茹陂等许多渠堰堤塘。北魏孝文帝下令有水田之处,都要通鉴湖渠灌溉。隋唐时期开通大运河有利于农田灌溉。唐代设专官管理水利事业,各地修建了不少水利工程,仅江南兴建和修复的水利工程,就大大超过了六朝的总和。五代十国兴修水利工程如安丰塘(南唐)、捍海塘(吴越)。元代开凿会通河(山东东平到临清)、通惠河(通州到大都)等。这里主要介绍黄河大堤。

黄河大堤是中国历史上最早的堤防工程。亿万年来,黄河挟带着大量源于黄土高原的泥沙东流入海。中华先民在此生息繁衍,并逐渐由渔猎生活进入农耕文明。黄河流域由此成为中华文明的发源地,黄河也是中国最早系统修筑堤防的江河。黄河大堤由传说中的共工氏修筑。共工氏居住在黄河中游,汛期洪水时,为保护村落,搬来泥土石块,在离河一定距离的低处筑起一些简单的堤防。由于善治水,共工氏在部落中名声卓著,故中国早期称水利官员为“共工”。尧舜时期,发生世纪大洪水,尧命部落首领鲧治水。传说他从天庭偷来一种可无限滋生的土壤“息壤”,来筑堤阻水,历时 9 年无果,为此被处死。由其儿子禹主持治水工作,禹改变其父治水“堵”的方法,采用“疏”的方法,历时 13 年治理,洪水归槽、水患平息。为颂念禹的治水功绩,后人称之为“大禹治水”。禹传位于他的儿子启,建立了夏朝。王位世袭制的封建专制由此开始。

黄河大堤的创建:西周时期,黄河流域已经出现堤防,主要在现今的陕西西安。战国时期,黄河下游平原逐渐形成人口密集的政治、经济、文化中心。黄河干流大堤出现在齐赵、魏等三国,诸侯割据、各自为政,至秦始皇统一中国后,堤防工程才趋于统一。东汉王景治黄稳定 800 年到唐代;元至明前期黄河基本处于不治状态;从明嘉靖四十四年(1565 年)开始,到万历二十年(1592 年)止,潘季驯先后 4 次出任总理河道都御史,主持治理黄河和运河,前后持续 27 年,他治黄稳定了 700 年。

汉代至隋唐时期,黄河安流 800 余年,至宋代黄河决口频繁,故堵口不断。至正四年(1344 年),黄河在现今山东曹县白茅决口,后又北决金堤,泛滥 7 年之久,百姓深受其害。京杭大运河会通河段面临严重的威胁,朝廷命令工部尚书贾鲁主持白茅堵口,7 个月后堵口成功。这是中国水利史上规模最大、风险最高的一次堵口工程,共动用军队和民工 17 万余人。工程中创造了 27 只沉船堵口技术。

任务三　新时代水利精神

一、水利精神的含义及内容

精神往往是在一定民族文化传统的基础上,在人们长期的社会实践中逐步形成的一

种稳定、持久的心理素质,是人们的价值观念、利益原则、行为规范的集中反映,通常表现为观念定式、思维定式和人际关系准则。

水利精神在不同的时代体现不同的特点,但其精华的内涵本质核心都是一脉相承的,而且都是在与违背水利精神的长期斗争中逐渐形成的。历史经验表明,违背规律的治水,有悖国家利益、百姓安危的治水,为一己私利、为眼前之利益的治水,是注定要失败的,因其治水精神的失落和扭曲,必然反映水文化品位的低下。这类失落和扭曲的文化层面,很值得在倡导水利精神之时去深思、反思、忧思,更值得人们用人文理念去注意、警醒和警觉。

在中华大地源远流长的治水实践中,逐渐形成了以水为魂的水利精神,这种精神力量的传承、发扬、光大,不断演绎着水文化的人文之魂。

水利精神是在我国几千年的治水实践中,无数治水精英和广大劳动人民发扬中华民族的优秀精神传统,致力于兴水利、除水害的艰苦斗争中,逐步积淀的指导水利行业成员生活方式的共同价值观念和行为规范体系。

水利精神具有浓厚的民族传统特征和时代特征,具有明显的水利属性,对广大水利职工具有凝聚力、感召力和约束力,能够增强水利职工对水利事业的荣誉感、自豪感和责任感。

水利精神的内容包括:献身水利、促进水利事业发展的理想;强烈的社会群体意识;吃苦耐劳、努力诚实的劳动态度;强烈的社会责任感;正确的价值观念和行为准则。

二、新时代水利精神的概括

中华民族的治水精神,并非无源之水、无本之木,它是有着丰富的历史内涵和深远的人文传承的,且这种内涵和传承是植根于“以水为魂”的水文化理念之中。水利精神可以上溯至大禹治水时期。公元前 2200 年前后,黄河流域发生了一场空前的大洪水,于是就有了大禹治水的生动传说,就有了传承至今的“大禹精神”,从实践层面留下了丰富的治水文化。在中国原始社会晚期治理洪水的斗争中,大禹以身作则,身体力行,初步确立了中国传统水事道德观的基本内容。

大禹精神概括为三个方面:吃苦耐劳、坚忍不拔、埋头苦干的献身精神;脚踏实地、负责求实精神;发挥集体力量、同心协力的团结治水精神。历史发展到今天,“大禹精神”已不仅仅是停留在治水精神的层面,而是整个中华民族人文精神的重要内容,成为中华历代治水人优秀文化传统的基本价值观。

人类总是在一定的文化环境中开辟未来,治水大计,文化先行。一定的文化是人们认识世界、改造世界的前行基础和精神力量,是一个国家和民族不断进步的凝聚力和创造力的源泉。通过对文化的积淀、塑造和对文化的认同,可使人的行为具有文化自觉性。

1999 年全国水利厅局长会议上,时任国务院副总理温家宝对广大水利工作者提出“献身、负责、求实”的要求,为此,时任水利部部长汪恕诚提出将这六个字定为水利行业精神。不难发现,纵览历史治水杰出人物的事迹,他们身上体现的正是这种精神。我们应该向先辈们学习,继承和弘扬各种优良的传统。

2018 年 9 月 6 日，水利部、三峡办、南水北调办三家组建新的水利部，在机构改革后的第一次大会上，水利部原部长鄂竞平要求，将三家各自的家风合为一体，提出符合新时代要求的水利精神。新时代水利精神的提出是时代的呼唤、历史的必然和现实的要求。

2019 年 2 月 13 日，《水利部关于印发新时代水利精神的通知》对新时代水利精神内涵进行了诠释。

三、新时代水利精神内涵诠释

在中华民族悠久治水史中，孕育了大禹精神、都江堰精神、红旗渠精神、九八抗洪精神等优秀治水传统和宝贵精神财富。党的十八大以来，在习近平总书记治水重要论述指引下的生动实践中，催生了具有新时代特征的水利精神品质。五千年精神传承、新时代实践创新，彰显了水利人“忠诚、干净、担当”的可贵品质，厚植了水利行业“科学、求实、创新”的价值取向。在治水矛盾发生深刻变化、治水思路需要相应调整转变的新形势下，迫切需要进一步传承和弘扬“忠诚、干净、担当，科学、求实、创新”的新时代水利精神，为不断把中国特色水利现代化事业推向前进提供精神支撑。

新时代水利精神在做人层面倡导“忠诚、干净、担当”。

忠诚——水利人的政治品格。水利关系国计民生。在新时代，倡导水利人忠于党、忠于祖国、忠于人民、忠于水利事业，胸怀天下、情系民生，致力于人民对优质水资源、健康水生态、宜居水环境的美好生活向往，承担起新时代水利事业的光荣使命。

干净——水利人的道德底线。上善若水。在新时代，倡导水利人追求至清的品质，从小事做起，从自身做起，自觉抵制各种不正之风，不逾越党纪国法底线，始终保持清白做人、干净做事的形象。

担当——水利人的职责所系。水利是艰苦行业，坚守与担当是水利人特有的品质。在新时代，倡导水利人积极投身水利改革发展主战场，立足本职岗位，履职尽责，攻坚克难，在平凡的岗位上创造不平凡的业绩。

新时代水利精神在做事层面倡导“科学、求实、创新”。

科学——水利事业发展的本质特征。水利是一门古老的科学，治水要有科学的态度。在新时代，倡导水利工作坚持一切从实际出发，尊重经济规律、自然规律、生态规律，坚持按规律办事，不断提高水利工作的科学化、现代化水平。

求实——水利事业发展的作风要求。水利事业不是空谈出来的，是实实在在干出来的。在新时代，倡导水利工作求水利实际之真、务破解难题之实，发扬脚踏实地、真抓实干的作风，察实情、办实事、求实效，以抓铁有痕、踏石留印的韧劲抓落实，一步一个脚印把水利事业推向前进。

创新——水利事业发展的动力源泉。水利实践无止境，水利创新无止境。在新时代，倡导水利工作解放思想、开拓进取，全面推进理念思路创新、体制机制创新、内容形式创新，统筹解决好水灾害频发、水资源短缺、水生态损害、水环境污染的问题，走出一条有中国特色的水利现代化道路。

任务四　水利科技

一、当代中国水利科技前沿

中国规模宏大的水利事业推动着水利科技的发展，并取得了巨大的成就。特别是长江三峡和黄河小浪底等大型水利工程的成功建设，标志着中国已经完全掌握了在各种复杂的环境下建设大型水利水电工程的先进技术。但是，在人口-资源-环境的可持续发展研究领域，特别是在水资源的可持续利用，水生态系统修复和水污染防治，洪涝灾害的预测、预报和预警，以及洪水管理等许多科学领域，与国际先进水平还存在着不同程度的差距，中国的水利科学研究还需要进一步加强。下面对部分水利学科简述其科技前沿。

（一）水文学及水资源

21 世纪全球水资源面临的压力和挑战突出表现在：水资源需求量不断增加、可利用水源污染严重、水供给和处理成本越来越昂贵、生态环境的脆弱性等。为了缓解水资源面临的压力，适应现代水利发展的要求，传统水管理观念和方法必须转变和创新，以确保人类系统、社会经济系统和生态环境系统可持续发展。

当前水资源研究的前沿问题是以水资源的可持续利用支撑国民经济和社会的可持续发展为目标，研究水资源形成、可再生性维持机制及时空变化规律，探讨水资源可持续利用的方式和对策。人类活动是引起流域水资源变化最活跃的因素，跟踪历史变化的轨迹，揭示现实变化的情景和成因，预测未来变化的趋势，是对水资源系统实施适度调控的科学基础。为了实现水资源有效开发利用、经济高速增长与良好生态环境的协调发展，需要重点研究水与生态系统相互作用的模式、机制、过程与效应问题，在流域尺度上解决水资源—生态系统—社会经济复合大系统相互作用的定量描述和多维调控，为应用层面上合理确定生态需水量以及合理调控经济用水与生活、生态用水比例提供科技支撑。为了缓解水资源紧缺、洪水资源安全利用、污水资源化利用，以及海水淡化等新型水资源的开发利用，将导致水资源开源方面的转移式发展，从而从根本上开辟解决水资源问题的新途径。要重视水权、水价、水市场的理论研究，促进水资源的合理配置和高效利用。要建立水资源的实时监控系统，实现水资源的合理配置和综合管理。

（二）水生态与水环境

水及其相关生态系统科学的前沿研究可以划分为应用基础、应用技术与方法以及可持续发展相关理论 3 个方面。

1. 应用基础方面

应用基础包括全球气候与生态系统变化、污染物在不同水环境中的迁移转化规律、水体富营养化、生物多样性与水利工程长期生态学效应、河道生态需水量及关键生物生态水力学、河流生态系统健康与水利电力规划的生态环境影响评价、高新技术应用及流域水环境模拟，等等。下面择其一二予以进一步说明。

（1）水利工程长期生态学效应。生态效应的逐渐显现使水利工程的长期生态环境影响受到广泛的高度重视。研究的前沿重点包括：①径流变化对水生态系统及生物多样性的影响;②大坝拦截与调蓄对下游洪泛区生态系统及渔业生态系统的影响;③拦河筑坝导致生态系统扩大的次生环境效应;④流域梯级开发的累积效应;⑤减免水利工程对生态系统影响的措施;⑥失衡生态系统的修复与重建、水利工程对局地生态系统及其功能的长期影响等。以上这些评价所涉及的难点是生态评估的基本方法。

(2)河流生态系统健康与水利电力规划的生态环境影响评价。河流作为一种重要的生态系统,其生态系统的健康越来越受到国际上的广泛重视。目前,研究前沿包括河道萎缩形成和演变机制、河流生态健康评价指标体系、河流生态健康评价的尺度效应等方面。

水利电力规划环境影响评价与河流生态系统健康评价密切相关。未来我国水电工程规划的生态环境影响评价迫切需要从末端单项评价转向源头评价、从微观发展为微观与宏观相结合、从局部发展到局部与整体相结合、从单个要素发展到系统的综合性评价。为此,河流生态系统健康理论、区域开发与规划的生态评价指标体系、区域生态补偿理论、生态服务功能评价方法、自然资源价值核算理论与方法、生态影响评价方法、累积生态影响评价方法以及水资源开发生态环境风险评价方法等成为水利电力规划环境影响评价理论中需重点研究的内容。

(3)高新技术应用及流域水环境模拟。GIS、RS、DEM 等高新技术的持续迅猛发展,使高新技术应用成为长盛不衰的前沿研究内容。目前,相关的热点研究包括信息管理与决策支持系统、数字仿真与可视化、遥感生态监测、虚拟数值模拟等方面。另外,从流域整体出发,动态仿真模拟流域生态系统内各种物理、生物、化学过程及其相互作用成为水环境数值模拟研究的趋势。高新技术的发展,为这种系统的、综合的仿真模拟研究奠定了基础。目前,面污染源过程,生命物质的生长死亡过程,水、沙、污染物及生物的相互作用,以及地表生态系统与地下生态系统的互动关系等的数学描述是开展流域水环境系统仿真模拟研究的技术关键。

2. 应用技术与方法方面

应用技术与方法包括水污染治理技术、失衡生态系统的修复技术以及生态水利工程学的探索等。

(1)水污染治理技术。前沿研究的内容包括低污染负荷废水脱氮除磷技术、藻毒素物质的分子调控降解技术、非点源污染控制技术、重点污染行业难降解有机工业废水污染防治高新技术、危险废物处理处置集成技术、特种废物以及污废水回收利用技术等方面。此外,受污染地下水的治理与恢复技术、受污染水域的自然和人工修复方法也一直是国际前沿的研究课题。

(2)失衡生态系统的修复技术。目前的研究前沿包括健康河流(水域)的指示指标体系、水土资源合理利用、特殊气候条件下的生态修复技术(如生物种类、耐寒性、工艺结构、去除效率等)、富营养化水体的生态修复技术、湿地生态修复技术、物种引入的生态效应、修复工程的维护管理等。

(3)生态水利工程学的探索。传统的水利工程学是以建设工程设施来改造河流和控制水流为手段,达到开发利用水资源的目的。学科的基础是水文学和工程力学等。传统的水利工程理论忽略了河流处于一个完整的生态系统之中的事实,孤立地处理水资源中的水量、水质、水能等水文系统中的问题,忽略了河流生态系统中的动物、植物、微生物与

河流生态系统之间的关系。其结果是在给人类带来巨大经济社会利益的同时对于河流生态系统造成不同程度的胁迫。对此反思的结论应该是:水利工程不能仅满足于经济社会需求,还应该兼顾生态系统的健康和可持续需求。传统的水利工程学需要吸收生态学的原理和方法,改善水利工程的规划和设计方法。对于已建工程,研究和开发受损水域生态修复的方法和技术。对于新建工程,研究和开发对于因工程建设造成的河流生态系统胁迫所应采取的补偿工程措施、生物措施和管理措施。

3. 可持续发展相关理论方面

可持续发展相关理论包括流域尺度的可持续发展、水生态环境承载力、水生态环境价值与流域的可持续管理等。

人类社会可持续发展的前提,是经济的外在环境控制在最大发展负荷的承受极限之内,这一极限就是生态环境承载力。对流域水系统而言,水生态及环境承载力可以认为是人类经济活动作用于流域的一个界面,体现了经济活动与水生态系统的相互作用关系,如水资源开发利用活动、水污染排放等与自然水系统的相互影响,而生态环境的承载状况可以反映流域经济与环境协调发展的程度。

科学评价流域的水生态环境承载力,是合理制定水资源开发、利用、保护规划,实现资源环境安全利用的前提和基础。目前,水环境各单要素承载的研究已经取得了一定的进展,主要是从不同学科的角度认识问题的某些方面。

实际上,在水生态环境及经济两大系统中,水既作为资源,又作为环境污染受纳体,既提供生物栖息场所,又服务于社会文化及自然景观等,其功能多种多样,不同功能之间相互影响,难以分割。因此,承载力的研究逐渐走向对生态环境承载的整合研究,将水生态环境视为多要素的复合系统,在各单要素承载研究的基础上,逐渐从系统的层面整体研究水生态环境的复合承载力。

在方法研究方面,定量评价水生态及环境承载力是目前研究的一个重点。定量化研究的切入点基本上是通过建立表征水生态及环境承载状态的指标体系,发展定量评价水生态及环境系统承载状态的方法和模式,依据其承载力是否超过承受极限,判断流域环境与经济是否协调发展,指导控制和调控环境承载的行动方向。

模型方法上,水环境容量的计算模型相对成熟。在此基础上,将水资源量、质统一,并结合生态学,发展以水文物质循环为框架的水环境承载状态分析模型,将各分支学科的模型方法有效地集成,是生态环境承载力模型方法研究的最新趋势。

描述并分析水生态系统与经济系统的关系,使得生态及环境价值化研究成为当前水环境经济领域的前沿课题。现代水利建设及水生态与水环境保护需要从价值观的角度,计量水生态与水环境的功能价值及保护效益,进而实际指导保护和管理的决策。

在价值化定量研究方面,水环境污染的经济损失计量取得了一定进展。从研究成果来看,在目前所有的计量研究中,尚未考虑水污染对水生态及水文影响等的间接损失和长期影响,已计量的价值也受到资料等限制不能完全反映实际的情况。因此,水环境价值及污染损失的计量研究是今后值得深入系统研究的重要方向。

(三)农业节水与农田排水

1. 农业节水

随着全球性水资源供需矛盾的日益加剧,世界各国,特别是发达国家都把发展节水高效农业作为农业可持续发展的重要措施。

目前,国际上现代节水高效农业的应用基础研究、关键技术研究和产品研发领域的发展态势如下:

(1)农业节水研究开始由试验统计向具有较严谨理论体系和定量方法的科学转变,农田生态系统中水分迁移模拟与区域作物需水的定量计算模型得到较好的发展。

(2)水分胁迫对作物的有效性影响及其提高水分生产率的机制已成为当前研究的热点,作物高效用水生理调控与非充分灌溉理论研究不断深入,利用作物生理特性改进水分利用效率(WUE)的研究将会更加引人关注。

(3)作物 WUE 基因工程改良的研究正在世界范围内引起广泛重视,作物抗旱节水相关性状的基因定位、分子标记、基因克隆和转基因研究十分活跃,通过基因工程改良培育高 WUE 型和抗旱节水型作物新品种,将成为农业节水中的一个新的亮点。

(4)农业节水新技术与产品研发速度较快,一批低成本、高效率的新型农业节水设备与制剂正在走向市场并被大面积应用。

(5)灌区水转化与农业水资源持续高效利用研究得到了广泛重视,对农业水资源系统承载力模型、分布式灌区水转化模型、农业与生态用水的科学配置及节水高效和对环境友好的农业用水模式等的研究将会更加活跃。

(6)非常规水将是农业用水中“开源”的主要对象,非常规水资源化及其高效安全利用技术研究十分活跃。

(7)高新技术在农业节水现代化管理中的应用日益广泛,“3S”技术的应用将全面提升农业节水管理的现代化水平,数字渠道、数字灌区的发展将大大促进精准灌溉和农业水资源精准调度的实践。

2. 农田排水

农田排水是通过排除农业土地上的过量水分和盐分,调控地下水位,达到改善土壤水分条件,防止涝渍灾害和土壤盐碱化,提高农作物产量和改造中低产田的一种有效措施。农田排水技术领域中的前沿研究内容有以下几方面:

(1)合理协调防洪与排涝的关系。水库、堤防标准的提高可能导致被保护的两岸地区排水困难,大多数情况下无法自排,增大了除涝的困难。洪涝灾害大多数是同步发生的,机械排涝能力的提高,可能使河道的行洪负担加重,甚至酿成威胁全局的洪水灾害。因此,如何对流域的排涝系统进行统一的规划,合理协调防洪与排涝的关系,解决蓄洪与垦殖的矛盾,提高低洼涝渍地区的除涝排水能力,仍是当前的迫切要求和值得解决的问题。

(2)涝渍盐碱综合防御工程技术体系研究。加强涝渍盐碱综合防御组合排水工程技术模式、组合排水设计技术、动态排水控制指标、组合排水工程运行管理的研究和推广应用,提高对涝渍盐碱灾害的防御能力。

(3)工程措施与非工程措施相结合。为了维持农业的持续发展,一方面要提高农村

防洪排涝标准,另一方面要改善传统的治理技术与管理模式,将工程措施与非工程措施、防灾减灾措施紧密结合起来。

(4)基于信息技术的决策支持系统的建立。建立基于 GIS 技术,满足涝渍防御管理需求的决策支持系统。

(5)盐碱地的排水标准与动态控制监测技术。

(6)农田排水水环境影响控制技术及示范管理。

(7)农田排水工程技术的规范化和定型化。

二、水利科技的发展趋势

纵观水利科技近几十年的研究历史与当前的热点动态,水利科技的发展趋势可概括为以下几个方面。

(一)理论上多学科交叉

科学技术的迅速发展,尤其是高新技术的发展与可持续发展理论的提出,大大加强了水利学科与其他学科在理论上的交叉、融合发展,产生了许多新的学科分支,如遥感水文学、同位素水文学、随机水文学、计算水力学、水信息学等。生态水文学、生态水力学、生态水工学等新理论也逐渐得到了完善,并开始在区域水环境规划及治理、河湖等水体修复、大型水利工程建设等实践中得到应用。

(二)方法上多对象、多要素系统分析

在水文循环方面,传统的水文学研究只考虑水量的自然变化,现代水文循环需要考虑地球生物圈、全球变化以及人类活动等方面的影响。由于水的流动与循环,水生态系统和水环境系统在不同时空尺度下进行能量、物质及生物体的循环交换并交互影响,现代水生态和水环境科学研究必须从系统的角度和时空的多尺度出发,从以单要素、小区域分析为主进入多种要素整合分析,全球、流域及区域的系统研究。在防洪减灾方面,从以往的以工程防洪为主,转向工程与非工程措施有机结合,并与经济因素、社会因素相结合进行洪水风险分析。

(三)层次上向宏观与微观两极发展

一方面,将水、土资源结合,从更宏观的角度研究人类所处的生态系统成为水生态与水环境学科未来的发展趋势;另一方面,水生态系统与水环境内在物理、化学、生物基本过程及其相互作用的微观机制研究也将得到加强。在农业节水方面,要用微观尺度的SPAC(土壤-植物-大气系统)水分传输原理解决流域尺度水转化过程的描述问题,有关农田表面的空间变异性、尺度转换等是进一步研究的重点。在大坝破坏分析方面,不仅要进行大坝-水体-地基(围岩)整个结构体系的分析,也要进行细观层次混凝土材料裂纹的产生、扩展机制的分析等。

(四)技术上多种技术有机集成与高新技术应用

水生态与水环境研究逐渐发展成将各专业技术有机集成,形成水生态与水环境综合分析技术系统,在技术应用中突出水生态、水环境与区域及流域经济活动的关系描述。在水力学与河流动力学的研究中,将数值模拟与物理模拟结合起来的“交合模型”,解决了不同尺度研究的衔接,提高了研究的精度。GIS、RS、DEM 等高新技术的发展,在水文、水

环境、防洪减灾等领域中不断得到应用，极大地提高了信息丰富度和分析效率，提高了研究成果的决策支持能力。

（五）研究基础越来越依赖于长期连续观测资料的积累与分析

客观上，水文循环、生态系统的演变以及人类活动对它们的影响往是一个长期的渐变过程，揭示人类所面临的一系列水问题所产生的根源与发展规律，需要以长期连续的物理、生物、化学及经济、社会等方面观测资料为基础。主观上，依照前面各点发展趋势开展研究的一个共同特点是：对各种第一性观测资料要求更加全面、更加综合、更长系列、更高精度，才可能使得科学研究顺利开展，并取得有价值的成果。总之，从实践-理论-实践如此不断地螺旋式上升的研究路线，不但不能被高新技术的发展所取代，反而应得到进一步的加强。

思考题

1. 水文化研究应从哪些方面开始？
2. 中国古代水文化在哪些古籍中有体现？
3. 水文化在社会中有哪些体现？
4. 黄河与长江对中国文明有何贡献？
5. 新时期水利精神的内涵是什么？
6. 水利科技在当代中国有哪些前沿领域？

思政园地

党的二十大报告提出：坚持和发展马克思主义，必须同中华优秀传统文化相结合。我们必须坚定历史自信、文化自信，坚持古为今用、推陈出新，把马克思主义思想精髓同中华优秀传统文化精华贯通起来。

都江堰是当今世界年代久远、唯一留存、以无坝引水为特征的宏大水利工程。李冰修建都江堰充分体现了尊重自然、因势利导、因地制宜的理念，通过工程合理布局，以最小的工程量成功解决了分水、引水、泄洪、排沙等一系列技术难题。

参考文献

[1] 王锋峰,陈德令,黄海燕. 水利工程概论[M]. 天津:天津科学技术出版社,2020.
[2] 沈振中. 水利工程概论[M]. 北京:中国水利水电出版社,2011.
[3] 中国水利工程协会. 水利工程建设监理概论[M]. 北京:中国水利水电出版社,2009.
[4] 李舒瑶,赵云翔. 工程力学[M]. 2 版. 郑州:黄河水利出版社,2009.
[5] 全国二级建造师执业资格考试用书编写委员会. 建设工程法规及相关知识[M]. 北京:中国建筑工业出版社,2023.
[6] 文俊,李占斌,郭相平. 水土保持学[M]. 北京:中国水利水电出版社,2010.
[7] 王海周,钱巍,邢菊香. 水利工程建设监理[M]. 2 版. 郑州:黄河水利出版社,2022.
[8] 杨文利. 水利概论[M]. 郑州:黄河水利出版社,2012.
[9] 杨邦柱. 中国水利概论[M]. 郑州:黄河水利出版社. 2009.
[10] 姜弘道,严忠民. 水利概论[M]. 北京:中国水利水电出版社,2010.
[11] 华北水利水电大学水利水电工程系. 水利工程概论[M]. 北京:中国水利水电出版社,2020.